大是文化

矽谷工程師不張揚的破壞性創新

黑科技

蘋果、亞馬遜工程師、
史丹佛大學電子工程博士
等15位矽谷技術咖
顧志強 等——著

BLACK  TECH

FutureLab 未來實驗室創始人／胡延平　出品

「黑科技」一詞源自日本輕小說《驚爆危機》，

原指非人類自力研發，凌駕於人類現有科技之上的知識。

現則多用來形容先進的科技、技術。

CONTENTS

推薦序一
連接未來的創新科技

騰訊公司董事會主席兼首席執行官／馬化騰

我們看到每一次大的行業變革，都伴隨著終端的變化，以及相應生態的改變。從大型電腦到PC，從單機PC到互聯網廣泛連接起來的PC，再到廣泛連接的手機等移動終端，幾乎每20年，技術的發展演進，會促使新一輪產業變革浪潮的到來。

現在，這個節奏已空前加速。「互聯網+」剛在一些行業落地，人工智慧（Aritificial Intelligence，簡稱AI）等技術再次引起業界的關注。我們相信在未來，移動互聯與人工智慧等技術將會相輔相成，從「雲」到「端」，共同為我們帶來一個萬物互聯的智慧生態。

下一代的資訊終端會是什麼？會是汽車還是穿戴設備？會是擴增實境、虛擬實境、混合實境（AR-VR-MR）等技術？或許未來人人透過視網膜投射、腦電波、生物傳感（感測），就可以感知周遭，並跟人、服務、設備即時連接與互動，不需要像現在隨時拿著手機。

這就是未來嗎？也許這些只是未來的雛形，也許未來會比我們目前看到的黑科技更加不尋常，但我相信，所有人都會非常關注這些黑科技的發展。我們不僅要關注和探索技術的變化，更要行動，**讓科技服務於人**。借助商業和公益等途徑，我們要將科技成果，轉化為人類的福祉。

我曾在央視（中國中央電視臺）《對話》節目裡提到：「**未來是傳統行業利用互聯網技術，在雲端用人工智慧的方式處理大數據。**」騰訊目前聚焦核心業務，專注做連接。目前的核心業務包括我經常講的「兩個半」，即社交平臺、數位內容和金融業務。我們將垂直領域的機會，交給了各行各業的合作夥伴，形成了一個開放分享的新生態。

這幾年來，我們開始向合作夥伴和我們平臺上的創業者們，提供雲端計算、移動支付、LBS（Location Based Service，業者取得行動終端用戶的位置訊息，為使用者提供相應服務）等新型基礎設施。在新一輪科技浪潮來臨之際，我們希望更多的黑科技，能在這個開放分享的新生態裡，提升人們的生活品質。為千萬的企業、創業者、探索者們，帶來豐富多樣的創新機會。

我很高興看到，在未來實驗室（FutureLab）和未來星球（Future Planet，前沿科技領域首個科學與技術並重的國際性技術大獎）的支持下，這本書能出版。本書的內容，對於開拓業者視野、啟發讀者思維都很有幫助。

書中的黑科技資訊量很大，也很有意思。矽谷這十多位年輕技術追求者，不僅自己低頭做研發，而且樂於分享在各個前沿領域的探索，讓更多人了解。希望以後有更多這方面的好書出版。

推薦序二

今天的黑科技，會孵化出明天的谷歌、特斯拉

聯想集團總裁兼首席執行官／楊元慶

我個人一直對黑科技非常感興趣，因為黑科技總會呈現出不一樣的創新思維，這些火花很可能在未來的某一天，徹底改變我們的生活。萬物智慧時代正在到來，越來越多黑科技的出現，正是對未來智慧生活的積極探索。

本書的很多作者，都是曾經或正在矽谷創業、打拚的優秀青年。他們都是了不起的人，在全球科技的創新中心發揮著自己的聰明才智，今天的黑科技可能就會孵化出明天的谷歌（Google）、特斯拉（Tesla，美國最大的電動汽車及太陽能公司），我為這些年輕人加油、喝采。

作為本書的技術支援機構，我們看到未來實驗室和未來星球，已開始為前沿科技的探索做出貢獻，幫助早期技術研發階段的技術咖們，找到自己的資源。聯想也設立了創投集團，專注於投資和孵化新技術，相信我們與未來實驗室會有很多共同語言，也希望有機會做深層的合作與交流。（按：聯想集團是一家中國科技公司，主要研發、生產和銷售筆記型電腦、手機，及其他電腦周邊等產品。根據 2012 年第 4 季的統計，聯想是世界第 8 大手機生產商、第 5 大智慧型手機生產商。）

推薦序三
如何認知未來至為關鍵

創新工場董事長兼CEO／李開復

創新是經濟發展的內在驅動力，創業為創新帶來變革活力，而技術又是創業創新的關鍵驅動力。尤其在矽谷、以色列、北美、歐洲和中國等地方，在創業創新最前沿，創新工場從投資角度，看到各種「黑科技」不斷湧現。一些創業團隊、實驗室、大學、大公司的研發機構，不斷有黑科技產品亮相，也不斷在諸多基礎科學、前沿技術領域，取得令人驚喜的進展。

已浮現在眾人眼前的創新浪潮，和仍若隱若現的創新暗流，以及暗流之下的創新源泉，都深度啟發我們對未來的思考。如今，無論投資創業還是商業、經濟、社會的各個領域，對創業者乃至處於學習狀態的人們而言，如何認知未來至為關鍵。看到什麼樣的未來，深度影響我們做什麼樣的事，甚至改變這個過程中的根本思維和創新方法。

在人工智慧、物聯網、機器人、無人機、新能源、奈米技術、3D列印、基因技術與精準醫療等，多個不同的領域和層面，黑科技的迸發並非局部現象，也並非孤立行為，技術和創新在很多方面，表現出高度的關聯性，甚至相互協同，是一個整體的不同部分。

而這個整體，就是新一輪產業轉型和經濟變革的關鍵，是我們需要去認知的未來，也是我們正在集體創造的未來。創新工場已投資了多個相關項目。

很高興看到在未來實驗室和未來星球支援下，有這群年輕的矽谷技術咖為我們創作了《黑科技》，也很高興看到創新對於創業來說越來越重要，全球各地的創業者，都越來越重視技術在創業和創新中的作用。

黑科技成為焦點，是這個時代的幸福之事。未來已來臨，我們既是未來的關注者，也是投身期間的推動者和實踐者。

推薦序四
新一輪改變世界的創新浪潮正在到來

小米科技董事長兼CEO／雷軍

互聯網在中國各層面都深入展開，其中包括應用於各行業的「互聯網＋」，也正如火如荼的發展。

在新興發展領域，無數創業者以活力、創造力、探索精神和勇氣，不斷創造出各種新的技術、產品和發展模式。在移動互聯網和物聯網領域，他們勢必將掀起一輪改變世界的創新浪潮，其中智慧設備、機器人、無人機、人工智慧等領域，都有很大的想像空間。

在未來實驗室和未來星球的支持下，《黑科技》這本書順利出版。《黑科技》的作者們，介紹了各類前沿的新動態，值得好好讀一讀。

推薦序五

是前沿科技探索，也是觸碰未來的翅膀

樂視控股集團創始人／賈躍亭

祝賀新作《黑科技》出版，希望本書的作者們——這群年輕的矽谷技術大咖——能充分利用黑科技造福更多用戶，推動產業發展。希望更多的黑科技技術咖，在未來實驗室和未來星球的支持下持續探索，給我們帶來非同一般的科技體驗。

在 ET（Eco Technology，生態科技）時代，奈米技術、基因技術、虛擬實境、器官再生等黑科技的研究尤為重要。對前沿技術的探索，實際上不僅是讓人們插上觸碰未來的翅膀，更能誕生很多新的產業和商業模式，推動經濟的發展。正是有了這群投身於科技探索的年輕人，未來才更加精彩！（按：樂視是中國唯一在其境內上市的影片網站，也是全球首家以 IPO〔首次公開募股〕方式上市的影片網站。）

推薦序六

閱讀本書，讓我感覺好像生活在另一個新的世界

著名財經作家、「藍獅子」出版人／吳曉波

本書作者之一延平是我多年的朋友，也是我非常尊重的互聯網專家，我認為他是中國最好的互聯網和前沿科技的探索者、實踐者和推動者之一。

這一次我們非常有幸作為出版方，與未來實驗室、未來星球共同努力，促成《黑科技》出版。15 位技術咖，向我們呈現了很有可能改變未來生活的 21 項前沿科技。

我在審這本書的書稿時，有時候會覺得好像生活在另一個新的世界裡。因為它裡面提到了許多新觀念，例如機械外骨骼、懸浮住宅在未來的可能性等。這些變化可能在今天看來，還是一些大眾非常陌生的實驗室產品，但很可能僅在 5 年、10 年、15 年後，它們就會成為影響我們生活的重要技術和產品。

我非常推薦矽谷技術咖們集體創作的這本《黑科技》。

前言
黑科技地圖：浮現智能科技的關鍵領域

FutureLab未來實驗室創始人／胡延平

技術正在經歷從「計算」、「連接」再到「智慧」的進化。相對而言，以計算科技為主要表徵的 Information Technology 是第一波，為 IT（資訊科技）；Internet（網際網路、互聯網）是第二波，喜歡大詞的業者，將這個階段稱為資訊革命之網路革命；如今，Intelligent Technology（智能科技）這一波已來臨，是新 IT，不是 IT。

連結依然是效率與紅利之源，但連結不再是邊際效益、外部性、增量、賦權最顯著的價值泉源，即使 IoT（Internet of Things，就是我們常說的物聯網，詳見第 4 章）未來也是如此，**傳感、數據、智慧**才是未來。這種背景下，互聯網 + 雖然創新務實，卻可能導致戰略跑偏。至於移動互聯網、智慧互聯網等，只是插曲或新階段到來前的短暫序曲。

站在互聯網中心論的角度看，中國已迎頭趕上甚至已超越，成為挑戰舊世界的那個新世界，**但站在智能科技的角度看，互聯網才是舊世界**，中國是舊世界裡的龐然大物，但舊世界與新世界的時差、代差、落差已赫然存在。

有個報告說，根據發表的論文和引用數量，從近兩年開始，華人已處於人工智慧研究的領先地位，並稱連白宮報告都對此感到黯然失色。

但從「未來實驗室」的 AI 技術地圖來看，結論大為不同。不過，國家、地域、產業之爭並不重要，重要的是未來星球的創新生態與技術變遷。

新世界的變化正在 9 個「維度」發生，可藉此觀察未來：能量密度、數據密度、連接密度、感知尺度、網路尺度、材料尺度、計算速度、移動速度、融合速度。

9 度漸進、突變甚至躍遷，正讓創新從奔騰走向沸騰，技術使得 IT 新物種的催生，變得像程式設計一樣簡單和快速，創新本身的特性、形態和規律也變得不同於以往。而貫穿一切、賦權一切、驅動一切的，是 Intelligence。**不過，智能科技遠不只是智慧，智慧也不只是人工智慧，AI 驅動一切但不是未來的全部**。

此時此刻，我們的確站在一個時代和另一個時代、一個生態和另一個生態的分水嶺上。像是一場複雜又絢麗的化學反應，創新大爆炸的技術進化景象已躍然眼前。AI 方向、AI 晶片、雲端並進……令業者不僅看到 AI 的引擎化，更看到 **AI 和數據、傳感，已一起成為下一代資訊基礎設施的核心部分**。

不論輿論如何褒貶不一，泡沫論如何甚囂塵上，新能源技術的強烈閃電已映入每個人的瞳孔，滾滾雷聲已由遠而近。能源傳輸走向無線，數據傳輸走向無線只是起點，天空互聯、星際互聯似乎才是短期內，能看得到的網路盡頭。

計算、網路在基礎架構中的位置，甚至變得不再醒目。無論計算如何快速、網路如何廣泛，智慧、腦計畫才是下一階段最重要的藍圖，這裡不僅指對人腦的探索，更指網腦、智腦的聯結成形、日益進化和效能提升。

如果說外骨骼只是人體增強與輔助系統，柔性電子、生物晶片、類人型機器人等，則開始指向人的重塑甚至重生，生命與非生命開始交融，生物與萬物的邊界開始模糊。生物資訊科技更為強悍和迅猛，直指自然人本身，生命解碼後是生命編輯，基因測序後最顯赫的是 internet of DNA、CRISPR（詳見第 12 章）等。

純粹的自然人也許會消失，人的進化已開始透過科技完成，人的存在形態，甚至不必只是自然人。而一個正在反向進行的過程是 Computer Vision（電腦視覺）、SLAM（即時定位與地圖建構）、AI、傳感等，將感官甚至思維賦予機器人。

這不是一場知識大爆炸，也不只是一場資訊大爆炸，而是一場技術驅動的創新大爆炸，我們已進入新一輪的創新週期。不同的部分是其並非孤立，而是**緊密聯結、互相催化，共同催生技術、產品、企業、產業、組織、經濟、社會，乃至人本身的創新與進化**，催化全球範圍內的新 IT，不同於傳統 IT 產業的產業轉移和產業分工。

這就是人工智慧、VR-AR-MR、機器人、智能汽車、智能家居、大數據、雲端運算、無人機、個人飛行器、可穿戴設備、物聯網、天空互聯網、生物資訊、金融科技、3D 列印、智能製造、新能源、新材料等，可細分二十多個智能科技關鍵領域，也就是黑科技頻頻湧現的原因。

未來實驗室與未來智庫（網路新 IT 前沿技術與產業市場研究機構）合作，產生這二十多個關鍵領域技術產品的黑科技地圖。

面對未來，這個星球上最具智慧的物種，心懷希望、興奮、擔心甚至恐懼。即使有網路、智能科技的幫助，人類對未來的認知都是如此模糊，更重要的問題是，走到今天這一步，科技、自然、人三個主體，不得不放在一起思考和面對。

現在既不是止步、更不是下結論的時候，未來將會怎樣不只是一個話題，更不是一個喜新厭舊的話題，而是一個不得不面對、且必須開始正式面對的問題，而技術驅動的多維變革才剛起步，每個人對未來的認知與探索，也都只是剛開始。

無論是正在實驗室裡創造發明的人，還是已寫出一行程式，準備要改變世界的人，或準備以創新顛覆既有秩序的人，更或透過媒體輿論，來觀察、理解變化的人，每個人都是未來星球的探索者。

科技創新，需要業者一起探索；技術驅動的種種進化，需要集體的智慧來掌握；而未來需要我們共同面對，這才是真正的命運共同體。

第 1 部

黑科技會這樣改變你的日常

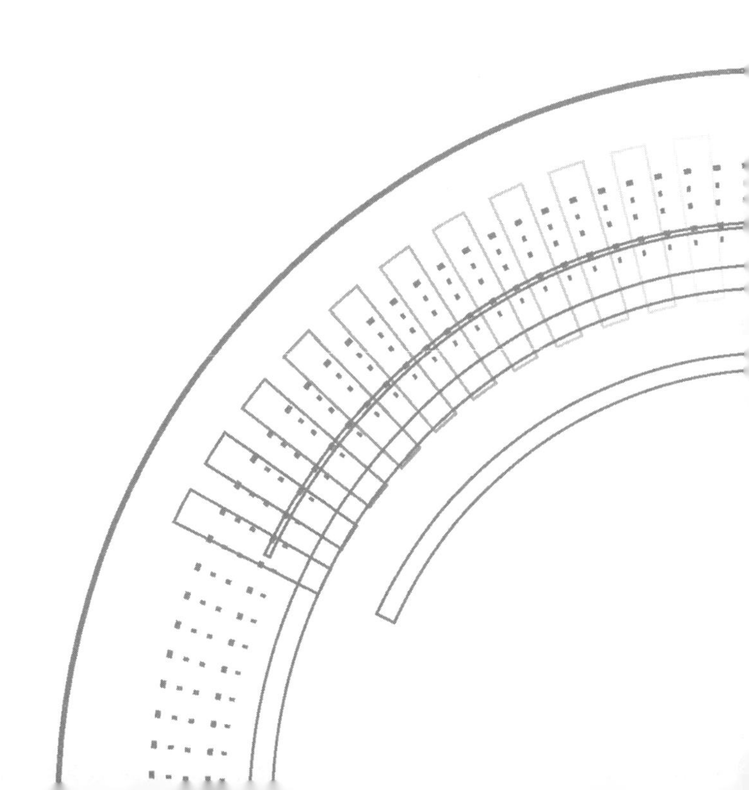

第 1 章

外骨骼——穿上動力服弱雞搬重物，肢障能走路

文／任化龍

人因為身體的先天限制，沒辦法像獵豹一樣敏捷，更沒辦法像螞蟻那樣扛比自己重好幾倍的東西。我們不妨設想有沒有一種裝置，人穿上後能變得更強、更敏捷？許多電影裡就有類似的情節，例如在電影《極樂世界》（*Elysium*）中，男主角麥克斯本來因受輻射感染而身體虛弱，裝上外骨骼後卻能和反派肉搏激戰；再如《明日邊界》（*Edge of Tomorrow*）中，主角作為人類士兵，身穿單兵機甲與外星生物大戰；電影《阿凡達》（*Avatar*）更構想了體型巨大、可讓人坐入其中操控的戰鬥裝甲。還有，差點忘了說鋼鐵人套裝，但這款裝備過於科幻，既能飛又能發射手炮，胸口還有個小型核反應爐提供能源。

夠了，別提這麼多科幻電影，現實中類似的技術到底發展得怎麼樣？別急，我先介紹基本概念。其實電影中出現，穿在人身上的裝置叫做機器人外骨骼（Power Suit，也稱為動力服），其結構類似節肢動物（例如螃蟹）的堅硬外殼（學名為外骨骼，即骨頭長在肉的外面），因此得名，在技術上屬於機器人的範疇。

其中，偏軍用的裝置有時也叫動力裝甲。而尺寸較大、功能更強的，

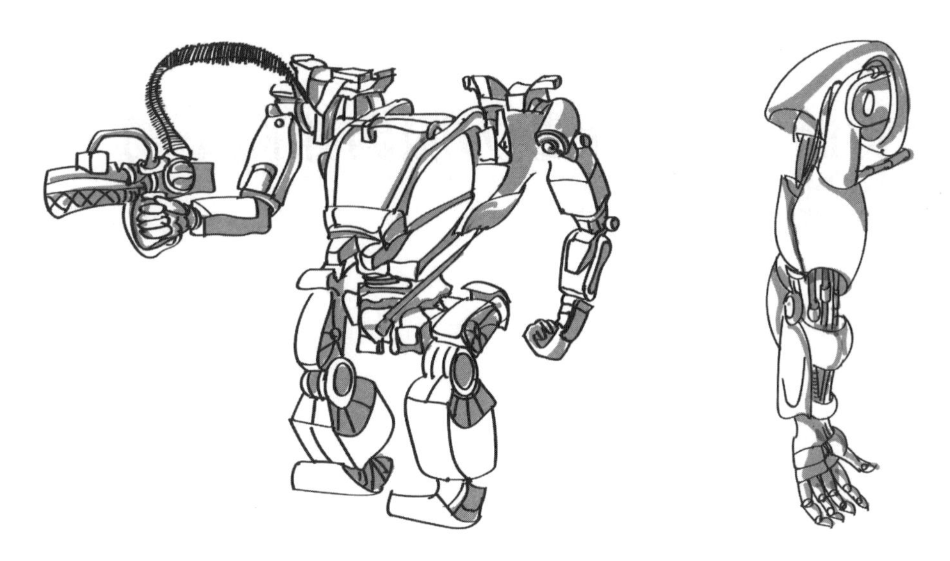

圖1　科幻電影中，描繪的戰鬥裝甲（左）與機械手臂（右）。

尤其是人可坐在裡面操控的稱為機甲。機器人外骨骼目前主要應用於醫療復健、救援、工程作業及軍事等方面。

什麼是機器人外骨骼——從科幻到現實

機器人外骨骼系統，通常包括機械結構、傳感、動力與傳動、能源和控制部分。機械結構為整個系統提供結實的支撐，並透過綁帶或其他方式固定在人身上，來分擔承重及提供發力的基礎。

下半身型外骨骼與身體的固定部位，主要是腰部和腿部；全身型外骨骼的固定部位除了腿部和腰部，還包括上肢和軀幹。

感測器和訊號處理電路構成傳感部分，**以採集人體運動趨勢、位置、姿態與力量等資訊，為控制部分提供判斷依據**。動力與傳動部分一般由電機、液壓元件或氣動元件提供驅動力或力矩，再透過傳動元件傳至機械結構，使外骨骼做出動作。

多數外骨骼系統會採用電池提供總能源，但**現有的電池幾乎不足以維持系統長時間、高負荷的工作**，又不可能過度增大電池容積（過重，且外骨骼有尺寸限制），因此有些外骨骼會採用燃油和小型內燃機，以提供能源和原始動力。

控制部分的核心是微型電腦與控制軟體，它能綜合傳感部分傳來的資訊，按照人的意志指揮動力傳動部分。

日本HAL系列外骨骼

日本的機器人研究非常發達，其中具有代表性的，屬日本筑波大學和日本科技公司「賽百達因」（Cyberdyne），聯合開發的 HAL 系列外骨骼。它有兩個主要版本：下半身型 HAL-3 和全身型 HAL-5。其功能定位是輔助行動不便人士，或需要重體力的作業（例如救援工作需要搬開重物）等。

此系列最早的原型，是由日本筑波大學教授三階吉行提出。早在 1989 年，他獲得機器人學博士學位後就開始設計工作。他先用 3 年的時間，整理繪製了人體控制腿部動作的神經網路，又用 4 年的時間，製作一部硬體原型機，由電機提供動力，並透過電池供電。

早期的版本很重，光是電池就有 22 公斤，需要 2 名助手幫忙才能穿上，而且要連接至外部電腦，因此很不實用。最新的型號有很大的改善，整套 HAL-5 才重 10 公斤，而且電池和電腦被設計環繞在腰間。HAL 系列外骨骼的控制方式很有趣，不過在深入介紹前，我們先來了解人如何控制身體運動。

當人想讓身體做出動作時，腦部會產生控制訊號，並透過運動神經，傳送至相應肌群，從而控制肌肉和骨骼的運動。這些神經訊號多少會擴散到皮膚表面，形成表面肌電訊號，雖然很微弱，但仍能被電子電路檢測到。

HAL 系列外骨骼**透過貼在人皮膚的感測器採集這些訊號**，控制外骨骼做出和人相同的動作，對殘疾或肢體運動障礙的使用者來說，這是很巧妙的辦法。

HAL 系列外骨骼目前已在醫療機構大量使用，於 2012 年 12 月獲得國際醫療器械設計製造標準認可（ISO 13485），又於 2013 年 2 月獲

圖2 日本HAL-5全身型外骨骼，整套才重10公斤。（掃描QR Code看「賽百達因」外骨骼影片。）

得國際安全性證書**（世界第一款獲此認證的動力外骨骼）**，並於同年 8 月獲得 EC 證書，獲准在歐洲應用於醫療方面（同類醫療用機器人中獲准的第一款）。

日本T52 Enryu救援機甲

日本還有個身軀龐大的機甲——T52 Enryu。[1]它高 3.5 公尺，寬 2.4 公尺，重達 5 噸。兩個手臂各 6 公尺長，能抬起 1 噸重的負荷。強大的力量來自於液壓驅動，能源是柴油。

人可坐在裡面直接操控，也可遠端遙控（裝有攝影機鏡頭輔助）。它於 2004 年，主要由日本機器人公司 TMSUK 開發，設計目的是用於災難救援，如地震、海嘯和車禍等，由於可遠端操控，適合代替人進入危險的環境。

它還能**操作工具切割金屬等材質，破開車門解救受困人員**。2006 年，T52 Enryu 在長岡技術科學大學接受測試時，成功從雪堆上舉起一輛汽車。

美國矽谷BLEEX軍事、安防用外骨骼

美國矽谷是高科技的聚集地，在機器人外骨骼方面，也有相當傑出的成就。加州大學柏克萊分校人體工程與機器人實驗室開發的「柏克萊下肢外骨骼」（BLEEX）[2]可謂是目前已公開的、在軍事應用方面技術最領先的外骨骼系統。

2000 年，它被美國國防高等研究計畫署（DARPA）看中並資助。該外骨骼預計應用於士兵、森林消防與救援人員，幫助他們長時間背負

沉重的武器、通訊設備和物資。這些苛刻的場合，要求外骨骼系統能提供很強的力量、較長的工作時間、保證機械和控制可靠、重量要輕且符合人體工學，才能確保活動敏捷和長時間穿戴舒適。

第一臺實驗樣機，由雙腿動力外骨骼的框架構成。為了做到力量強勁，BLEEX 採用液壓驅動，並由燃油作為主要能源；同時電控部分仍由電池供電（官方稱其為混合動力）。

為了保證在野外使用可靠，當燃油耗盡時，腿部外骨骼可輕易拆下，剩下的部分可像普通背包一樣繼續使用。2014 年 11 月，第一臺實驗樣機成功亮相，試穿者身背重物卻只感覺像幾磅重，並能靈活的蹲、

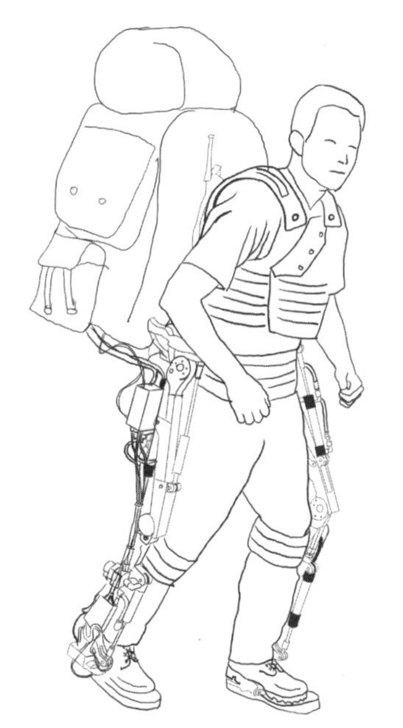

圖3　美國BLEEX軍事、安防用外骨骼。（掃描QR Code看BLEEX外骨骼影片。）

走、跑，跨過或俯身鑽過障礙，以及上下坡。

BLEEX 的控制方式是一大亮點。傳統檢測表面肌電訊號的方式，較適合有肢體運動障礙的使用者，但其最大的問題，在於感測器需要和皮膚密切接觸，而且訊號採集並非總是可靠（例如流汗狀態下，感測器就沒辦法緊貼皮膚，而且會改變訊號通路的阻抗，訊號檢測就會不準確），顯然不適用於軍用這類的場合。

因此 BLEEX 另闢蹊徑，**採用力回饋的方式**：當人腿部開始產生動作時，這個力量會帶動腿部外骨骼，一起產生相同的運動趨勢，裝在外骨骼上的感測器會敏感捕捉到這個趨勢，並驅動外骨骼做出順應力的動作，從而增強力量。

不過此方法也不完美，因為要求穿戴者先做出動作，外骨骼才能跟著加強，當穿戴者做出快速或高難度的動作時，就會有阻礙或滯後感，而且也不適用於截肢患者。

腦控外骨骼讓巴西癱瘓青年在世界盃上開球

2014 年 6 月 12 日，聖保羅舉行的巴西世界盃開幕式上，一名癱瘓青年在名為「Bra-Santos Dumont」的**腦控外骨骼**的幫助下，踢出振奮人心的第一球。這款腦控外骨骼是國際「再次行走計畫」（Walk Again Project）[3] 的一個研究成果，由杜克大學教授米格爾・尼可雷里斯（Miguel Nicolelis）領導。

其靈感來自於 2013 年，團隊進行的一項實用且有趣的實驗。他們開發出一套演算法，能幫助獼猴控制兩隻虛擬手臂。這款腦控外骨骼系列，透過穿戴者佩戴特殊「帽子」接收腦電波訊號，藉由裝有動力裝置的機械結構，支撐這名青年的雙腿，並幫助他的腿部運動。

研究小組為外骨骼安裝一系列的感測器，負責將觸感、溫度和力量等資訊回饋給穿戴者，穿戴者能感知是在何種表面行走。雷里斯在接受法國媒體採訪時，表示：「外骨骼**由大腦活動控制**，並將資訊回饋給穿戴者，這還是第一次。」

圖4　在「再次行走計畫」中，癱瘓青年利用腦控外骨骼開球。

值得一提的是，相較於前面提到的檢測表面肌電訊號，和基於力回饋的兩種控制方式，該外骨骼的控制方式，**特別適用於佩戴者身體已截癱或失去下肢的情況**。這是因為穿戴者已無法產生動作以提供力回饋，也沒辦法形成表面肌電訊號。

但它也有缺點，目前能識別的腦神經訊號很有限，而且難以保證訊號檢測準確。此外，這種方式**需要將電極植入頭皮或腦內，具有一定的創傷性**。

中國自主研發的認知外骨骼機器人1號

中國在機器人外骨骼領域，也占有重要的一席。在中科院（中國科學院）常州先進製造技術研究所，有一款外骨骼在研發測試階段。它名

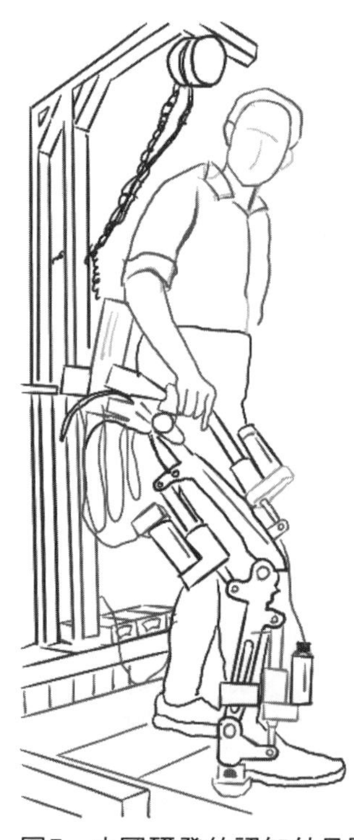

圖5 中國研發的認知外骨骼機器人1號在測試中。（掃描QR Code看俄羅斯ExoAtlet外骨骼影片。）

為 EXOP-1（認知外骨骼機器人 1 號）[4]，目前只有下半身，主要結構由航空鋁製成。

該外骨骼在雙腿的髖關節、膝關節和踝關節各有 1 個電機驅動（共 6 個），共裝有 22 個感測器及一個控制器，並由電池提供能源，在人腰部和腿部共有 9 處固定帶。該外骨骼自身總重約 20 公斤，計畫承重 70 公斤。

它的控制方式和 BLEEX 接近，都是基於力回饋預判人的動作。中國正在研發外骨骼的機構中，已公開報導過的，還包括中科院合肥智能機械研究所和解放軍南京總醫院。

俄羅斯和以色列的醫療復健用外骨骼

醫療用外骨骼能為行走不便的老年人、癱瘓人士，帶來重新行走的希望。除了先前提到的日本 HAL 系列外骨骼[5]，俄羅斯的 ExoAtlet 康復用外骨骼，也已進入臨床測試並準備商業化。以色列 ReWalk Robotics 公司同樣看準這塊潛力市場，更是已成功在那斯達克股票交易所上市。

相較於軍事和救援應用，這類醫療復健用外骨骼，其機械結構和控制原理更簡單，易於量產，而且價格更易被消費者接受，能滿足重要需求且需求群體基數大，很受創投資本青睞。

目前存在的問題與未來發展

前面提到的這些機器人外骨骼和機甲，它們的動力裝置無非是電機、液壓或氣動元件等。若想透過這些動力元件產生夠大的力量，尺寸也必須做得較大，**重量也會跟著變重，而且工作時還常伴隨難以忍受的噪音**。

可用於機器人的各種電池的續航力也還很低，設計時也須平衡容量、尺寸和重量等。這些問題，是當前機器人系統都要面臨的瓶頸。在瓶頸解決前，目前各家外骨骼產品的主要看點，集中在系統優化程度（外觀、尺寸、重量、續航力、價格、可靠性、力量與敏捷度之間的平衡），及控制方式上的創新。

這個瓶頸同樣也制約了機器人外骨骼在軍事方面的實際應用。幾年前就聽說戰鬥民族俄羅斯，在開發單兵外骨骼系統，但至今也沒看到確切消息。不過可以肯定的是，由於巨大的軍事應用發展潛力，大國們不會在這個領域甘於落後。

當硬體的技術瓶頸和成本逐步降低，軍用外骨骼就會逐漸實現。民用級外骨骼也有望進一步大規模商業化，尤其在醫療復健方面。幫助老年人行走的機械，是一個正在擴大的市場，會有越來越多的人有能力購買，並願意使用機器人外骨骼。

外骨骼**還可用於虛擬實境互動、動作類遊戲**。穿戴者能透過外骨骼感受到觸感、力量感，體驗近乎於現實世界的回饋。

舉例來說，在模擬射箭遊戲中，當玩家模仿拉弓的動作時，手臂和背部的外骨骼會施加一定的阻力，讓玩家體驗弓的張力。類似的遊戲場景還有打高爾夫、模擬拳擊對戰等。甚至可透過外骨骼主動做出動作，來幫助玩家或運動員學習正確的動作。

若外骨骼系統的成本能大幅降低，且虛擬實境技術進入成熟階段，這二者結合形成的娛樂體驗場景，將是一個極為廣闊的市場。

第 2 章

雷達小如指甲，遠端識別手勢呼吸心跳

文／顧志強

說起雷達，人們通常會聯想到巨型天線，或各類軍用的笨重裝置，似乎和日常生活關係不大。然而 2015 年在 Google I/O（谷歌舉行的網路開發者年會）中，展示的 Project Soli 迷你雷達令人眼前一亮。

該雷達**可捕捉手指的細微運動**，隔空透過手勢控制手錶螢幕，甚至透過改變手指與螢幕距離，即時改變 UI（使用者介面）元素，好像巫師施展魔法一般。

更有趣的是，該雷達晶片及全部天線合在一起，也不過指甲般大小，這樣的尺寸，使它能嵌入可穿戴設備，及其他各種微型裝置中，其商業應用也讓人充滿想像。說到雷達的應用，涵蓋軍事、科學研究、家居、娛樂等多個領域，

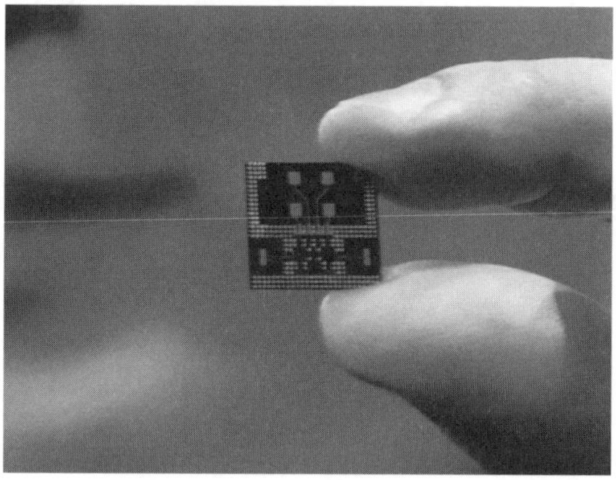

圖1　Project Soli迷你雷達。

各種新功能也是層出不窮，令人歎為觀止。

雷達的前世今生

雷達，英文叫 Radar（RAdio Detection And Ranging），其基本原理是利用發射「無線電磁波」，得到反射波來探測目標物體的距離、角度和瞬時速度。雷達的雛形在自然界早已存在，例如蝙蝠或海豚便是利用聲音的反射波（也稱聲納）定位。與聲納不同的是，雷達使用的是電磁波。它不需要媒介的存在，就可在真空中工作。

蘇格蘭數學物理學家詹姆斯．馬克士威（James Maxwell），在 19 世紀中葉建立了馬克士威方程組，為整個無線通訊及雷達應用奠定理論基礎。該方程組完整的描述電場的變化如何導致磁場的變化，磁場的變化又如何導致電場的變化，從而產生所謂電磁波的概念。

隨後不久，德國物理學家海因里希 ・ 赫茲（Heinrich Hertz）就透過實驗，證實電磁波的真實存在。1904 年，德國發明家胡世梅耶（Christian Huelsmeyer）首先提出將電磁波應用於雷達，利用電磁波反射來探測海面上的船隻。1922 年，無線電之父古列爾莫．馬可尼（Guglielmo Marconi）也將雷達的概念完整表達出來，他們都可算是現代雷達的開山鼻祖。

雷達技術真正突飛猛進，是在第二次世界大戰時期。這個時期無論英美還是德國，都在積極研製更精準的雷達，用以即時定位敵方的飛機和船隻。德國的芙蕾亞（Freya）雷達，及英國的鏈向（CHAIN HOME）雷達陣列，都是比較早期投入軍事偵察的應用實例。這些軍事

圖2 左：德國第一款量產安裝在艦艇上的軍事芙蕾亞雷達；
右：英國的鏈向雷達系統（左邊是發射塔，右邊是接收塔）。

雷達對第二次世界大戰的走勢和戰局，都產生關鍵性的作用。

戰爭的較量在某種程度上，即是各國軍事科技的較量。能夠提前掌握對方的軍事動態並做出預判，從而有效干預，是戰場上的制勝法寶之一。

二戰後，原本只是用於發現和追蹤導彈的雷達，就沒有太多的用武之地。於是許多雷達技術，就逐漸從軍用轉為科學研究和民用。例如衛星遙測雷達、氣象雷達、深空探測雷達、員警在高速公路旁經常使用的測速雷達、生命徵象監測雷達、探地金屬雷達、穿牆透視雷達等，甚至專門用來接收外星人訊號的雷達，不勝枚舉。

隨著天線尺寸和晶片的極度縮小，在可預見的未來，更多的雷達設備將會以微型裝置面世。就例如前面提到的 Project Soli，能嵌入可穿戴設備，成為物聯網的重要感測器。隨著技術的普及，也將逐漸走入尋常百姓家，為人們的生活起居帶來方便。這種改變是革命性的改變，原因在於雷達具有許多技術無法代替的功能。

雷達的基本特性

相較於其他隔空檢測或體感技術，例如體感相機等，雷達有一些天然優勢：首先是**穩定性強**，無論白天黑夜、暴晒寒風，雷達皆可正常工作；其次是**製造起來相對容易且硬體成本低**；最後是功能強大，高頻雷達測量物體距離通常可以**精確到毫米級別**；而低頻雷達則可以做到「穿牆而過」，完全無視遮蔽物的存在。這些特性讓雷達，尤其是微型雷達，在未來有著廣闊的應用前景。

電磁波頻段與選擇

首先要解釋的是電磁波頻率本身。一般雷達工作的頻段從 3MHz 到 300GHz 不等。不同頻率的電磁波易受到大氣環境的影響。大氣中的水蒸氣和氧是電磁波衰減的主要原因，當電磁波頻率小於 1GHz 時，大氣衰減可忽略。

一般來說，頻率越高，傳輸損耗受天氣的影響越大。所以**低頻波段比較適合遠距離物體探測**，但精確度不高；高頻波段定位精確度較好，但作用距離較短。需要按照不同應用場景來選擇相應的頻段。

就拿谷歌的 Project Soli 來說，它的中心頻率選擇在 61.25GHz 左右。如此選擇的好處，是該頻率可以捕捉到細微的手指動作，精確度可以達到毫米左右。但由於低功率的需求，Project Soli 的作用範圍不超過 1 公尺。同時該頻段（61 ～ 61.5GHz）屬於 ISM 頻段（Industrial Scientific Medical Band，各國挪出某段頻段主要開放給工業、科學和醫學機構使用），不需要特殊執照就可免費使用。

關於頻段的使用，各個國家都有嚴格的規定，對於商業用途而言，購買某一個特殊頻段的使用權，通常要花費巨額參與競標，動輒數十億甚至上百億美元。所以免費範圍的 ISM 頻段通常是商業雷達的第一選擇。頻段選擇是一個複雜的話題，這裡就不詳細敘述了。有興趣的讀者可以參考相關的規定，例如美國的聯邦通訊規則（FCC Regulations）[1]。

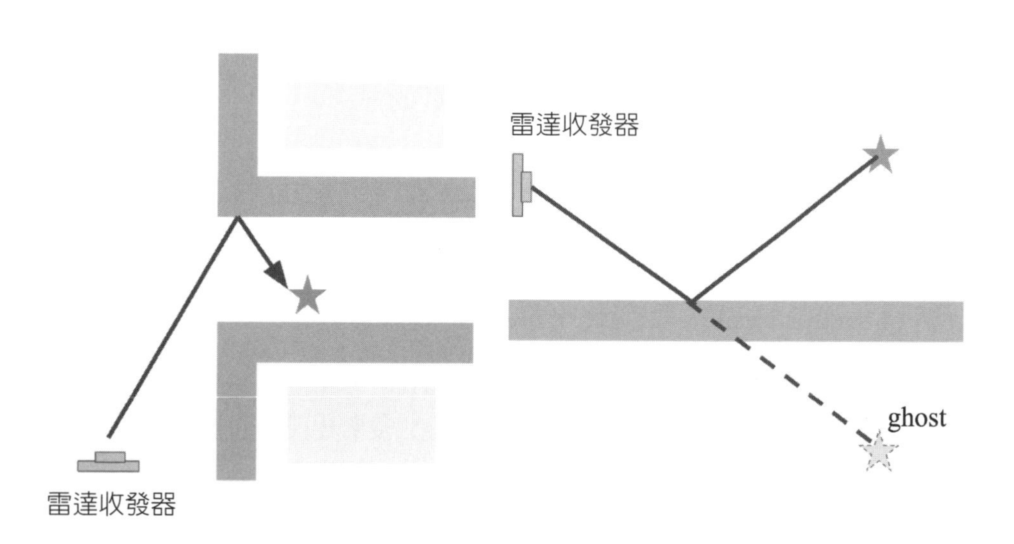

圖3　左：電磁波有時可以「繞牆而過」看到隱藏在牆背後的物體；右：多路徑效應有時會令雷達錯誤識別不存在的物體；解決的方法通常是在訊號處理層，檢查返回訊號的強度及相位差來判斷，該反射訊號是否來自於真實存在的物體。

透視眼與多路徑效應

很多人認為雷達可以輕易的越過障礙物，穿透雲層、牆壁和人體。這點並不完全正確。雷達是否能穿牆隔空探測物體，**取決於牆本身的材料以及雷達頻率**。頻率 3GHz 的電磁波能穿透 10 公分厚的牆，而 60GHz 雷達如 Project Soli 雷達，恐怕連一張薄薄的紙都無法穿透。此外，牆本身的材料也很重要，同樣是 10 公分厚的牆，如果是一般的土磚或木頭製成的就很容易穿過，而鐵牆就難以穿越。

相對於穿牆，雷達波有時卻可以**「繞」過牆看到牆背後的物體**，這其實是利用了電磁波的**多次反射**（Multipath，也稱作多路徑效應）。在某些特定的場景中，它可以成為雷達的特殊應用，例如利用多路徑效應，來檢測視線不可及之處是否藏有異物。當然有時也會出現「Ghost」，也就是噪音，雷達會探測到一些根本就不存在的物體（Ghost object），這往往也是由於多路徑效應造成的。

指向天線設計

一般電磁波是以球面波，或至少在某一個平面上均勻的向外輻射出去（omnidirectional），這對於一般通訊而言是極好的，因為它可以保證通訊在各個方向都暢通無阻。然而對雷達的特定功能來說就顯得不夠，通常雷達需要能將電磁波朝某個方向上發射出去。而這就需要特殊的指向天線設計。

在給定發射頻率情況下，**天線的有向性（即波束發散角度）和天線的面積成反比。這也解釋為什麼深空探測的雷達天線要做得那麼大**。一般的有向電磁波發射長得如圖 4 所示。它通常有一個突起的主軸（main

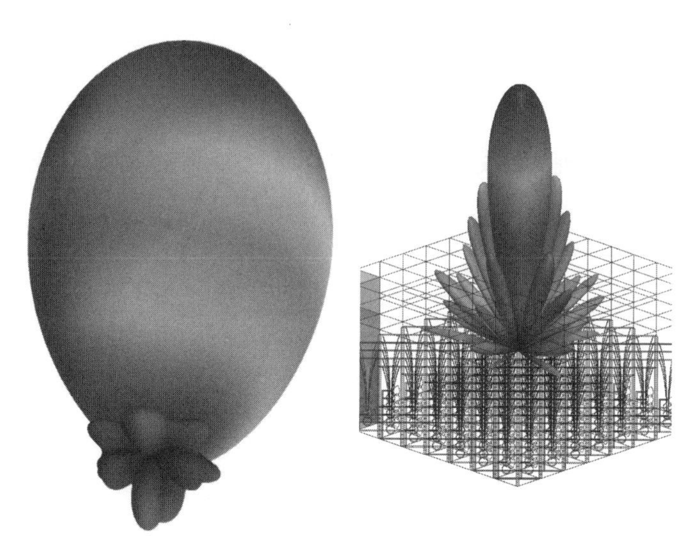

圖 4　左圖為一般指向天線的三維電磁輻射圖。基本圖是一個主軸，附帶一些小的突起。主軸的寬度決定天線的有向性，例如該圖的波束寬度大約在 60 度左右。可以透過增大天線面積、增多發射器的個數，或提高發射頻率來減小波束的寬度。右圖展示的是透過使用多個發射器，來合成一個方向性更好的天線（波速寬度大約在 20 度左右）。

lobe）和周圍的一些小突起（side lobe）。主軸的寬度決定了天線的波束寬度，而周圍的小突起則一般作為噪音處理。一個有效減少波束寬度的方法，是使用多個電磁波發射器來合成一個窄波束的雷達，如圖 4 右圖。這種方法也稱作波束賦形（beamforming）。

雷達的組成

雷達一般由發射器、接收器、發射和接收天線、訊號處理器，及終端設備組成。發射器透過天線將經過調頻或調幅的電磁波發射出去，部分電磁波觸碰物體後被反射回接收器，這就好比聲音碰到牆壁被反射回來一樣。

訊號處理器分析接收到的訊號，並從中提取有用的資訊，例如物體的距離、角度及行進速度，這些結果最終被即時顯示在終端設備上。傳統的軍事雷達還常配有機械控制的旋轉裝置，以調整天線的朝向，而新型雷達則多透過電子方式做調整。

為了節省材料和空間，發射器和接收器通常共用同一個天線，以交替開關發射或接收器的方式避免衝突。終端設備通常是一個可以顯示物體位置的螢幕，但在迷你雷達的應用中，更常將雷達提取的物理資訊，作為輸入訊號傳送給手錶等電子設備。

訊號處理器才是雷達真正的創意和靈魂所在，主要利用數學物理分析，及電腦演算法對雷達訊號做過濾、篩選，並計算出物體的方位。在這基礎之上，還可以利用前沿的機器學習演算法，對捕捉到的訊號做體感手勢識別等。

測距與測速——目前的用途

目前雷達的基本功能仍是測距和測速。例如員警執法時，通常會使用測速雷達來判斷車輛是否超速。測距和測速背後的基本原理並不難理解。就拿測距來說，最簡單的做法就是發射一個脈衝波，並等待其返回接收器。因為電磁波是以光速行進，透過測量等待時間就可以間接的獲得距離資訊。

當然，發射脈衝對發射機的峰值功率（短時間內能達到的最大功

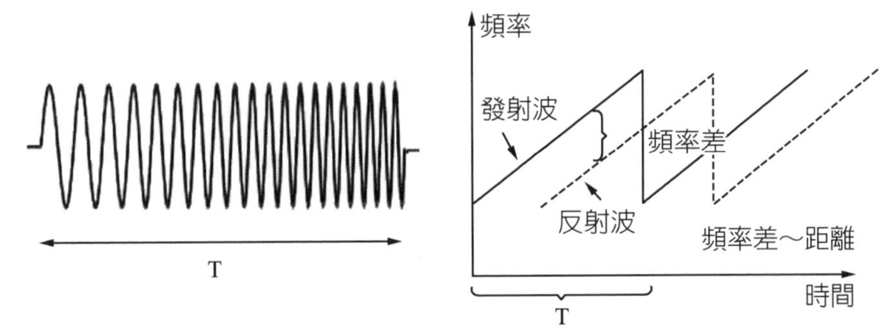

圖5　左：線性調頻訊號波形；右：透過反射波與發射波的頻率差可推測物體距離。

率）有較高要求，並且電路實現相對複雜。比較普遍的低功耗獲取距離資訊的方法，是對發射訊號的頻率做調製。此類雷達的專業術語叫做頻率調變連續波（Frequency Modulation Continuous Wave，簡稱FMCW），操作方法是發射一個線性調頻訊號（chirp），其波形見圖 5。因為頻率與距離的關係是線性的，透過檢測反射波與發射波當前的頻率差異，即可推斷物體的距離。

我估計 Google I/O 發布的 Project Soli，就是一款基於 FMCW 的微型雷達。FMCW 在目前的商用中極其普遍，主要源自它對頻寬要求低、功耗較低，以及電路設計相對容易實現。除此之外還有超寬頻（UWB）雷達，在此就不多介紹。

雷達的另一項優勢，是可以測量物體的瞬時速度，這就要提到物理中鼎鼎大名的「都卜勒效應」了。其大意是說，反射波的頻率會因為物體行進的速度改變而改變。一個經典的例子是有關聲波的傳播。遠方急駛過來的火車鳴笛聲，因為火車速度變快而變得尖細（即頻率變高）；

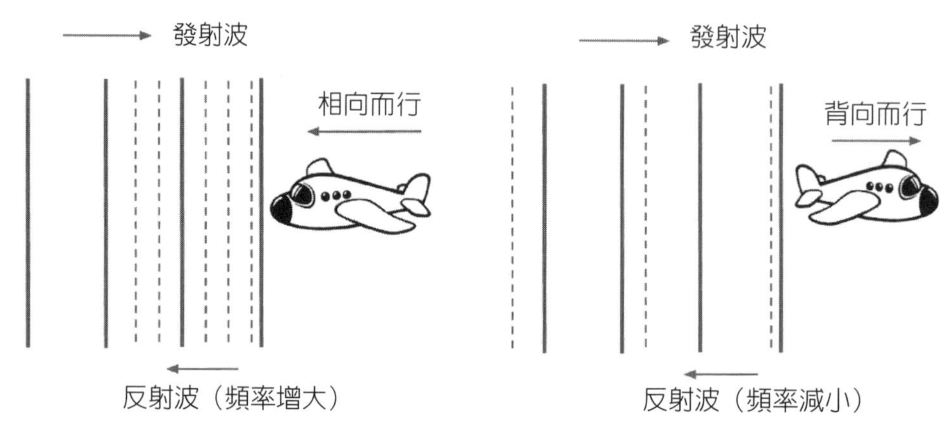

圖6　都卜勒效應：反射波的頻率，因物體速度快慢和方向不同而改變。

而遠去的火車鳴笛聲，因為火車速度變慢而變得低沉（即頻率變低）。

那麼，利用此規律，只須洞悉頻率變化，就可以推斷物體的速度。事實上，上面提到的 FMCW 雷達，可同時推測物體的距離和速度，可謂一箭雙雕。具體的演算法細節可以參考文獻〔2〕。

手勢識別——Google的企圖

前面所講的測距或測速，都把物體想像成一個抽象的點。而真實的物體如人的手，則可認為是一堆三維點的集合體。將雷達用於近距離識別各類手勢，是一個較新的研究領域。

在這之前，很多人都嘗試過用相機識別手勢，問題是相機成本較高，需要一個較好的鏡頭才有可能實現，同時耗電量較大，並不適合放置在可穿戴設備上。而微型雷達在理論上可以做到低功耗、低成本，鏡

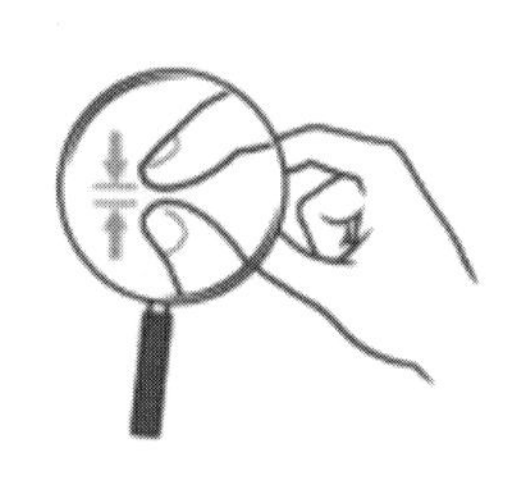

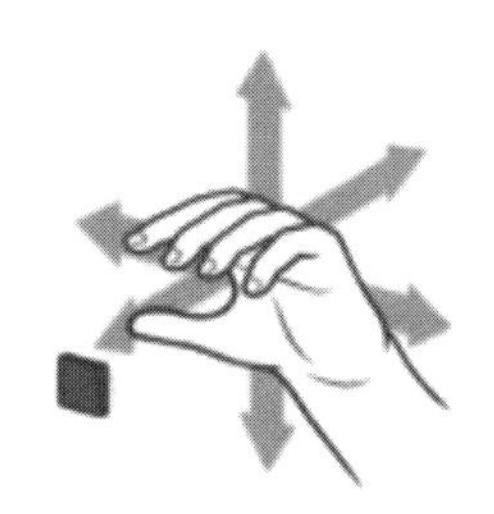

圖7 Project Soli雷達試圖訓練的不同手勢。

頭也不會突兀在設備外面。

從 Project Soli 公開的數據來看，它主要是透過分析雷達反射訊號，在時間軸上的變化來區分不同的手勢，這些手勢可以是微小的手指舒張縮放、手掌的張開合攏，或手指的前後位置擺放。一些比較自然的手勢參見圖 7。

雷達的反射波中，已蘊藏手上許多個點的距離與速度訊號。同時呈現這些資訊的一個好方法，叫做距離一都卜勒映射（Range-Doppler Map，簡稱 RDM）（如下頁圖 8）。

RDM 中的橫軸是速度，縱軸是距離。它可以看成是反射波能量的分布圖或概率圖，每一個單元的數值，都代表反射波從某個特定距離到達以某個特定速度運動的物體，所得到的反射波能量。利用 FMCW 雷達建構 RDM 極其容易，只需要透過二維的傅立葉變換（Fourier transform）即可。

RDM 中已可窺見探測物體的特徵運動身形。基於 RDM 及其時間序列，我們可以採用機器學習的方法，識別特定的能量模式變化，進而

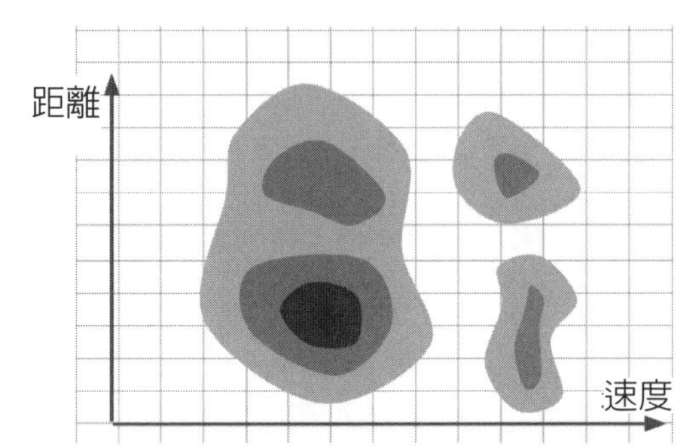

圖8　距離—都卜勒（速度）映射的等高線表示示例：每一個單元值代表了反射波中，具有對應距離和速度的點的集合的反射能量。該映射可作為特徵向量，用於機器學習識別手勢動作。

識別手勢及動作。其實在 Project Soli 推出前，輝達（Nvidia）也做過十分類似的研究。〔3〕

定位追蹤與勾勒輪廓

除了簡單的手勢識別外，**雷達還可以用來定位**。無論測距、測速，或手勢識別，都不能精準的指出物體所在的三維位置。要實現定位也不難，最簡單的做法，就是利用一個指向天線和一個機械旋轉裝置，透過不停的旋轉天線，來掃描天空的各個位置。

這種透過機械方式旋轉天線的方法，對移動產品來說顯得很笨重，耗電量大且不方便。一個聰明又有趣的解決辦法，是透過「相位陣列」以電子的方式調控天線的合成方向，也被稱為波束賦形。其主要原理是**使用多個發射器**，透過調整波形的相位（描述訊號波形變化的度量），和波形間的相長和相消干涉（constructive and destructive interference），來控制合成發射波的朝向。

更簡單的說，就是「利用時間差」。為便於理解，不妨想像一下水波之間的干涉條紋。如果可以任意調整天線朝向，再配合測距的原理，雷達就可以實現自動定位。

定位的另一個常用方法，是使用多個接收器。因為多個接收器收到的反射波的相位略有不同，透過測量它們之間的相位差即可做定位。從介紹上看，谷歌新款的迷你雷達 Project Soli，擁有 2 個發射器和 4 個接收器，這樣就**可以同時利用波束賦形和相位差的方法做手掌的定位、追蹤和手勢識別**。

雷達的其他應用——監控生命跡象、探地雷達

一家挪威的公司 Novelda 開發的 Xethru 雷達，利用雷達隔空探測呼吸節律的方法，和 Project Soli 雷達有著本質的不同。**Xethru 雷達使用的是超寬頻技術，而 Soli 雷達使用的是窄頻技術**。

超寬頻雷達透過發送與接收非常短的脈衝，可以探測極其細微的動作。一般而言，雷達能感知的動作細微度與使用的頻寬成反比，Xethru 使用的 3.1 ～ 10.6GHz 的頻段，將感知精確度又帶入了一個新的層次。該頻段的電磁波可以**輕易穿透牆壁或衣服**，甚至隔空檢測人的心跳。

假想不久的將來，警察局裡將用上新型雷達測謊儀，隔空測心跳來判斷嫌疑犯是不是在撒謊；相親派對上的理工宅男們，也能透過雷達判斷對面的美女是不是對其有意而「怦然心動」，採取行動猛烈追求……目前 Xethru 的最大問題，是如何在人移動的情況下檢測呼吸狀況。

根據我推算，它目前的應用情境，可能還是假定人在靜止不動的情況下。當然，即使如此也不錯了，至少可以做到隔壁房間的人體生命跡象監測、人數統計、保全監控入侵者等。

探地雷達也是一項很有意思的發明，它可以利用電磁波穿透土壤的特性，窺探泥土底下隱藏著什麼不可告人的祕密，電影《侏羅紀公園》中就有這樣的場景。除了發現地底下的管道、化石，據說還有人發現了金子。如果你家裡有一個小院子，不妨試試看，說不定有驚喜。

第 3 章

磁力效應打造反重力系統，人與物可匿蹤

文／高路

電影《回到未來》（*Back to the Future*）三部曲的第二部，上映於 1989 年感恩節期間。這部電影敘述男主角馬蒂和瘋狂科學家布朗博士，從 1985 年穿越到 2015 年，然後又穿越回到 1955 年，及這段奇妙的經歷，如何影響他們在 1985 年的生活。

多年後重看這部電影，最有趣的是看 1980 年代的美國人，如何腦補美國在 2015 年的景象，其中不乏充滿調侃意味的搞笑。例如通貨膨脹如此高，以至於一杯百事可樂要賣 50 美元；或運動品牌耐吉（Nike）發明了可以自動繫鞋帶的運動鞋。但也有不少當年的天方夜譚在今天已成現實，例如電影中的視訊通話。不過，真正讓我們這一代科幻迷夢寐以求的，卻是一種叫做懸浮滑板（Hoverboard）的交通工具。

顧名思義，懸浮滑板透過其他反重力手段，使滑板懸浮於空中。電影中最經典的橋段，是幾個反派配角和男主角在街頭乘坐懸浮滑板追逐的場景。而喜歡科幻電影的科學家和工程師總是躍躍欲試，想把黑科技從銀幕上搬到現實中。

在《回到未來 2》上映後的二十多年裡，不斷有公司聲稱自己開發出懸浮滑板，可惜都被證明是欺世盜名之舉。類似的技術和產品倒是已

存在，例如馬丁飛機公司（Martin Aircraft Co.）推出的個人噴氣式飛行器，或Jet-Flyer推出的噴水式飛行器。

但這兩類產品價格昂貴、操作複雜，還需要經過專業訓練才能操作，稍有不慎就會受傷甚至機毀人亡，因此離成為大眾消費品還有很長遠的距離。我們不妨先後退一步，暫時不要求飛得那麼高、那麼快，先著手於一些簡單如懸浮滑板這樣的小系統，那麼可攜式反重力系統的開發和推廣，就會在一個更可控制的範圍內。

物理學中的邁斯納效應（Meissner Effect）和冷次定律（Lenz's law），均為反重力系統提供具有高可行性的解決方案。其中邁斯納效應是一種量子物理學現象，涉及高溫超導；而冷次定律是一種經典力學現象，涉及電場和磁場間的相互轉化。

懸浮滑板之爭：凌志 vs. Arx Pax

2015年6月末時，據傳懸浮滑板的原型樣機已試驗成功，而且是由著名的凌志（Lexus，豐田集團旗下的豪華汽車品牌）車廠推出，利用的就是磁性。

後來仔細看了凌志的廣告，發現凌志並不是要推出懸浮滑板，而是用其作為一種噱頭來賣車。圖1（左）為凌志研發的懸浮滑板示意圖，廣告中主角腳踏懸浮滑板，飛躍凌志在2015年推出的新款車。請注意滑板的兩側在冒白煙，我將在下一節解釋原因。

這個廣告的設計非常精巧：其一，凌志在美國首次亮相並推出了第一款車，正是《回到未來2》上映的那一年，即1989年；其二，2015

年距離《回到未來 1》上映正好 30 週年；其三，當年看《回到未來》那一代的年輕人（也就是最迷懸浮滑板的那一代人）現在處於 35 歲到 45 歲間，最有消費能力去購買凌志的新款車。

所以凌志就利用這一代消費者的集體回憶製作這個廣告，並提出口號「Amazing in Motion」。這無非是在暗示，即便今天你還買不到一個懸浮滑板，你卻可以買到一輛凌志的車，圓一個兒時的懸浮夢。

圖1 冒煙的懸浮滑板（左）與不冒煙的懸浮滑板（右）。

而一家地處矽谷聖塔克拉拉市（Santa Clara），叫做 Arx Pax 的公司已推出個人娛樂用的懸浮滑板，也應用了磁性原理。這款產品叫做 Hendo，來自於公司的創始人格雷格 · 亨德森（Greg Henderson）的姓氏。圖 1（右）所示為 Hendo 的原型樣機示意圖。請注意這款產品沒有在冒白煙，原因也會在下一節解釋。

亨德森的個人經歷頗具傳奇色彩。此人出身於西點軍校工程系，十年軍事生涯退役後，一直在美國頂尖的建築事務所工作，並成為合夥人，後來又到矽谷創業。他的公司仍然處於初創階段，約 30 人左右的規模，卻匯集畢業於美國最頂尖院校的工程師和設計師。在我看來，他們是一群天才的夢想者，也將是新一代娛樂方式的創造者。

然而對於亨德森來說，懸浮滑板僅是開胃菜，「空中樓閣」才是他的終極目標。他有一天在遛狗時思考了這樣一個問題：如果我們可以實現磁懸浮列車，為什麼不能建造磁懸浮住宅？〔1〕

但為什麼要建造磁懸浮住宅？是為了抵抗地震和洪水。

我客居美國多年，輾轉於東北、東南和中南諸地，最近才搬到了位於西海岸的矽谷。個人認為在這所有的地方中，矽谷的自然環境是最差的——常年乾旱、植被荒蕪倒也就算了，更要命的是舊金山處於地震帶上。好萊塢電影中，紐約往往毀滅於外星人入侵（例如《復仇者聯盟》〔*Marvel's The Avengers*〕），而加州往往毀滅於地震（例如《加州大地震》〔*San Andreas*〕和《2012》）。雖然電影中描述的那種毀滅性地震百年難遇，但各種小地震從不間斷。美國的住宅以一、兩層的木質結構居多，抗震性較差，輕則裂縫，重則倒塌，更難以抵抗大地震。

另外一項美國居民常見的災害是洪水，例如 2005 年襲捲美國南方諸州的卡崔娜颶風便引發了洪災。有調查顯示，在美國每年由洪水引發的經濟損失在 20 億到 40 億美元間。〔2〕

然而從另外一個方面來看木製房屋，其輕便的特點又可以加以利用。亨德森認為磁力既然能撐起磁懸浮列車這樣沉重的鋼鐵結構，並使之高速行駛，為何不能撐起比磁懸浮列車輕便得多的住宅？一旦住宅和地殼間存在一個緩衝層，那地震波就無法直接作用於住宅上，而是被緩衝層吸收，這樣就能確保建築物的安全。

更進一步來說，如果**加大磁場（例如另加一個由電流控制的電磁鐵），就可以把房屋升得更高一些**，洪水就不會湧進屋裡。亨德森認為磁懸浮是最高效、簡易並且廉價的方法，來形成並保持這些緩衝層。

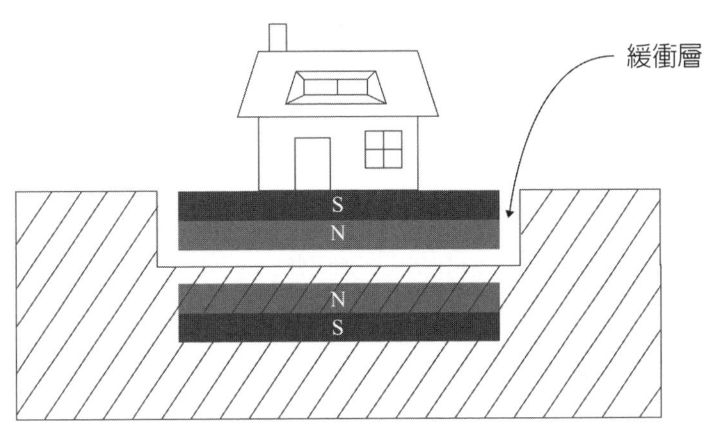

圖2　磁懸浮住宅示意圖。

邁斯納效應vs.冷次定律

凌志和 Arx Pax 雖然都創造出懸浮滑板，但應用的物理原理並不相同。前者應用邁斯納效應，涉及高溫超導，是一種量子力學現象，需要在低溫條件下實現；後者**基於冷次定律，可在常溫下實現**，是一種經典電動力學的現象。簡單來說，日本的磁浮列車採用超導懸浮技術，利用了邁斯納效應；而中國浦東機場的磁浮列車採用常導磁懸浮，利用了冷次定律。

凌志的解決方案：邁斯納效應

磁性是一個籠統的概念，裡面可細分為很多類，包括順磁性、鐵磁性、反鐵磁性、亞鐵磁性及抗磁性等。在日常生活中，我們接觸到的磁性以順磁性和鐵磁性居多。

我們都知道可以用一塊磁鐵找到掉在地上的針，就是因為磁鐵具有鐵磁性，而針則具有順磁性（嚴格來說針是鐵磁材料。然而在日常生活中，針往往僅在有外加磁場時具有磁性，而在沒有外加磁場時，不具備或僅有極微弱的磁性，其特性更像順磁材料）。

圖 3（a）解釋了順磁材料被磁化的物理過程：磁鐵 1 在周圍的空間形成一個磁場的分布，如圖中箭頭所示；鐵製的針感磁，在外加磁場中被磁化產生南北二極，於是成為了磁鐵 2；順磁材料磁化的方向總與外加磁場方向相同（這也是順磁性這一術語的由來），導致磁鐵和被磁化的順磁材料相反的兩極總相對，於是異性相吸，一根針就可以被磁鐵隔空吸引過來。

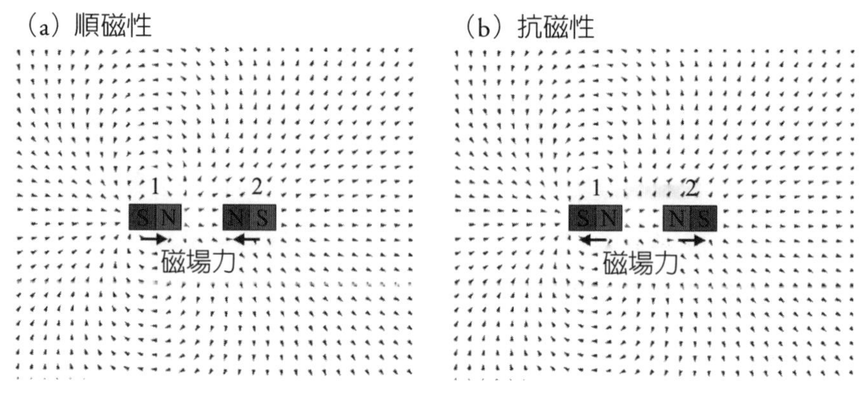

圖3　順磁性（左）和抗磁性（右）示意圖。

若磁化的方向與外加磁場相反，從而產生斥力，這種性質就被稱為**抗磁性**。圖 3（b）所示為抗磁材料的磁化過程。抗磁材料不會被磁鐵吸引，反而會被推開。

有趣的是抗磁材料並不罕見，只不過在日常生活中時常被忽略。例如銅、鉛、鑽石、銀、水銀和鉍都是抗磁材料，就連水也是抗磁材料。[3]也就是說，**如果我們站在一塊磁鐵上，體內的水分子就會和磁鐵產生斥力。如果磁鐵夠強，就可以讓我們也懸浮起來**。目前在實驗室中，研究人員已可以讓一隻青蛙浮於空中。

可是僅依靠抗磁性，很難在現實中實現磁懸浮，原因在於上文所列舉的抗磁材料對外加磁場並不那麼敏感（即磁化率很低），所以產生的抗磁力往往很微弱。前文所述能舉起青蛙的磁鐵需要有 42 特斯拉（tesla，磁感應強度的單位）的強度，而一般工業中用的最強的永磁鐵，例如釹鐵硼磁鐵（NdFeB），其磁場強度也不超過 1.5 特斯拉。也就是說用普通的磁鐵和抗磁材料，來實現磁懸浮是不現實的。

那麼如何提高材料的抗磁性？人們發現超導材料具有巨大的負磁化率，凌志就採用了高溫超導體作為解決方案。超導體簡單來說就是電阻為零的導體，電流可以在超導體中無損循環。

超導材料往往只能在低溫下運作，**所謂高溫超導是針對絕對零度而言，而不是基於我們日常生活中對溫度的感知。已知的高溫超導的操作溫度至少要低於－135℃**。

假設一小球為超導材料，暴露於外加磁場之中，Tc 為超導材料的臨界溫度。當材料的溫度高於 Tc 時（例如在室溫），小球不顯示超導性質，外加磁場穿透小球，但小球沒有任何電磁感應；然而一旦材料的溫度低於 Tc，小球就會顯示超導特性，並產生感應電流（更嚴格的名稱是渦電流）。

考慮到小球處於超導態，電流可以無損循環，而且感應電流又會誘發另外一個磁場；這個被誘發的磁場總和外加磁場方向相反，因此小球受到的磁力和外加磁場方向總相反，表現為斥力。

此時就好像外加磁場會刻意繞過小球，這種現象被稱為邁斯納效應，而我們稱此時小球具有超導抗磁性。[4]

懸浮滑板在冒白煙，就是因為滑板中安裝了高溫超導材料——石墨，並由液氮冷卻使其溫度低於臨界溫度，液氮不斷蒸發，從兩側洩漏，所以滑板看起來在冒煙。而**地面下又鋪設了一層磁鐵**，於是處於超導態的石墨和磁鐵間產生巨大的抗磁力，以至於可以撐起一個人的重量。

如果讀者有興趣，可以自己動手做一個簡單的實驗，只需要一塊熱解石墨（pyrolytic graphite）、幾塊磁鐵和一些液氮。前兩者大概人民幣 100 元（約新臺幣四百多元）就可以買到，液氮可以在大學的實驗室或是液氮冰淇淋店得到。

實驗時先把磁鐵靜置於石墨上，再把液氮倒到石墨上，使其冷卻到超導臨界溫度以下，以誘發邁斯納現象。磁鐵和石墨間產生抗磁力，就會出現磁懸浮現象。

Arx Pax的解決方案：冷次定律

高中物理課是這樣敘述冷次定律：感應電流的效果總是反抗引起感應電流的原因。說得通俗一些，導體感應外加磁場的變化產生感應電流，電流又可以誘發磁場，而**被誘發的磁場方向又總和外加磁場相反**。

也就是說，外加磁場和誘發磁場相當於兩塊磁鐵總是同極相對，於是產生斥力，而利用這種斥力也可以實現磁懸浮。當一塊磁鐵（北極向右，南極向左）向右移動靠近螺線圈時，螺線圈感應到周圍磁場的加強產生感應電流；根據右手定則，感應電流誘發磁場。此時等於磁鐵在靠近另外一塊北極面左而南極面右的磁鐵，並且兩塊磁鐵總是同極相對，於是磁鐵和螺線圈之間產生斥力。

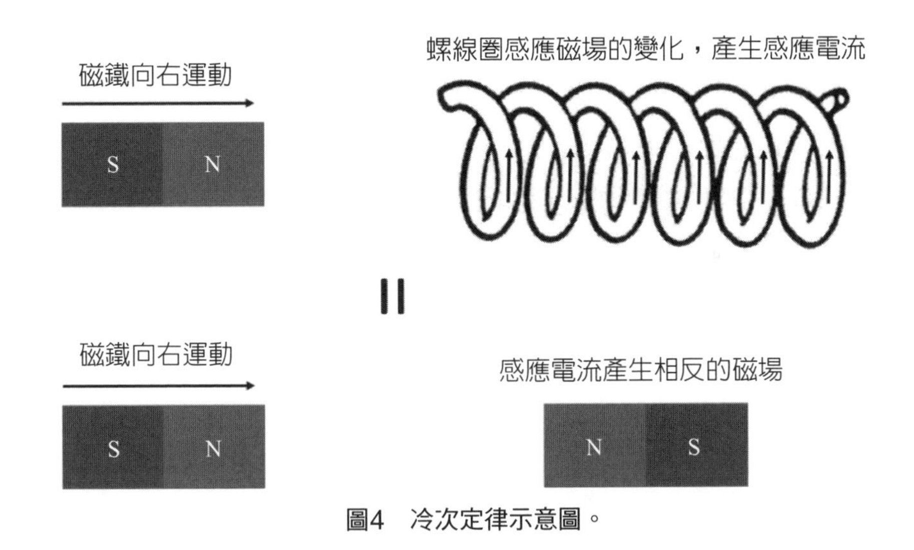

圖4 冷次定律示意圖。

Hendo 就巧妙運用了冷次定律。[5] Hendo 需要在導電但不感磁的特殊地面上運行，這就排除了不導電的水泥或是木頭，也排除了導電卻又感磁的鐵質材料，**理想的材料是有良好的導電性又不感磁的銅**。

在 Hendo 的背面有一套傳動裝置，簡單來說就是一個中心馬達帶動多個轉子，每個轉子安裝在由磁鐵構成的定子上。馬達開轉後，轉子切割磁場產生感應電流從而產生感應磁場；感應磁場是時變磁場，和導體地面發生感應，誘發第二個感應電流，該感應電流又誘發第二個感應磁場。

在此過程中，兩個感應磁場總是同極相對，從而產生斥力。需要讀者留意的是，定子提供的磁場是靜磁場，與導電但不感磁的地面不能直接產生感應，所以只要馬達不啟動就不會有任何斥力。唯有轉速高於一定臨界值時，斥力才能撐起操作者的重量實現懸浮。

讀者還可以做一個簡單的驗證實驗。這個實驗需要一個約 30 公分長的空心銅管、一塊磁鐵和另外一塊沒有磁性的金屬小塊，如鋁塊，注意空心半徑略大於小塊即可。先豎直放置銅管，再把磁鐵和鋁塊分別放入銅管使其自由滑落。**雖然銅這種材料不會吸附磁鐵，但磁鐵下落的速度明顯慢於鋁塊的下落速度**。這就是冷次定律的應用：銅管感到周圍磁場的變化，產生感應電流，感應電流又產生感應磁場從而對磁鐵產生斥力，所以磁鐵下降的速度就被減慢了。

磁性「黑」科技應用

除了磁懸浮外，磁性還有著其他五花八門的應用。

磁性細胞分選技術

細胞分選對於生物研究、生物醫學工程和臨床醫學，都是不可或缺的步驟。以骨髓移植手術為例，骨髓捐贈者所提供的樣品包含多種細胞，不能直接用於移植，需要先把骨髓細胞隔離出來純化和培養，否則會發生危險的排斥現象。

於是細胞分選便成為骨髓移植中關鍵的一步。人類細胞非常小，直徑在 5 ～ 10 微米（1 微米＝ 10^{-6} 公尺），傳統的操作和工具難以分選，此時就要引入奈米技術。總體來說螢光分選（Fluorescent-Activated Cell Sorting，簡稱 FACS）和磁性分選（Magnetically-Activated Cell Sorting，簡稱 MACS）是最主流的方法，而且都需要具有生物相容性的奈米粒子（biologically compatible nano particle）。

在美國，磁性細胞分選因為能保證分離腔不受過去樣品的影響，是最為廣泛應用於臨床的分選方法。具體來講，很多細胞在其表面具有一些特定的分子，即分化簇（Cluster of Differentiation，簡稱 CD）。以從血液樣品中分離淋巴細胞為例，其基本步驟如圖 5 所示。

某些淋巴細胞的分化簇為 CD12，於是我們可以方便的在順磁奈米粒子表面植入 CD12 的配體（ligand），再將這些奈米粒子和細胞樣品

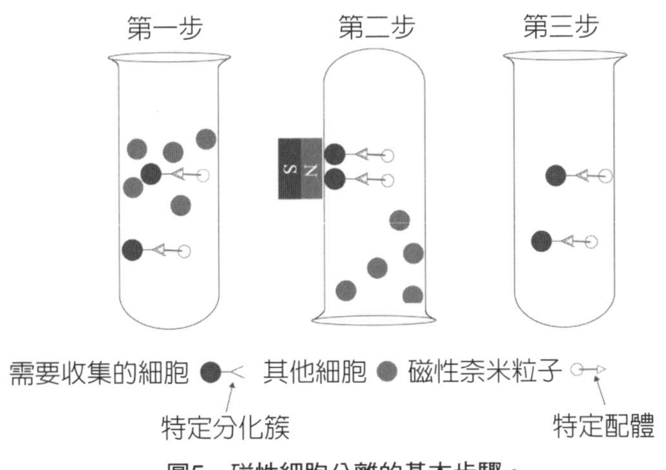

圖5　磁性細胞分離的基本步驟。

混合。因為一種分化簇只和特定的配體結合（類似抗體和抗原），所以血液樣品中，那些具有 CD12 的**淋巴細胞會被磁性奈米粒子吸附**。接下來僅需一塊磁鐵，牽引住這些被磁性標記的淋巴細胞，並傾倒其他細胞，特定的淋巴細胞就從血液樣品中分離出來。

磁性細胞分選的研究，是如何分離出具診斷價值的細胞，例如隨血液循環的腫瘤細胞（circulating tumor cell）？這種技術講究在腫瘤惡化前，能直接從血液樣品中分離出癌變細胞，以預診出癌症。

改變物質結構，匿蹤隱形

上文中所說的抗磁材料，可惜在常溫下磁化率太小，難有用武之地。保留磁性微結構組裝的研究另闢蹊徑，在常溫的情況下，使順磁和抗磁兩種粒子共存，並且透過改變外加條件使兩種粒子相互作用，從而產生各種奇異的微觀結構。

用磁流體（由大量半徑在 50 奈米左右的鐵磁性奈米粒子構成）、順磁（鐵的氧化物）微粒子和聚苯乙烯（俗稱塑膠）微粒子就可以實現一系列微觀晶格結構的組裝（Colloidal Crystal assembly）。

具體來說，在水中加入一些磁流體以提高介質的磁化率，於是在這樣的介質中，原本不感磁的聚苯乙烯粒子，因為磁化率低於周圍的介質而展現出抗磁性，而順磁粒子則繼續展示順磁性，於是二者產生很多有趣的作用。[6]

這類技術的一個潛在應用是 3D 微奈米結構的成型。具有特定晶格結構的微奈米材料可用於操控光波、聲波和熱傳遞。例如**對電磁波、光波和聲波隱蔽的材料**，往往需要極為特殊的晶格結構。如果有一天，我們能任意的控制晶格結構的形成，就可以任意創造出各種自然中不存在的材料，例如《哈利波特》中的隱身衣。

磁冰箱

電冰箱利用製冷劑的液化和氣化來製冷，而磁冰箱利用熱磁材料的磁化和去磁化製冷。二者的原理都基於熵（音同「商」）變。通俗來講，熵（熱量除以溫度的商值）表明構成物質的原子或分子的無序狀態。

假想一塊材料由很多磁旋子組成（所謂磁旋子就像指南針一樣，擁有南北二極可以自由旋轉），如果這些磁旋子的指向完全隨機，熵值就很高，從整體來看物質就不具備磁性。我們平時接觸的水、空氣和桌子都處於這種狀態。

與此相反，如果磁旋子的指向都相同，系統的熵值很低，從整體來看物質就具備磁性，例如磁鐵。有趣的是，熱力學認為**只要溫度夠低**，任何物質，包括木頭、水、空氣，甚至是人體，**都具有自發的磁性**。這是因為原子的無序熱運動會隨溫度的降低而減少，相應的熵值也會變低，從而使得磁旋子統一指向。

磁冰箱不需要壓縮機，卻需要一塊熱磁材料和一塊電磁鐵，其工作原理如下一頁圖 6 所示。從 a 到 b，電磁鐵開啟產生磁場來磁化熱磁材料，熱磁材料被磁化時熵值降低並且放熱。由 b 到 c，熱磁材料產生的熱能被釋放到周圍的空氣中，溫度降低並趨於穩定。從 c 到 d，將熱磁材料靠近冰箱並關閉電磁鐵，此時熱磁材料熵值升高並且吸熱，於是冰箱中的熱量被轉移到熱磁材料中從而實現製冷。透過循環 a 到 d 這種製冷辦法，甚至能把溫度降低至 0.3°K，逼近絕對零度（−273.15℃）。

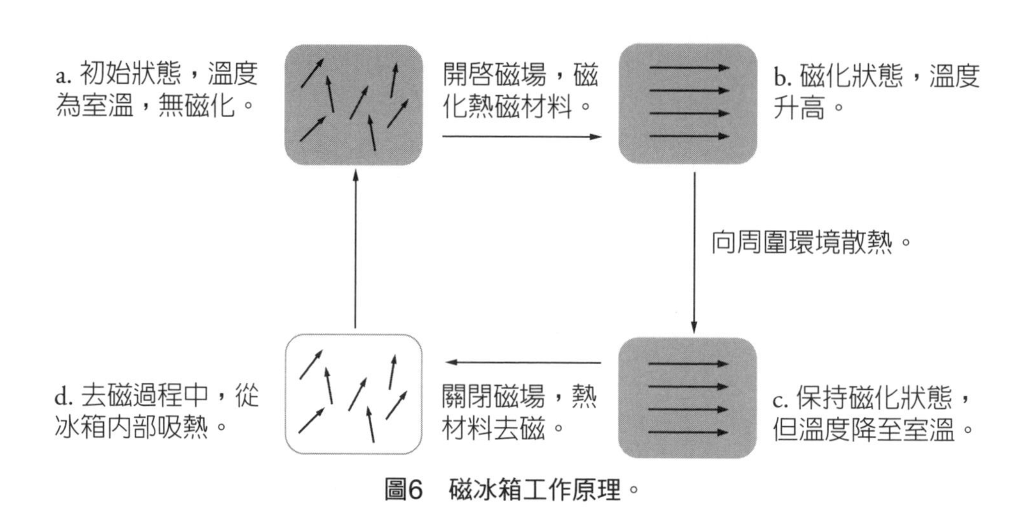

圖6　磁冰箱工作原理。

與電冰箱相比，磁冰箱只消耗1／3的電力，就能達到相同的製冷效果，可以節省大量的能量，而且它也不需要製冷劑，所以備受環保人士推崇。在2015年的國際消費類電子產品展覽會（International Consumer Electronics Show，簡稱CES）上，**中國的海爾、美國的北美電器（ACA）和德國的巴斯夫（BASF）都發布作為家用電器的磁冰箱**，這種產品能否走入千家萬戶取代傳統的電冰箱，我們拭目以待。

尋找磁單極子

細心的讀者會發現，剛剛提到的所有磁鐵都有南北二極，沒有單獨存在的南極或北極。經典物理學認為磁的本質是電，然而電磁二者有一個明顯的區別，即帶電體可以以單極子的形式存在，例如電子只帶負電而質子只帶正電，然而磁體總是二極共存，即以偶極子的形式存在。

目前還沒有確切的證據顯示磁單極子（即某種磁荷僅有南極或僅有

北極）存在。如果我們把一塊磁鐵從中間截開，那麼兩塊小磁鐵就會馬上產生新的南極或北極，以保證自己是偶極子。所以從根本上來講，磁鐵的產生不是因為同極磁荷的聚集，而是大量磁偶極子的有序排列。

磁單極子對於完善物理學模型亦有重要意義，也是物理學家孜孜尋找的一種存在。舉一個簡單的例子，百年來物理學家和數學家對馬克士威方程組都不能完全釋懷，就是因為缺少了磁單極子，這組方程的對稱性就減了一分，美感也就減了一分。

然而殘酷的事實是，在已知的物理研究中，大至外太空，小至原子核，溫度高如熱核反應，溫度低如絕對零度，無數才華橫溢的物理學家為此嘔心瀝血，仍然沒有任何確鑿的證據證明磁單極子的存在。

卡布雷拉教授是史丹佛大學（矽谷的心臟）物理系的教授。早在 1982 年，他就聲稱自己在實驗中發現磁單極子，並在物理學界最權威的期刊《物理評論快報》（*Physical Review Letters*）發表結果，不過也老實指出，這次實驗僅捕捉到一個磁單極子。

事後卡布雷拉本人和其他實驗小組，投入大量的人力、物力去重複這個實驗，以證明磁單極子存在，可惜都無功而返。

如果我計算準確，你將看到驚人結果

事實上，磁懸浮滑板涉及的物理學原理，早已為人們所知：冷次定律早在 1834 年就已被提出；超導現象發現於 1911 年，而邁斯納效應發現於 1933 年。

過去磁懸浮技術的焦點在運輸業，而矽谷則要把這些已熟知的物理原理推到一個更顛覆，但同時又更接近大眾的領域。以大眾消費者為終極目標，是矽谷科技公司最重要的特徵，這也解釋了為什麼，**矽谷人總喜歡把「用戶體驗」這四字箴言掛在嘴上**。

然而這就是矽谷精神所在，即不斷發掘和滿足消費者的需要，於是我們有了允許你透過旋轉拇指選擇歌曲的音樂播放機、給你的生活和職業帶來極大方便的社交網路、有如貼心管家一般照顧你生活起居的恒溫儀，甚至是帶來飛翔快感的磁懸浮滑板，和抵抗自然災害的懸浮住宅等黑科技。

矽谷的成功之道從來都不僅是技術，理想主義甚至是天馬行空的白日夢，永遠是保持公司活力不可或缺的元素。正如《回到未來》中的一句臺詞所說：「如果我的計算準確的話，你將會看到令人震驚的結果。」

第 4 章

物聯網使萬物有了靈魂，聽我號令

文／顧志強

以前在谷歌的 X 實驗室（前稱為「Google X」，谷歌公司運行的秘密實驗室）工作時，經常會向面試的同學提一個類似腦筋急轉彎的問題：能否在二維平面上找到 4 個不重合的點，使得它們兩兩之間距離相等？如果是放置在三維空間中的 4 個點？又或者在地球表面上的四個點（假設地球表面是一個完美的圓球面）？

這和本文主題有關係嗎？不要小看這個問題，其中蘊藏著關於距離幾何學的大學問。所謂距離幾何學，就是透過網路節點和節點間的距離測量，來推知網路的整體幾何性質，例如每個節點的物理位置、網路直徑和節點分布等。這些節點可以是路由器，也可以是手機，又或是我們佩戴的手環。

設想未來某天，當你走進博物館參觀，展廳可以定位網路中每個節點，也就是觀眾攜帶的手機、手環、眼鏡，甚至衣服、鞋子等物品。當參觀者位置移動到某展品附近時，手機或展館螢幕上自動彈出該展品的介紹，觀眾與展品甚至可以像《哈利波特》裡描述的那樣與畫中人互動。這樣的高科技博物館，是不是超級酷？

距離幾何學是數學中的一個有趣分支，不僅自身充滿濃郁的理論趣味，還有著廣泛的實際應用價值，在物聯網、機器學習、電腦視覺與視覺化研究，以及傳感網路的位置服務等應用中，都發揮非常重要的作用。可以說是這些領域背後的一部分黑科技，近年來更加引起科學界的關注與重視。

本文主要圍繞距離測量，基於距離資訊的幾何學、室內定位，以及其他各類神奇的應用來展開。希望本文的介紹，能啟發對此領域感興趣的讀者。

從物聯網 到LoT── 室內定位、無所遁形

Internet of Things（簡稱 IoT），就是我們常說的物聯網，這個概念相信大家都不陌生。萬物有靈，互聯互通，物聯網的世界是豐富多彩的，每個日常生活物品，都可以在物聯網的作用下即時感知周圍的環境，形成網路集群效應。

舉個例子，我們可以在家布置多個測量距離的感測器設備，使得這些設備間可以互相定位，形成一個區域網路，用於追蹤和定位物體，即時根據進入這個環境的客人的位置資訊，傳送相關資訊或提供其他服務內容。在不久的未來，甚至可以讓家裡的桌椅、茶杯、衣服、毛巾都具備傳感與通訊功能，它們可以感知彼此的存在，協同工作，為主人生活起居帶來更多的舒適與便捷。

結束了一天的工作，拎包走出辦公室前，你或許可以打電話給大管家冰箱，大管家會轉告電鍋和烤箱，提前熱飯、烤豬排，這樣到家時就可以吃到熱騰騰的豬排飯，這樣的日子，豈不妙哉。

想吃豬排飯，要先學會如何建構傳感網路的自我組織圖來定位彼此。讀者可能會問，這又有何難度？用 GPS（全球定位系統）不就可以

了？問題是，**商用的衛星 GPS 訊號，通常在充滿遮蔽物的城市角落或大樓內部工作不佳**。且 GPS 的定位精確度也不夠準備，在沒有遮蔽物干擾的空曠戶外，除非是使用軍用 GPS，一般的民用 GPS 定位精確度通常只在 10 公尺左右，當作車輛導航是夠了，但想要精確定位一個手掌大小的物體，這樣的精準度遠遠不夠用。想要實現毫米級別的幾何資訊定位，我們需要尋找新的解決辦法。

目前室內定位的研究重心，在於如何建立一套完整的軟硬體體系，可以保證**即時並精確的定位**特定物體。2015 年我曾在西雅圖參加並觀摩國際室內定位大賽，目前最精準的定位，大約可以達到 20 公分左右的定位精確度。[1]

高精確度的即時定位讓用戶獲得許多新的神奇體驗，例如，你舉起手機對著桌面看，鏡頭看到桌面上的物體如遙控器和鑰匙圈，同時系統準確定位了桌面上的這些物體位置，於是原先用箭頭顯示的物體座標，就會變為該物體的虛擬實境形象顯示在螢幕上，實現同一物體的真實和虛擬形象疊加。不僅如此，你可以靠近或遠離它們，真實世界和虛擬世界配合得天衣無縫。

Location of Things（簡稱 LoT），顧名思義，就是在 IoT 的基礎上，賦予每一個物體具體的物理位置標誌。LoT 這個名詞挺時髦的，我最早是在以色列，一家叫做 getpixie 的公司的宣傳標語上看到這個詞。該公司生產一種非常小巧的類似鑰匙圈的小標牌。標牌和標牌間可以精準測量相互間的距離。它的一個最神奇的應用，就是可以透過自我組織網路，**尋找藏匿在家中的物品**。

LoT 還有很多有趣的應用，例如室內定位：當使用者走進一家商場，商家會根據其位置，自動推送廣告；當該用戶走近貨架瀏覽商品時，商品的資訊即時顯示在手機上，並根據使用者位置做出相應調整；如果舉起相機，商店中各個商品的位置和介紹就會疊加在一起，形成360度全景景深圖，達到擴增實境效果的作用；此外，當不小心遺失了某個重要物品時，可以透過手機輕鬆定位該物體，並將其位置傳送到螢幕上，從此以後再也不用擔心丟東西。

想實現LoT，依靠的是一套自我組織網路以及定位網路系統，這個系統假設所有的定位，都透過設備與設備間的距離測量，以及動態建構自我組織網路來進行。設備與人之間的距離測量，也可以透過相機和電腦視覺技術、超音波探測，或基於無線頻段的雷達來實現，希望先了解雷達測距的讀者，可以參考本書第2章。

目前關於LoT最普及的測距方法，是利用iBeacon技術（見圖1）。iBeacon主要基於低功耗藍牙技術（Bluetooth Low Energy，簡稱BLE）。通常只需要一個鈕扣電池，就可以持續工作至少一年。除了能提供低速率（10KB ／ s）的通訊和資訊傳輸外，iBeacon之間還可以透

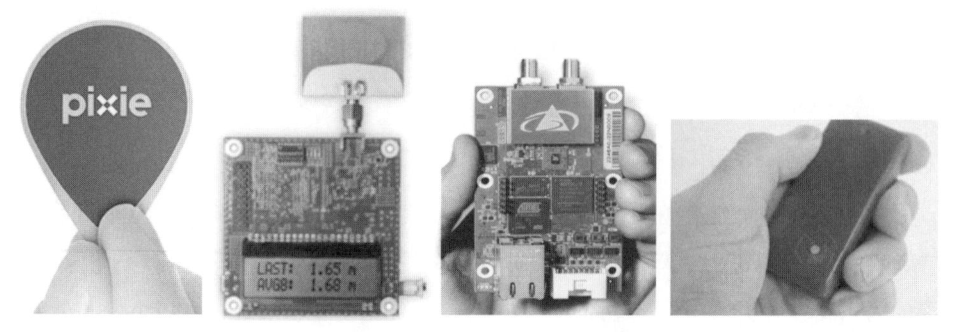

圖1 Pixie（左1）、DecaWave（左2）、TimeDomain（右2）、Redpoint Positioning（右1），這四家都使用超寬頻技術來測距和定位。

過測量電磁波訊號強度（Returend Signal Strength Index， 簡稱 RSSI）來間接計算 iBeacon 之間的物理距離。

除了 iBeacon，還有不少測距方法，例如透過超音波、磁場變化[2]、雷射，或超寬頻技術來實現物體間的定位。這些方法，都是利用測量訊號的飛行時間差來計算距離。這些技術有的已非常成熟，可以投入特定的商業應用中，有的仍在研發階段，需要時間開發才能大規模量產。

定位網路的原理——現在的GPS還不夠

新年的鐘聲還有半小時就要敲響了，紐約時代廣場上人潮湧動，聰明的女孩給男孩一個腦筋急轉彎，已知男孩的手機 A 位置，以及 A 到女孩手機 B 的距離 d（A,B），要想快速定位女孩的位置，順利在零點親到愛人，男主角得先明白定位網路的原理。

在二維平面上，如果已知男孩手機 A 的位置，以及它到女孩手機 B 的距離 d（A,B），雖然我們無法定位女孩手機 B 在何處，但至少我們知道手機 B 一定分布在以手機 A 為圓心，半徑為 d（A,B）的圓上，如圖 2 所示。

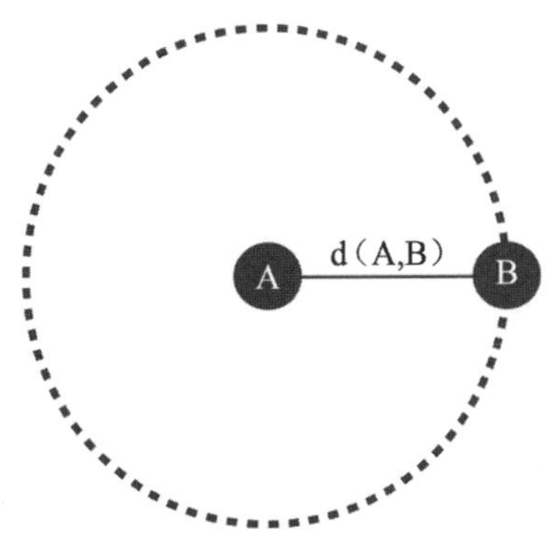

圖 2　給定節點 A、B 之間的距離，可以斷定 B 分布在以 A 為圓心半徑為給定距離的圓上。

這個時候，男孩找來好友幫忙，這時我們就有兩臺手機 A1 和 A2，如果同時知道手機 A1 和手機 A2 到 B 的

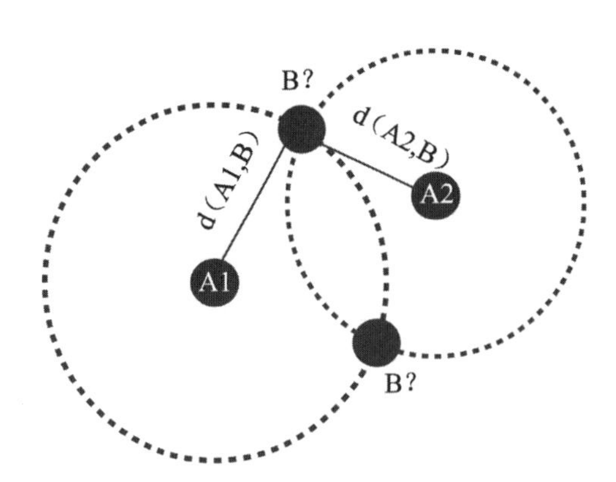

圖 3　給定兩點 A1 和 A2 以及它們各自到達 B 的距離，那麼 B 在 2 個圓相交的某個交點上。

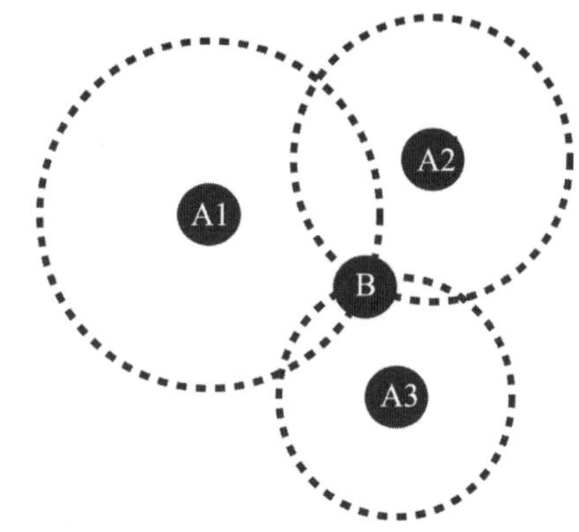

圖 4　已知 3 個點的位置和它們各自到目標物體的距離，就可以精準定位目標物體。

距離 d（A1,B）以及 d（A2,B），就可以將可能性縮小到兩個圓的兩個交點（如圖 3 所示），但仍無法確定女孩 B 究竟在這兩個點中的哪一個。

時間緊迫，我們的男主角又找來了一位好朋友，當給定三個圓的情況下，目標被精準鎖定（如圖 4 所示），跨年鐘聲響起，戀人深情相擁，有個幸福快樂的結局。

沒錯，就是這麼簡單。在二維平面上，以 3 臺手機作為基地臺，就可以實現定位。而在三維的情況下，我們如果有 4 臺手機作為基地臺，就可以搭建定位網路。

其實 GPS 定位的原理也是大同小異。這種透過多個圓求交點的方法實現定位的英文名字叫 multilateration，在日常生活中已得到廣泛的應用。當然，我們討論時所假設的是在理想情況下，實際狀況是點到點的距離測量總是存在誤差，多個圓組合在一起幾乎找不到公共交點（如圖 5 所示）而是一大片區域的交集。

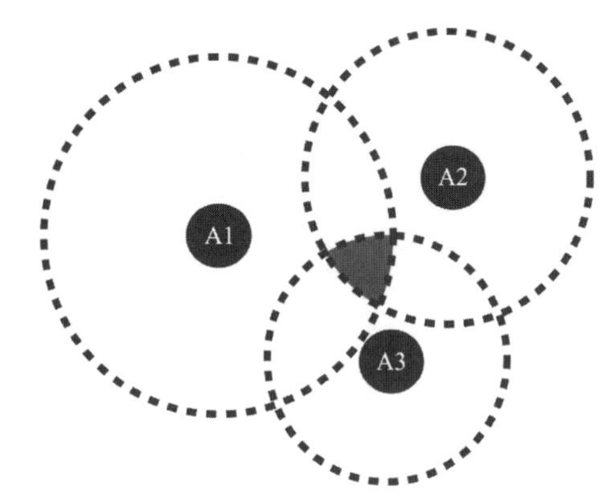

圖 5 因為距離測量不精確，往往導致多個圓交在一起或沒有交點，或形成一塊大片區域。這個時候，往往需要通過局部或整體優化來求解最佳位置。

怎麼辦？常用的方法是把圓求交點轉化為代數上的最優化問題，在眾多可能的解集中選擇某一個最優解，從而得到一個最佳的位置點。

時光飛逝，又到了跨年這一天，這一次挑戰升級，女孩不再站在原地等待，而是在廣場上不斷移動，男孩如何定位移動節點的位置資訊，快速找到愛人？先來了解有關定位網路的構造。

定位網路的構造

與定位網路的基本原理相較，定位網路構造要更加豐富。在基於基地臺的定位中，人們只須知道基地臺的位置資訊即可。而在計算移動中的物體位置時，因為物體處於動態，尤其在近距離或室內的環境下，幾乎不可能獲得準確的節點位置資訊。此時，即時建構自我組織網路，並重建局部位置資訊，就顯得十分關鍵。

關於定位網路的構造仍是基於點到點的距離測量。假設已知 A、B、C 三臺手機以及它們各自到對方的距離，那麼我們可以確定唯一一個由 ABC 三點所組成的三角形。由此衍生出一個根本性的問題，當給定多個點時，需要知道多少個點到點的距離，才能確定一個唯一的網路形狀？顯然，在缺乏足夠數量的距離資訊情況下，網路的形狀通常不是唯一的。如圖 6 所示。

與此相關的第一個問題是，在節點任意加入或退出的情況下，這個動態的定位網路，如何始終洞悉網路的形狀參數並保證其唯一性？解決

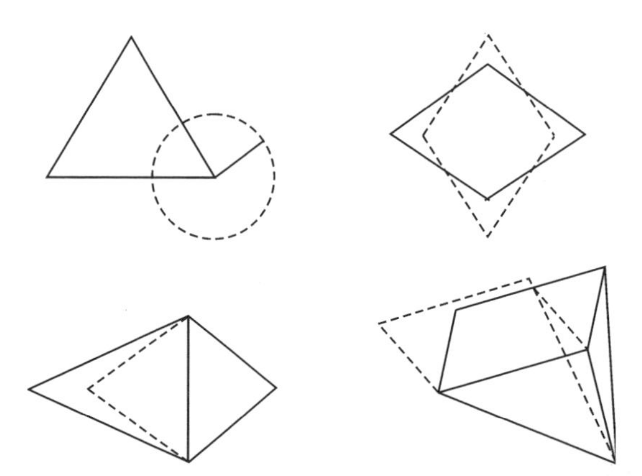

圖6　在缺乏足夠距離資訊的情況下，一個給定的網路可以有多種幾何形狀；此處實線表示測量獲得的距離及一種形狀構造，而虛線表示的是另一種滿足所有條件的形狀構造。

方案是：給定唯一嵌入在 d 維空間中的定位網路，只要添加任何新節點，即可測量它到已知網路中 d ＋ 1 個不同節點的距離，那麼就可以保證新構造的定位網路的形狀唯一性，見圖 7。

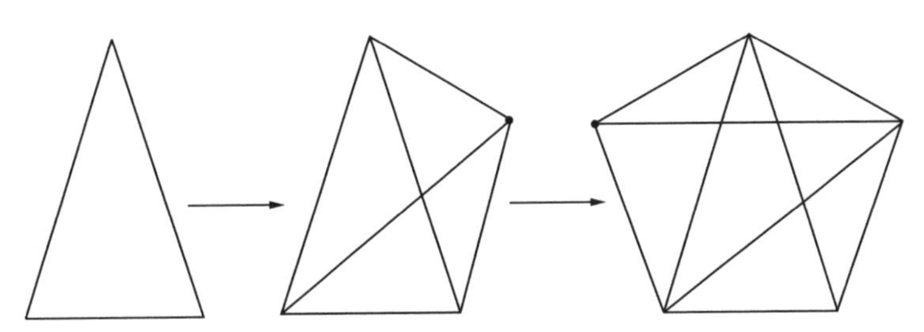

圖7 動態構造定位網路的過程：每新加入一個節點，需要求得和現有三個節點的距離，由此得到的二維網路，在形狀配置上是唯一的。

另一個問題，在給定點到點距離的情況下，如何精確重建每一個節點的相對位置？此處注意，雖然網路形狀是唯一的，但每個節點的位置只能是相對的，因為網路本身可以任意平移，旋轉以及鏡面反射，而仍保持點到點的距離不變，見圖 8。

這裡常用的重構方法，是將收集到的距離資訊寫成矩陣形式，透過矩陣的計算，來獲得每一個節點的相對位置。若對演算法細節或矩陣分解本身感興趣，可以參見參考資料做進一步了解。

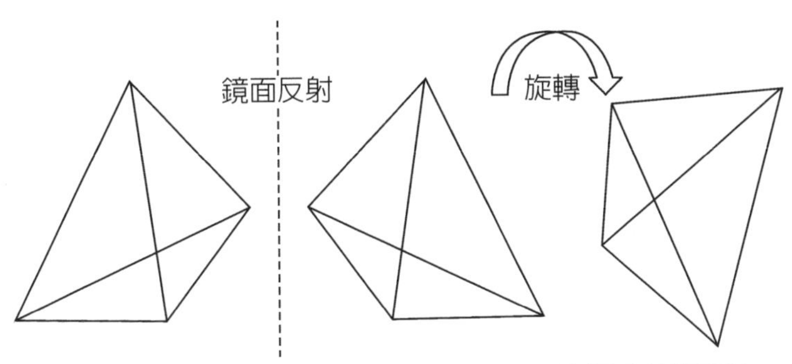

圖8 定位網路的節點位置都是相對的，因為網路整體可以任意平移、反射以及旋轉。

隱形尺——測距技術方法介紹

說了這麼多，現實中是如何精確測量節點之間的距離？我為這類用來測量節點間距離的「眼不見，耳不聞」的技術，取了個通俗易懂的名字，叫做「隱形尺」。目前市場上可以見到的隱形尺有很多種，分別基於超音波、無線頻段、電腦視覺、雷射、紅外線、磁場變化等。下面逐一分析這幾個方法的優劣。

超音波

超音波測距是一項非常成熟的技術，它的原理是透過測量超音波（＞ 18kHz），從點到點的發送接收時間差來推斷距離。超音波的優點是人耳聽不見，電路比較容易實現，測距較精確（甚至可以達到毫米級別）；缺點是無法穿透大型障礙物如牆壁，易受到環境因素干擾，功耗較高，以及部分動物能聽到等問題。

低功耗藍牙（BLE）

透過採集 BLE 的接受訊號強度，實現近距探測是目前市面上比較普遍的方法。BLE 運行在 2.4GHz 頻段，頻寬 80MHz，被劃分成 40 個頻道。主要用途是允許設備間以極低的功耗做低速率通訊。大部分安卓（Android）和蘋果（iPhone）手機都具有 BLE 功能，市場上可見到不少基於 BLE 做定位的方案。其缺點是，基於訊號強度（RSSI）的測距方法極易受到干擾，不夠準確，定位精確度偏差達 5 公尺甚至更多。

Wi-Fi

現在基本上每個家庭、商場、機構、公共場所，以及人人隨身攜帶的手機、電腦都擁有 Wi-Fi 功能。所以很早就有人考慮利用 Wi-Fi 來做點到點的測距，可以基於訊號強度，也可以基於測量發送、接收數據包的時間差來進行。

和 BLE 一樣，2.4GHz 或 5GHz 頻段的 Wi-Fi 仍然極易受環境干擾，測距不夠精準，偏差大約在 2 ～ 3 公尺，甚至更多。其主要優點是可以大規模利用現存的設備和網路架構，不需要額外的硬體支援。

超寬頻（UWB）

UWB 測距原理仍是透過測量發送接收包的時間差來進行。和 BLE 以及 Wi-Fi 訊號不同的是，UWB 通常具有超過 1GHz 甚至更高的頻寬，採用極短的小波，不受環境反射與噪音的干擾，因而可以比較精確的測量距離，測距精確度大約在 10 公分左右。缺點是，UWB 設備在市面上並不多見，價格稍貴，而且功耗相較於 BLE 要更高。

雷射

雷射可以精準測量點到點的距離，室內室外都可以運行。例如**谷歌無人車就採用旋轉雷射掃描技術，來捕捉周圍的 3D 環境**。問題是，雷射的散射角非常小，通常需要兩點之間相向放置，而且雷射無法穿透障礙物，只能在視線可及範圍內工作，對工作環境的限制較多。

紅外線

廣義上紅外測距相較於雷射測距來說，可以看到的角度更大。其原理是發射一個經過調製的紅外波，以測量發送到接收端的時間差。其問題是紅外線易受太陽光干擾，戶外工作時效果欠佳。

磁場變化

也可利用磁場強度變化來測量距離。不過磁場強度遞減得非常快，通常只能用於非常近的距離測量（例如幾公分的距離）。另外，磁場易受周圍磁鐵干擾，實際應用中，和其他傳感裝置配合使用較好。

應用與展望

除了用於基本的定位網路外，距離幾何學還有著許多神奇的應用。

例如蜂群網路（swarm），想像一下星際大戰裡，**成千上百個機器人協同作戰的**場景，就類似於這樣一個蜂群網路，每個機器人都是一個感測器，這些感測器之間可以感知彼此的存在與距離，協同運作，並可以統一步調，對外表現成一個整體，並且整體分布形態可以根據作戰需要呈現出多種變化。

德國的 Festo 公司就曾展示了室內飛行氣球以及蝴蝶機器人，它們之間可以控制到彼此的距離，形成協作關係。賓夕法尼亞大學的 GRASP 實驗室也曾展示過一組蜂群飛行機器人，它們都採用距離幾何學，來對彼此定位以及建構網路結構（如圖 9 所示）。

除此之外，距離幾何學也在機器學習及人工智慧中，扮演極為重要的角色。例如如何將高維數據映射成低維數據，同時保證數據間的關聯性（廣義距離）不變，以少量數據來表現數據的整體結構，實現數據的視覺化，以便更有效計算。

這對於目前的**電腦視覺應用**有著非凡的意義。以人臉識別為例，**完整的人臉照片就是高維數據，在分析人臉結構進行模糊識別時，並不需要全部的人臉資訊，而只需要部分結構特徵資訊**，也就是低維數據即可，把高維數據壓縮成低維數據的過程稱為「降維」，需要用到距離幾何學的理論支持。

圖 9　左上：Festo 公司研製的飛行小蝴蝶。右上：Festo 公司研究的飛行氣球網路。下：賓夕法尼亞大學 GRASP 實驗室展示的蜂群飛行機器人。

距離幾何學的未來應用極為豐富，分子的結構優化重組、機器學習中的數據降維與視覺化、定位網路以及自我組織網路的構成，都離不開它的身影。未來，隨著感測器及微型機器人的普及，多機之間的互動就會變得很有意思。

回到本文開頭，公布答案吧：平面上不存在這樣的 4 個點；而球面上只須將與球心重合的正四面體，投影到球表面即可。注意，球面上兩點間的距離是彎曲的（見圖 10）。

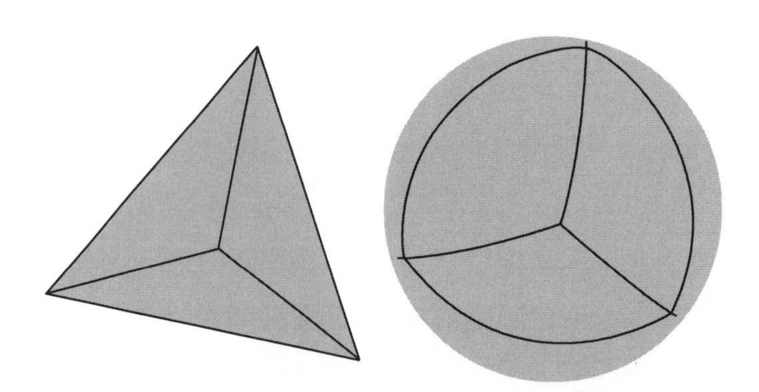

圖10　地球上確實存在這樣的不重合的4個點，且它們兩兩等距。

（Festo公司網站上介紹蝴蝶機器人。）

第 5 章

有視聽嗅觸覺的虛擬實境，在家環遊世界

文／顧志強

什麼是真實？在電影《駭客任務》（*The Matrix*）中，電腦接管人類的視覺、聽覺、嗅覺、觸覺等訊號，讓人們從出生開始，就生活在虛擬世界中卻渾然不知。

2014 年，臉書（Facebook）以 20 億美元收購了 Oculus Rift（虛擬實境頭戴式顯示器，由美國虛擬實境科技公司傲庫路思〔Oculus VR〕開發）。同年 Google I/O，谷歌發布了 Cardboard，是一款利用廉價紙板和手機螢幕，實現虛擬實境的 DIY 設備。2015 年年初，微軟公開一款介於虛擬與擴增實境間的頭戴設備 HoloLens，現場展示十分驚豔。

此外各大公司與遊戲廠商都紛紛在虛擬實境（Virtual Reality，簡稱 VR）領域布局，眾多初創公司也在摩拳擦掌，頓時，VR 成為炙手可熱的話題。雖然《駭客任務》中描述的故事不太可能在現實發生，但 VR 以及 VR 所帶來的全新體驗，已走進尋常百姓家，為人津津樂道。

例如谷歌最近發布的 Cardboard，利用手機螢幕作為顯示器，普通紙板作為機身，靠透鏡聚焦圖像，以一個小磁鐵作為控制開關，利用手機上的感測器（例如陀螺儀、加速度計）作為頭部控制，並透過手機上的 APP 來顯示不同的內容和場景製作。整套成本不超過 1 美元。

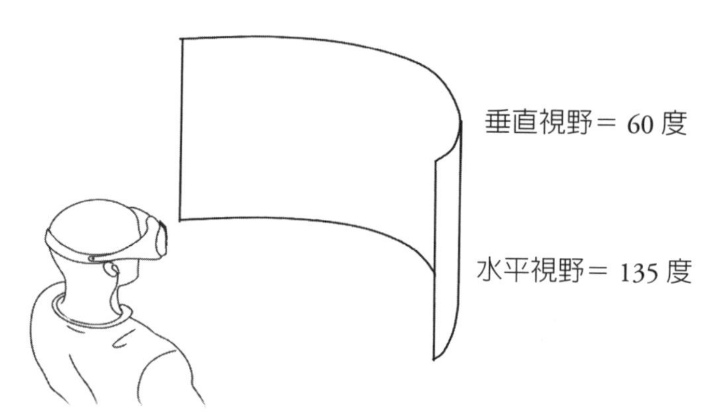

圖1　人眼的視野（Field of View，簡稱FoV）通常可以達到180度，而普通相機的視野最多只能到達150度。寬闊的視野更能讓人具有身臨其境的感覺。圖中所示水平視野約135度，垂直視野約60度。

然而，逼真的 VR 效果，仍有待很多最新的科技來幫助實現。懷著好奇心，我將在本文中探討 VR 背後的黑科技。接下來我將主要從感官世界（視覺、聽覺、嗅覺、觸覺）以及人機互動的角度，討論如何建造「駭客任務」，實現身臨其境的體驗。

感官世界

目前大部分的 VR 設備，主要側重在重構視覺與聽覺，然而這僅是虛擬實境技術中的冰山一角。想像你住在北京的小巷子裡，卻可以戴著 VR 設備，遊覽義大利佛羅倫斯街角的一家水果店。你看到水果店周圍的古樸建築，水果店主人向顧客微笑，不寬闊的街道上車水馬龍、人來人往，街旁小販快樂的叫賣聲傳進你的耳朵，這時你嗅到了新鮮水果的清香，於是你伸出手，竟可以觸摸到水果，感覺這般真實。不僅如此，圖像、聲音、氣味、紋理的感覺，都隨著你的移動而變化，彷彿親臨佛羅倫斯。

最近看到一些嘗試模擬多種感官的 **VR 設備**〔1〕〔2〕**。除了基本的視聽功能外，這些設備可以傳遞氣味、風、熱、水霧以及震動**。此類設備目前仍有待提高使用者體驗，技術上並不完善。然而，相關的研究已持續好幾十年。

視覺

一般認為人類大腦的三分之二，都用於與視覺相關的處理，那麼 VR 首先要解決的，就是如何逼真呈現圖像來「欺騙」大腦。目前主要的解決方案，是透過融合左眼和右眼的圖像，來創造景深效果。

其原理主要是透過將三維場景分別投影到人的左、右兩眼，形成一定的視差，再透過人的大腦自動還原場景的三維資訊。這裡涉及幾個主要參數：視野（Field of View）決定了一次能呈現多少場景，又分為垂

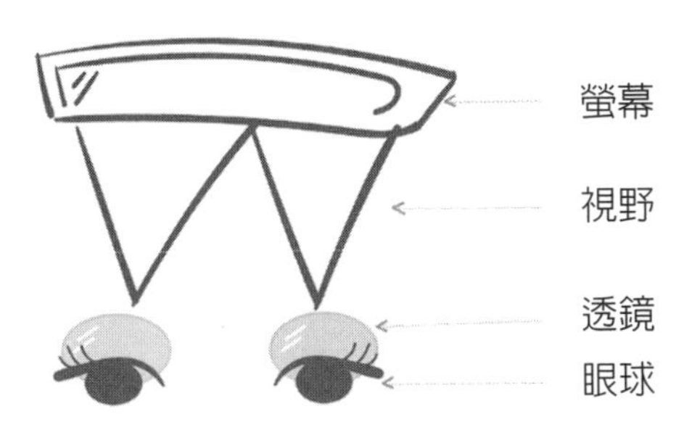

圖2　透過分屏顯示左右眼不同內容創造景深效果。系統參數包括視野大小、螢幕解析度、透鏡焦距、雙眼間距、眼睛到透鏡距離等。一般來說，視野越寬，視覺代入感越強，但過寬的視野會造成圖像扭曲以及像素被放大，所以需要綜合考慮系統設計。

直視野和水平視野。通常水平視野越寬越好（例如接近 180 度），垂直視野在 90 度左右。

螢幕解析度則決定細節的逼真度。所謂視網膜螢幕，就是說螢幕像素相對於觀看距離來說是如此之高，以至於人的肉眼無法分辨曲線是連續還是像素化的。

高像素對於逼真的 VR 體驗至關重要。值得注意的是，視野和螢幕解析度通常成反比關係。寬視野可以透過透鏡的設計來實現。然而過寬的視野會導致場景的邊緣扭曲，同時像素被放大。設計上通常要平衡這兩點。

延遲決定了系統回應速度。24 幀／每秒的幀速要求系統延遲小於 50 毫秒，而遊戲玩家則追求 60 幀／每秒甚至更快的幀速以獲得臨場感。

另外還有一些物理參數，例如雙眼間距、透鏡的焦距、眼睛到透鏡距離等（見上頁圖 2），需要綜合考慮。對於虛擬場景的重現，主要是透過電腦圖形學對合成物體做逼真的渲染，然後分別投影到設備佩戴者的左右眼來實現。

而對於真實場景的重現來說，側重於如何採集現場畫面，並且完整記錄場景的幾何資訊。這個可以**透過體感相機**（例如微軟 Kinect）或相機陣列進行。例如谷歌在 2015 年推出的 Jump〔3〕，就採用 16 臺 GoPro 來錄製真實的 360 度場景。類似用於錄製虛擬實境內容的設備，最近也如雨後春筍般湧現出來。感興趣的讀者可參見：http://Vrexpo.com/2016-exhibitor-directory/。

聽覺

聲音配合畫面才能淋漓盡致的展現現場效果，然而一般的聲音錄製方法，並不能還原完整的環境三維資訊。而三維聲音，也稱為虛擬聲（virtual acoustics）或雙耳音訊（binaural audio），則**利用間隔一個頭部寬度的兩個麥克風，同時錄製現場聲音**。該方法可以完整保存聲音源到雙耳的訊號幅度，以及相位的差別，讓聽眾彷彿置身現場一般。

頗有意思的是，麥克風的外圍竟有人耳的造型，並且這「耳朵」由類似皮膚的材料構成，這樣可以最大限度的保存外部聲音，導入人耳的整個過程。更有甚者，有人建構了三維聲音陣列，可以將 360 度全景聲音全部錄入，然後透過頭部的轉動選擇性播放出來。

虛擬聲的最佳應用，是專門為某個佩戴者量身定制聲音，這樣可以最大限度的還原音樂的現場感受。對一般使用者來說，因為個體的差異（例如頭部寬度、耳朵形狀等），虛擬聲的實際效果略有不同，難以達到最佳播放狀態。需要根據特定場景透過電腦合成聲音。

理論上，如果洞悉了三維場景以及材料性質，電腦就可以模擬各類事件發生的聲音，並將它合成在 VR 設備裡播放。聲音合成的過程中，基於物體間的距離、頭部的朝向等，來模擬真實環境播放出的聲音。

嗅覺

如何讓 VR 設備帶來「暗香浮動月黃昏」的感受？嗅覺雖然並不是 VR 必須的輸入訊號，但能讓 VR 的體驗更加豐富。將嗅覺嵌入到影片裡的嘗試，可以追溯到半個多世紀前（例如 Smell-o-Vision）。而透過電子調控方式，實現氣味合成也已有好幾十年歷史，比較著名的如

iSmell 公司。

簡單來說，合成氣味的方式，通常是由一堆塞滿了香料的小盒子組成，也被稱作氣味工廠。每個小盒子可以單獨被電阻絲加熱，並散發出對應的氣味。同時加熱多個小盒子，就可以將不同的氣味混在一起。Feel Real 公司就宣稱，採用擁有 7 個小盒子的氣味工廠來合成氣味。

氣味合成這項技術**離實際應用還有一段距離**，主要難點在於如何精確採集、分析以及合成環境中的任意氣味。簡單的實現，例如釋放焰火、花香、雨露等一些基本環境味道，早已應用在 5D、7D 電影中。而複雜的合成，例如巴黎某商店特有的氣味，目前還難以做到。

其中，還牽涉到需要經常更換氣味盒子的問題，日常使用並不方便。我介紹嗅覺在 VR 中的實踐只為拋磚引玉。或許在不久的未來，會有更加實用的調配和模擬氣味的方法，可供頭戴設備使用。

觸覺

觸覺（haptics）可以將虛擬的對象實物化，不僅看得見，還能「摸得著」。如何模擬不同物體的觸感，是一個非常熱門的研究課題。各種模擬觸感的方法也層出不窮。

最簡單的觸感，可以透過不同頻率的裝置震動來實現，條件是設備與皮膚相接觸，透過縱向和橫向的特定頻率與持續的振動，來模擬各種材料以及特殊條件之下的觸感。

例如，手機振動就是一種基本的觸感激發方式。再例如最新款的蘋果筆記型電腦配備，有震盪回饋的觸控板，可以根據手指壓力的大小，自動調整電流來控制振盪頻率以及幅度。更為複雜的，可以根據螢幕顯示的內容，即時調整震盪波形，來實現不同材質觸感的回饋。類似的原理也可以在 VR 中實現，例如將觸感裝置嵌入到遊戲手把內。這樣就可以根據畫面以及手勢動作，來模擬各類物體不同的觸摸感覺。

除了手把以外，甚至可以隔空體驗觸感。例如 UltraHaptics〔4〕，透過聚焦超音波到人的皮膚來實現「隔空打耳光」的功能。其原理是透過超音波相位整列，聚焦聲音到空間中的某一個點形成振動。再例如迪士尼的 Aireal〔5〕，可以透過精確壓縮和釋放空氣產生空氣漩渦（vortex ring）來「打擊」到皮膚表面。雖然實現隔空振動的原理不同，但兩者都使用體感相機，來捕捉手的位置並做定點的「打擊」。

最新研究中，日本科學家提出了利用雷射來觸發空氣中定點的等離子體，既可以用來做全像投影，又可以透過雷射的激發產生觸感〔6〕。

人機互動

聊完豐富多彩的感官世界，我們來看看 VR 中的控制部分。一般的 VR 設備擁有豐富的感測器，例如前置相機、陀螺儀、加速度計、感光器、近距探測器。也可以添加諸如心率監控、眼球追蹤等傳感裝置。感測器的這類應用，賦予了 VR 設備許多新穎功能以及互動體驗。

頭部控制

最常用的莫過於頭部控制，主要利用陀螺儀來檢測頭部的二維旋轉角度，並對螢幕的顯示內容做相應調整。絕大部分的 VR 設備都能實現這個基本功能。

手勢控制

手勢控制可以大大增強互動性與娛樂性，**對於遊戲玩家尤其重要**。手勢控制主要分成兩類：第一類是透過穿戴類似 Wii 控制器的手套或手把，來識別手勢；第二類則直接利用頭戴設備上的外置相機，透過電腦視覺的方法來識別和追蹤手勢。對於後者，往往需要類似 Kinect 這樣的深度相機，才能準確識別手勢。

LeapMotions、SoftKinetics 等公司在 VR 手勢控制上，已有不少成熟的展示。一般來說，使用深度相機，能夠較準確定位手的具體位置，穩定性較好。

眼球控制

想像三維場景隨著你的眼睛轉動而改變。例如 Kickstart 的頭戴設備 FOVE，正嘗試使用眼球跟蹤技術，來實現 VR 遊戲的互動。再例如 eye fluence 公司等。**眼球追蹤技術在 VR 設備上不難實現**，一般需要在設備內部，裝載一到兩個朝向眼睛的紅外相機即可。除了基本的眼球追蹤外，還可以識別特定的眨眼動作來控制螢幕等。

除了遊戲控制外，眼球追蹤還有很多其他應用。例如可以模仿人眼的生物學特性，僅將圖像聚焦放在眼球關注的地方，而將圖像其餘部分動態模糊掉，讓三維影像顯示變得更加真實，同時有效的聚焦圖像，還能省電。

心率控制

心跳可以反映人的當前狀態，例如興奮、恐懼、放鬆、壓力。檢測

VR 使用者當前的生理狀態，可以動態調整影像內容與音效，實現一些超現實效果。

例如，當心跳較快即人處於興奮狀態時，可以動態的調高圖像播放速率，搭配目前的運動節奏，讓運動來得更激烈一些。也可以利用負反饋的調整，讓人迅速平靜下來，提升休息或冥想的品質。

實現心率監測有多種方式，例如蘋果手錶使用的是紅、綠兩種光譜的近距探測器，來監測心跳速率。心率監測器可以結合手把置於手腕之內，或置於頭戴設備中。常見的問題是該心率探測器，不能緊密貼著皮膚，因而一些運動帶來的微微移動，會讓數據稍稍不準確。心率控制在 VR 目前的應用中並不多見，仍屬於比較新穎的項目。

意念控制

我寫這個主題其實有點猶豫，因為意念控制技術目前仍非常原始，一般只是利用電極讀取頭部血流變化，透過機器學習的手段，搭配特定的讀數特徵變化。我目前並沒有見到特別成熟的技術，在此不詳述。

體感控制

除了手勢控制，也有利用全身各個關節來控制的方法。最著名的例子要屬微軟的 Kinect 體感相機。這類設備一般需要一個外置的攝影機鏡頭，放置在距人 1 公尺外，用以**捕捉人體的全身姿態**，再將這些關節運動資訊，傳遞給 VR 頭戴設備來**與虛擬場景互動**。也有廠商透過在身上佩戴感測器，或穿戴柔性可觸控衣服的方法，來感知全身動作和體態。技術人員目前正在積極研發此類技術。

「你選擇紅色藥丸還是藍色藥丸？」影片《駭客任務》拋出了這樣一個令人深思的問題。我相信，VR 技術可以幫助人們更充分體驗真實的世界。技術上而言，從感官到人機互動，仍充滿很多想像空間與實際問題，待人們用創新去解決。相信隨著 VR 技術的深入發展和普及，人們的生活體驗會變得更加豐富多彩，從此不必再受時空拘束。

第 6 章 感測器的極致——智慧型微塵

文／王文弢

在未來的 2060 年，你坐在電動豪華車 Tesla Model Z 裡，電車正懸浮在空中，以次音速自動前往某地。某地機器人暴動破壞基礎設施，出現不少人類傷亡。

你是心急如焚的救援人員，轉動手中的蘋果戒指 5，心想：「我要看看當地的傷患分布圖。」戒指感應到你的思想，在眼前浮現出 3D 虛擬實境介面——這是發生機器人暴動地的鳥瞰街景，其中的紅點標注著危急傷患的位置。

你在空氣中滑動手指，介面立刻放大到一個最嚴重傷患的位置，詳細顯示出他的一系列生理指標、受傷的部位和預估的救援剩餘時間。你心想：「我需要一個計畫。」眼前的地圖自動更新顯示出一個路線圖，指出了最佳的救援行動路徑。

但你不知道，在幾十年前資訊化不足的時代，搜救工作從來不是如此高效率。

如何將開頭的科幻變為現實？試想有一天，數據收集終端可變得如沙粒般微小，並能散布於地球的各個角落，整個地球就如同一個巨大的顯示器，每個沙粒般微小的終端，就是這巨型螢幕的一個點。

在中央計算器的監控下，每一個座標的物理量（GPS 座標、溫度、溼度、速度、光強、磁場強度等）資訊都盡收眼底。這些驚人的大數據，都可以被全球的中心雲端伺服器即時監控、追蹤和分析。

而實現這樣終極資訊化的處理器，正是被我們稱之為「智慧型微塵」（Smart Dust）的極度微小、高度集成的感測器系統。

這聽起來像是個讓人毛骨悚然、沒有任何隱私的世界——智慧型微塵簡直是監控全人類的最好工具，無論走到哪裡，你的一舉一動都可能被記錄和觀察。

但任何事都是一體兩面，最壞的世界某種程度上也是最好的世界。假設地球上每一點的物理量都被動態監控，天氣預報、地質勘探、地震預報、洋流檢測等都將極度準確。

宇宙勘探——只需要發射一個裝滿智慧型微塵的炸彈，令其爆破後的塵埃遍布星球表面，整個地表的形貌測繪、地質勘探將輕而易舉；災難搜救——利用智慧型微塵使整個海洋，包括海洋中的所有物體能被清晰 3D 成像，搜救工作就變成一個形狀模式識別的過程，只需要電腦即可定位；地質勘測也一樣，如果這樣的智慧型微塵能被注入深層地底下，那麼資源檢測和地震預報也都極度資訊化。人類個體，也會因智慧型微塵而獲得諸多福利——疾病檢測將變得非常容易。

什麼是智慧型微塵

智慧型微塵這個概念最早在 1992 年被提出，1990 年代開始被美國國防高等研究計畫署（DARPA）出資研究。這一概念的願景，是由一系列具備通訊模組的微型感測器，來組成一個分布於環境中的監測網路。每一個監測處理器就是所謂的「微塵」，**成千上萬的微塵散播**

在環境中，彼此之間用自我組織方式構成無線網路，來收集環境數據（溫度、氣壓等）。收集到的數據則透過「微塵」的通訊模組，傳向終端的電腦（或雲端伺服器）來分析和處理。

如果要實現這個總體的微塵網路，單個的微塵必須具備這幾個功能模組：感測器模組，用於採集環境數據；通訊模組，用於無線傳輸數據；電源模組，用於供電和自充電；微處理器模組，用於控制和調度所有的模組。

如果將要監測環境變數的區域，想像成人類的皮膚，那麼可以將每個智慧型微塵，想像成人類的單個觸覺神經元。神經元能收集觸覺訊號，同時也能相互連接成網路來傳遞這些訊號。外界的刺激在神經元之間相互傳遞，最終被傳向大腦，由大腦來分析處理觸覺訊號，得到觸覺的意識。

一個智慧型微塵網路也有非常相似的架構：被進行環境變數採集的區域，就好比是人的皮膚；**而每個智慧型微塵，就好比是每個神經元**；中央雲端伺服器就好比是人的大腦。數據由微塵採集並傳輸，直至最終到達雲端伺服器。

近幾年很紅的名詞叫物聯網，目標是把常見的設備都連入互聯網。拿家用設備來說，電燈、冰箱、門窗、空調等全部智慧化，連入互聯網，讓家居資訊化和可自動控制化。而**智慧型微塵的網路（Internet of Smart dust），可被視為一種終極的物聯網**。

要實現這個微塵感測器網路的宏圖，核心技術還是製作出單個微塵。這實際上是一個「麻雀雖小，五臟俱全」的微型電腦處理器。前面提到了必須具備感測器、通訊、電源、微處理器四大模組。而這些所有的模組加在一起，要達到灰塵的尺寸，也就是幾十微米。這其中的難度可想而知。

加州大學柏克萊分校的教授，在2000年提出智慧型微塵的概念。基於當時的技術水準，這個所謂的「微塵」體積定位有5立方毫米之大，距離「微塵」還有很大的差距。

此概念具有感測器、通訊、電源、微處理器四大模組。底部占用體積最大的是電池模組。大顆的蓄電池上面，是一個太陽能電極板，用來將太陽能轉化為電能充電。在這個基座上，有微感測器晶片和微處理器晶片。通訊晶片有兩個，分別用於訊號的發射和接收。

即便整個系統的大部分體積被電池占用，但電池的總體尺寸還是只有毫米級別。由於電池本身很小，因此要求整個系統有極低的功耗。不間斷工作一天的功耗指標，要求不超過10微瓦。

在10微瓦的功耗下，普通的晶片會因為電量不足而停止運算。正是因為這樣苛刻的要求，傳統的通訊模組不能被採用，傳統的控制軟體也不能直接使用。整個系統都需要重新優化設計，來滿足低功耗要求。

低功耗只是一個挑戰，要做出我們目標中的微塵，**5立方毫米**是遠遠不夠的。還需要進一步微小化，讓整個系統的尺寸達到微米的級別，也就是**再縮小至將近千分之一**。這真是一個知易行難的事情——按照如今每兩年面積縮小一半來計算，**實現這個尺寸需要20年的時間**。

當然，低功耗和微尺寸只是指做出單個原型微塵要達到的目標。要實現工業化大量生產智慧型微塵，讓它們能真正分布於我們的環境中，還需要滿足更為苛刻的工業化生產條件，這包括低生產成本、穩定性良好、抗環境干擾、工作壽命長等條件。

因為這些苛刻的條件，導致在其概念提出 20 年後的今天，智慧型微塵仍停留在理論階段。但隨著近年半導體技術、感測器技術、大數據和雲端運算的飛速發展，這項理論逐漸有可能脫離科幻小說層面。

智慧型微塵的微型化感測器中心

智慧型微塵的目標是採集環境的溫度、壓力等物理量資訊。要實現這個功能，當然離不開感測器。那麼，什麼是感測器？

感測器（sensor、transducer）不是一個新概念，感測器滲透於我們生活中的各方面。傳統的水銀溫度計就是一個簡單的感測器，它將溫度訊號直接轉化為可視、可讀的數據；生活中最常見的感應水龍頭，手接近時會自動出水，這是因為控制電路裡有紅外線感測器，能檢測人體的紅外線強度，來判斷手是否接近水龍頭。

再拿我們最熟悉的聲光控燈來說，為什麼這種燈能白天保持熄滅，夜晚只要有人走近發出聲響才點亮？這是由於控制電路裡有檢測光強的光敏電阻，及檢測聲音的蜂鳴片，控制電路執行了簡單的判斷邏輯。如果光變弱，而且有聲音，就點亮電燈。光敏電阻、蜂鳴片也都是感測器的例子。

感測器的作用，通常是把不是電學的實體訊號化成電學訊號。這是科學技術中，一個化未知問題為已知的經典技巧——因為電路技術是最為成熟的工程技術之一，一旦將一個非電路訊號變為電路訊號，所有的電路訊號處理、功率放大、控制、自動化、電腦技術等都能較輕鬆的與它對接。

圖1　傳統感測器樣例，左邊為蜂鳴片，中間與右邊為紅外線感測器。

實現聲控的蜂鳴片，是使用能將聲音振動轉化為電荷訊號的壓電元件；實現紅外線控制的紅外線探測器，是使用吸收紅外線後聚集電荷的鐵電材料；實現光控的光敏電阻，則是利用光照後電流變化的特殊半導體材料。

常見的感測器，都是將力、熱、光、速度、加速度、磁場、聲波等其他的實體訊號，轉化為電信號的工具。

傳統的感測器，例如前面提到的蜂鳴片、紅外線感測器等，體積都比較大，通常在毫米甚至公分量級。在系統集成和微型化日新月異的今天，這些大體積的感測器，會帶來諸多問題。體積過大，意味著更重、成本更高、功耗更大。

如今的系統對體積和功耗的要求越來越苛刻，這也導致對微小感測器的要求更高。如今的大多數電子系統中，都集成各種感測器，這些感測器當中，絕大多數都是採用微型感測器。

智慧型手機就是一個最好的例子。**如果你拆開智慧型手機，會發現**

裡頭布滿各式各樣的感測器，其中的大多數還是微感測器。

拿一臺 iPhone 6 來說，其中有加速計、陀螺儀、電子羅盤、指紋感測器、距離與環境光感測器、MEMS（微機電系統，指微米尺度的機械電子集成系統）麥克風、氣壓感測器等。

正是這些感測器的存在，使得蘋果手機能**具備導航、旋轉螢幕、計量步數、根據環境光調節螢幕亮度、檢測指紋**等一系列傳統電腦不具備的功能。iPhone 6s 還推出了 3D touch 功能，這個功能也是基於顯示器後面的壓力感測器陣列，使得手機能識別手指的按壓力度。這些新型的感測器，具有體積小、重量輕、功耗低、可靠性高、工作速度快等優勢。

這些微感測器，特徵尺寸能達到微米甚至奈米級別。微米是多大？頭髮絲的直徑是 20 ～ 400 微米。這麼小的感測器，怎麼製作？如今已工業化的方法，是採用微機電系統技術。

以在智慧型手機中常見的加速度計來說，它就是一個微機電系統，它的功能是探測外部的加速度輸入。這就是為什麼智慧型手機，能知道我們是否晃動手機，晃動有多劇烈。如果你使用通訊應用程式（例如 LINE、微信）的「搖一搖」功能，那麼這個加速度計就能告訴手機晶片「使用者晃動了手機」，然後讓晶片根據這個訊號執行相應功能，找到其他使用相同應用程式的好友。

如果我們把這個加速度計拆開，放到掃描電子顯微鏡下，會看到像梳子一樣的結構，這是它檢測加速度的核心元件。這實際上是一系列並聯的電容，用來檢測外部的機械運動。晃動手機會導致中心質量塊的晃動，從而改變電容兩個極板間空隙的大小，繼而改變電容的數值，這個數值又能被後處理電路所讀出。

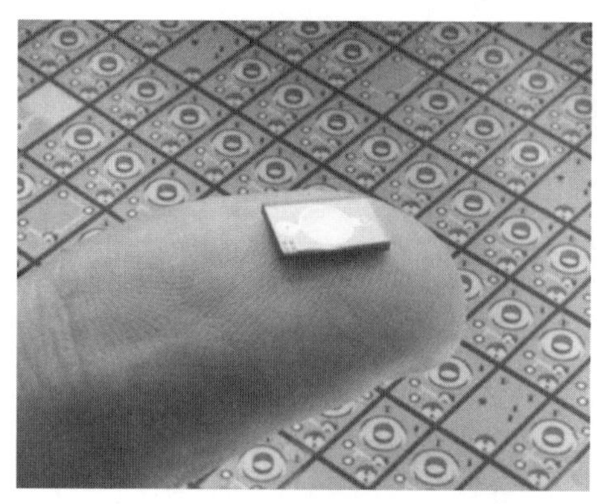
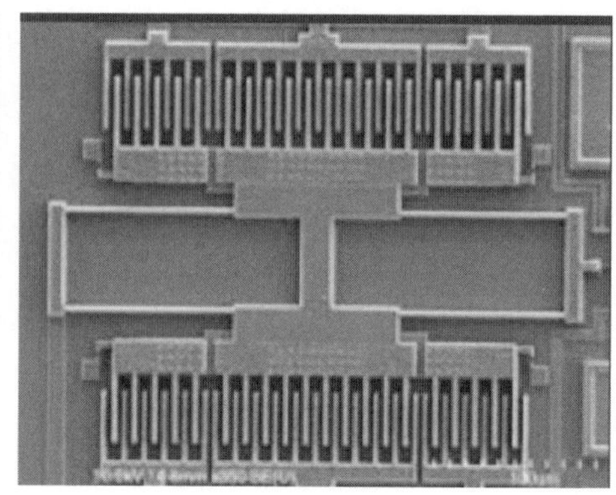

圖2　左：矽晶圓上批量製作出的感測器比指甲蓋還小；
　　　右：掃描電子顯微鏡下，放大了一萬倍的加速度計圖像。

有了這樣對應的關係，我們測量加速度時透過讀入電流變化，來計算輸入的加速度是多少。所謂檢測手機的加速度，實際上是檢測加速度計中心懸掛的質量塊移動，導致的電容變化。

到這裡只描述了一半，說了「機械」的部分，接下來還要說「電子」的部分。電容會隨著運動的變化而變化，但這個電容變化怎麼由電路讀出，最終輸送給手機晶片？這就需要電路系統，通常包括了前端的模擬電路，和後端的模擬數字轉換電路。

這個電路系統通常是透過 CMOS（互補式金屬氧化物半導體）技術做成單獨的電路晶片，或直接集成在微機電系統的晶片上。這些機械結構，及訊號處理電路共同在一起，才能組成一個完整的微機電系統。

製作這樣的一個微機電系統，通常需要用到複雜的半導體加工技術，從一個空白的矽晶片開始，一步步利用可控的化學反應添加薄層，或將薄層刻蝕成想要的形狀。經過幾十甚至上百道程序後，這樣的系統就製作好了。這聽起來的確很複雜，複雜的製作流程意味著造價不菲。

那麼，在成熟的工業技術中是如何降低造價？別忘了，這個**感測器總共只有一滴水的大小，而一個矽晶片卻有盤子那麼大**。這意味著完成一套技術，使我們能同時做出成千上萬個感測器——這又是工業技術中的另一個技巧，透過量產來降低成本。

僅是一個感測器就需要這麼複雜的程序。當我們討論理想中的智慧型微塵時，目標是在相同的尺寸上，集成好幾個感測器。如果要實現監測環境變數的功能，我們需要將溫度感測器、加速度計、磁強計、氣壓感測器等，集成在一個十幾微米大小的尺寸上。這意味著要設計更複雜的機械結構，用更複雜的材料，和更複雜的加工技術。現在的技術幾乎不可能實現這個目標。

智慧型微塵的微處理器和電池微型化

微處理器是智慧型微塵的另外一個重要模組，它是簡化版的 CPU（中央處理器），需要運行低功耗的操作指令，來指揮數據的採集和傳輸。這部分的微小化技術相對成熟，主要依賴傳統的 CMOS 電路加工技術，也需要其他微小化技術支撐。

在半導體工業界，有一個著名的摩爾定律（Moore's Law），這個定律是由英特爾（Intel）創始人之一高登・摩爾（Gordon Moore）提出。這是一個經驗法則：每 18 個月晶片的效能會提高一倍，即實現相同的性能，只需要一半面積的晶片。

曾幾何時，電腦還基於笨重的真空管，這導致一臺電腦要占據一間房子的大小，而且功耗巨大。而如今的計算晶片，只需要依賴高度集成的電晶體：在指甲大小的晶片上，就可以濃縮 10 億個電晶體。

這也是為什麼如今的電腦更小、更輕，計算能力卻反而更強。**如今的智慧型手機能裝在口袋裡，運算能力卻已遠超過當年將人類送上月球，占地 200 平方公尺的大型電腦。**「同樣的計算能力，當年人們用它將人類送上月球，如今你卻用它來拿小鳥砸豬（手遊「憤怒鳥」）」說的就是這種強烈對比。這都是微型化帶來的變化。

當然，摩爾定律不是自然法則，它最初只是對半導體工業發展趨勢的一個觀察和總結，後來人們就以這個定律，作為設計下一代集成技術的準則。

以英特爾公司為例，現在最先進的是 14 奈米（1 奈米＝ 10^{-10} 公尺）半導體技術，過去 10 年推出過 65 奈米、45 奈米、32 奈米、22 奈米半導體技術，新研發的技術分別是 10 奈米、7 奈米和 5 奈米。這個長度是電晶體的特徵長度。如果將這些特徵長度取平方，你會發現從前一個技術到後一個技術，面積是減半的關係，所以如今的摩爾定律，實際上只是嚴格的執行生產計畫。

智慧型微塵的通訊模組

就通訊模組來講，低功耗還是首要需求。並且智慧型微塵要能實現雙向無線電數據傳輸，同時具備發射和接收模組——因為每一個微塵都要向相鄰的微塵發射或接收數據，所以僅有一種模組是不夠的。

由於微塵本身體積很小，如果採用傳統的射頻通訊，天線的尺寸就不能太大。這意味著微塵要在很短的波長工作，由於波長和工作頻段成反比，因此需要使用高頻段，從而消耗更多的功耗——這對於智慧型微塵來講是致命的。

另一個方法是採用光波通訊。這種通訊方法不僅周邊電路簡單，而且能在短波長進行低功耗的運作，非常適合智慧型微塵這樣的極小結構。為了保證光波能被有效接收和反射，「天線」被設計成獨特的立體結構。這種結構能被微機電系統技術加工出來。

在網路互連方面，採用分散式網路。就是說數據被傳向臨近的微塵節點，逐漸到達雲端伺服器，而不是一次直達雲端伺服器，這一方面會降低通訊模組的設計要求，只需要滿足短距離傳輸即可，另一方面也能降低運作時的功耗要求。

文章前面用人的神經系統形容微塵網路，實際上**人的神經系統也是類似的工作機制，訊號從來不是直接傳達到大腦**，而是先由感知到輸入的神經元傳向鄰近的神經元，逐漸擴散，直至訊號到達大腦。

最後也是最棘手的一個模組，就是電池模組。要實現智慧型微塵這個極微小的系統，需要各項技術的共同進步，電池的微小化就是當前最大難題和技術瓶頸。

如果不能實現電池的微型化，很難將整個系統做得更小。如今的電子系統，例如智慧型手機或平板電腦，如果你打開後蓋，會發現裡面絕大部分的容積被電池占據。這是因為如今的鋰電池，**儲能密度遠遠達不到微小化的要求**。要追求更高密度的儲能電池，就需要新的電池技術和材料，例如氫氧燃料電池、石墨烯電池，甚至核電池等。

當然，另一個方法是減少微系統本身的功耗，這樣極少的電量也能持續很長的時間。如今的微處理器功耗在 100 瓦量級，因此需要在性能上折衷，使用計算更慢的處理器，另一方面，系統集成甚至更底層的優化設計，皆可能達成這一目標。

例如可以**讓微塵在大多數時間處於休眠狀態**，只在執行任務收集數據時才被喚醒。這意味著一切軟體系統，都需要針對智慧型微塵，進行由下而上的重新設計。

另外，理想的智慧型微塵，能散布於環境中，長時間檢測物理參數。由於散布的微塵數量巨大，使得人為充電幾乎不可能。所以理想的智慧型微塵，**應當具有一個自充電模組**，例如吸收太陽能、晝夜溫差的熱能，或環境中電磁波的能量，甚至地表振動的能量。就目前的技術來講，這樣的模組尚無成熟的技術，更別說將它做到微米大小。

智慧型微塵系統級別的挑戰

假設 20 年後的今天，各項技術突飛猛進，前文提到的**四個模組都能做到很小**，智慧型微塵可能還是無法實現，因為各個系統分別很小，不等於組裝後的系統還能同樣的小——系統互連和封裝同樣不是簡單的工作。

系統集成

或許這裡我們可以再拿生物界做例子，細胞是一個極度複雜的單元，裡頭也有各個不可或缺的模組，例如細胞核、粒線體、核糖體等。

智慧型微塵就像是一些能收集數據、相互通訊的人造細胞。要組成細胞，僅有基本模組是不夠的，還需要細胞液把這些模組有機黏合在一起，保證各個模組能正常運作；此外還需要細胞膜，把所有的部分聚在一起保護，構成一個半封閉的系統，僅和外界進行固定的物質交換。

對於智慧型微塵來說，這就是系統互連和封裝。互連就是說讓各個系統之間有效的協同工作，封裝就是說把系統保護在一個黑盒子裡，僅露出一些感測器的「觸角」，以接收外部的輸入訊號。

要實現這兩個目標，有兩個解決問題的途徑。

第一個方法是研究出微米尺度下的互連和封裝技術，把這些系統簡單快速組裝在一起，並封裝在起保護作用的外殼裡。之所以要求簡單快速，是因為我們的目標絕不僅是製作一、兩個微塵，而是千萬個，所以製作技術一定要能規模化。

想要**規模化的組裝微尺度下的模組，絕不容易**。需要封裝成型的原因是要監測環境變數，**微塵要能抵禦環境的侵蝕**，例如防水、防晒、防寒等。一個電路系統如果不封裝就投放環境，很可能會立刻失效。

第二個方法是從根本上解決問題，就是將這四個模組，同時生產加工在一個單晶矽上，這樣不但消除互連的需求，而且封裝技術也變得更簡單。這種技術的最大難點，在於不同模組的生產技術往往差別很大，想要同時加工在一個半導體晶片上，意味著要麼變動某些模組的設計，要麼改良加工技術，使之能同時生產電路、感測器、通訊模組和電池——這以目前的技術水準來講，很難短期內實現。

這種單片集成也稱「獨石集成」（monolithic integration）。即便只集成積體電路和微機電系統感測器兩個模組，目前來說都很困難。有很多這方面的科學研究，技術層面是可行的，但性能可能要打折扣——電路不是最好的電路，感測器也不是最好的感測器。

這個道理其實很好理解，這如同從模具裡向外倒模型，如果模具只生產 A，可以優化各個角落，打磨各個細節做到極致生產 A；如果只生產 B，也可以針對 B 進行極致的優化。但如果同一個模具既要生產 A 又要生產 B，那麼就需要一些取捨，使得生產 A 或者 B 都能達標，但都不是最佳——如果操作不當甚至會做出四不像。但這種方法真的能實現的話，自然有很多好處。

主要的原因，是半導體電路的微小化研究已非常成熟，單個原件能做到 10 奈米級別。如果其他的模組能直接利用電路的生產技術，就相當於站在巨人的肩膀上，充分利用已有的資源，快速實現微小化。而且最終不需要考慮互連和封裝的難題，因為它們「本是同根生」。

網路技術與超級大數據

當智慧型微塵的硬體實踐成為可能，軟體方面的數據處理，也將面臨極大的挑戰。智慧型微塵不僅每個處理器體積極小，網路的節點數目也十分龐大。這對控制軟體、網路技術和數據處理都產生更高的要求。

從網路技術來講，智慧型微塵基於一種分散式的網路，這樣的分散式網路有什麼好處？首先這對於單個感測器來講，是一種**低功耗**的工作模式——數據只需要傳向近距離的相鄰節點，而不是遠端的基地臺伺服器；其次，這種分散式網路的可靠性也更強——對整個網路來講，沒有任何一個節點是不可或缺的，這樣即便有一些節點電源耗盡或損壞，整個網路仍能正常運作，只是少採集幾個數據點而已；最後，這樣的網路也不需要精心設計，而是以一種「自我組織」的方式自動連接。

當然，這樣的網路，還要在通訊協定和數據傳輸模式上精心設計，以保證低功耗的要求，而且數據傳輸在此基礎上，有最少的重碼率和誤碼率。這不但需要研究能適應如此大規模網路的數據傳輸演算法，而且還需要制定新的標準，保證不同的智慧型微塵系統能被連接在一起。

如果解決了互聯網的難題，我們就能透過雲端伺服器，來收集智慧型微塵網路採集的數據。這樣新的難題又來了。如今的移動終端僅限於個人電腦、平板電腦和手機，即便這樣，我們已需要面對海量的數據整理、儲存和分析，也就是現在的熱門話題——大數據。

當我們製作智慧型微塵網路後，網路節點數目一下增加了好幾倍，每個節點又會全天候不間斷採集環境物理量，這樣我們面對的，不僅是大數據，而是超級大數據。因為數據量將隨著數據終端的數目，呈現超大規模的增長。這麼大的數據量，我們現有的雲端運算能應對嗎？如何處理這麼大規模的數據？這些都將是棘手的難題。

智慧型微塵的應用展望

在現階段的技術水準，物聯網和可穿戴產品初露頭角。而智慧型微塵，其實可以看作是終極的物聯網。智慧型微塵是下一代的超級物聯網的數據採集終端。它所帶來的未來，使得這個概念成為下一代技術中，一顆耀眼的明珠。

這種微塵感測器網路，能被用於氣象預報、地質檢測、災難救援、無人監控、醫療應用、外星探測及軍事情報收集等領域。但想實現這項願景，卻面臨諸多困難的課題：它需要微處理器、通訊模組、感測器模組、電源模組的高度單片集成，先進的高密度電池技術和自充電技術，以及新的網路傳輸技術和大數據技術等。

想實現智慧型微塵，需要整個工業界的推動和進步，不是一、兩個創新就能達成，也不是一朝一夕的事。回顧人類科技走過的一百年，有誰能在電腦剛誕生時，預見如今集成度如此高的智慧型手機系統、可穿戴設備和物聯網系統？又有誰能預見如今的互聯網技術和大數據技術？

第 7 章

全像投影，讓眼睛感覺看到本人與實景

文／戎亦文

縱觀數萬年的人類文明史，幾乎所有的記錄媒介，如壁畫、石板、羊皮紙，無論是語言還是圖像，都採用二維（平面）記錄。我們不禁要問：生活在三維空間中，難道不是三維記錄最直觀嗎？

古人不是沒有做過這樣的嘗試。我們可以看到，從 4,000 年前的古希臘開始，就有了雕塑這樣可以呈現三維的記錄方式。然而這種方式難度高且費工費時。

古代畫家已懂得使用單點透視的方式作畫，運用近大遠小的手法，讓觀賞者有空間感，營造出一定的立體效果。這手法後來被著名義大利畫家達文西，發展成多點透視畫法，深深影響整個人類繪畫史和光學學科的發展。

文明之光照進近代，光學投影催生電影，陰極射線管的發明創造了電視機。人類可以記錄、製作和顯示大量二維圖影資訊。但如何將記錄的三維資訊，也以三維的方式顯示出來？

著名電影《星際大戰》（*Star Wars*）中，即使隔了幾個星系，各個角色也能順利透過全像投影即時溝通，讓人歎為觀止。全像投影其實就是記錄所拍攝物體之光學資訊的照相技術，並透過記錄膠片完全重建三維的物體影像，從不同的方位和角度觀察照片，也能獲得立體視覺。

全像投影技術的發明

全像投影技術的發明來自於一次意外的發現。匈牙利裔猶太人丹尼斯・蓋博（Dennis Gabor），是電子顯微鏡行業的權威級人物，一生專注於陰極射線管的研究。

1947年，在研究顯微鏡的三維技術過程中，丹尼斯發現這項技術，可以應用於三維顯示，但如何獲得高精確度的三維深度資訊，並且呈現出來？這個問題本質上等同於：**三維資訊是如何成像的？**

透過閱讀大量的文獻和進行各種實驗研究，丹尼斯發現人眼主要透過四種機制，來判斷三維和深度資訊，只有這四個機制同時實現時，才能看到三維圖像：

1. 對眼聚焦（Convergence）：當雙眼對眼聚焦到同一件物體上時，人腦可以根據眼球移動的角度，來計算聚焦距離，進而獲得深度資訊。

2. 視網膜成像位差（Retinal Disparity）：同一幅圖在雙眼視網膜中的x、y軸座標會略有不同，視覺皮層細胞會透過座標不

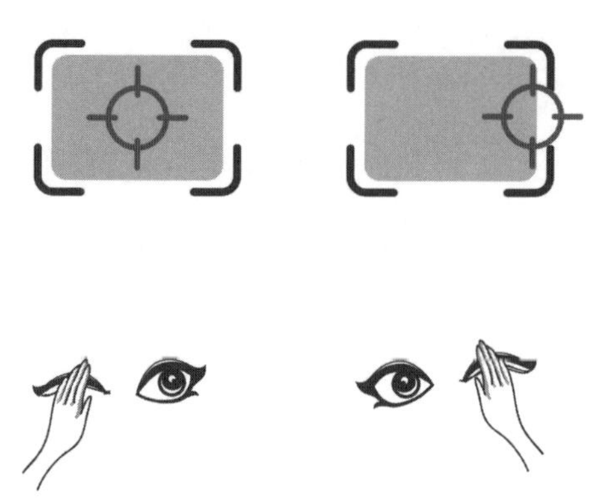

圖1　視網膜位差原理示意圖。

同來計算距離。

3. 眼球聚焦（Accommodation）：透過眼睛的聚焦，來估計物體的距離。

4. 運動視差（Motion Parallex）：大腦透過運動中物體背景圖像的變化，來計算物體的距離。

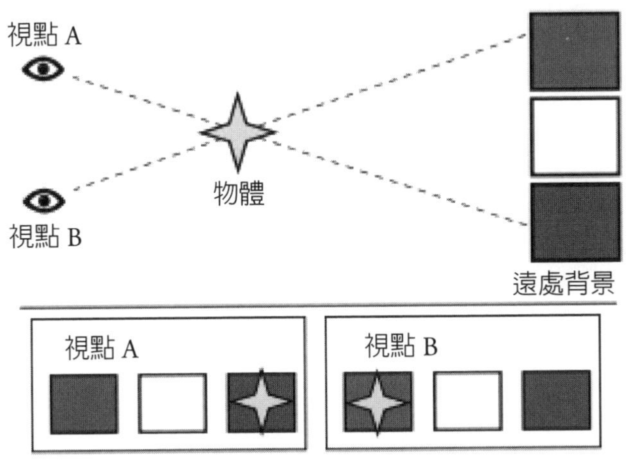

圖2　運動視差原理示意圖。

也就是說，**如果要顯示逼真的三維資訊，必須考慮到上述人眼對三維資訊的計算和建模方式**。這樣才能讓人相信自己看到的圖像是三維的。那麼如何才能讓人的眼睛啟動這四個機制？換句話說，如何將圖像的深度資訊記錄到二維介質上，再呈現出來？

丹尼斯發現，現有的成像系統記錄和顯示系統輸出，都只包含光的強度，沒有包含具有深度資訊的相位。因此，丹尼斯提出：如果把一束相干光源，分成兩束相干光，一束經過物體，和另一束直接疊加，就可以同時記錄強度和相位資訊，這樣就可以獲得完整的三維資訊。

1948 年，丹尼斯在英國《自然》（*Nature*）雜誌上，發表著名論文〈一種新的顯微技術〉（*A new microscopic*）。文中首次提出如果記錄下完整的光場（Light Field）資訊，包括強度和相位時，就可以獲得完整的三維圖像。他為這種技術取名叫**全像術（Holography）**。在希臘語中，「Holo」的意思為完整。在文中他在電子顯微鏡上，展示這種技術的可行性。然而在可見光領域由於當時技術的限制，一直無法獲得相干光源。

12 年後，雷射的發明徹底解決了相干光源可見光的問題。1960 年西奧多 ・ 梅曼（Ted Maiman）發明了雷射，由於是從諧振腔中選模出來的光，可以保證完美的相位一致性。〔1〕

1962 年就有蘇聯科學家尤里 ・ 丹尼蘇克（Yuri Denisyuk）以溴化銀作為記錄介質，成功實現丹尼斯在 1948 年提出的實驗方法，得到全像投影圖。〔2〕同年，美國密西根大學教授艾米特 ・ 萊斯（Emmett Leith）和尤里斯 ・ 烏帕特尼克斯（Juris Upatnieks）也同樣成功了。〔3〕正因為利用相干光源證明全像投影的可行性，丹尼斯獲得了 1971 年諾貝爾物理學獎。

然而，透過雷射將圖像的深度資訊記錄在介質中，同時還需要雷射來再現三維圖像，就讓這項技術有許多局限：一來用雷射在一定顯示面積上，顯示一定顏色非常困難，二來雷射設備在當時非常昂貴。因此，科學家和工程師們開始利用白光再現全像投影技術。

美國工程師赫維格 ・ 柯蓋爾尼克（H. Kogelnik）在 1969 年透過耦

合波理論，證明如果感光材料能衍射 100％的入射光，那麼在白光下可以看到全像投影圖像。[4]很快就有人做出相應的產品，使用飛秒脈衝紫外雷射器照射感光材料，獲得體積全像圖（Volume Hologram）。這一類的技術，例如彩虹全像圖（rainbow hologram），被廣泛應用在紙幣和信用卡的防偽標識上。

全像投影的瓶頸

然而，全像術並不是三維照片。照片可以從一個觀察點，將場景的影像記錄下來，這個觀察點由記錄光的入射方向決定。而全像術記錄的並不是像，而是重建散射光光場的散射條紋，也就是全像的記錄介質。亦即從記錄的觀察點，可以看到所有的光場資訊。人眼識別三維資訊的前三個機制，在這種條件下是可以被欺騙的。

但第四個機制（運動視差），是人體在移動時，看到位移產生的圖像資訊與現實不符。當你的觀察方向和入射光方向有較大的偏差時，圖像的距離資訊就會產生錯誤，例如原本是 10 公尺的距離，在觀察者看來卻是 2 公尺。

如何解決位置移動後的問題？**如果人需要認可一個圖像是三維的，那麼這幅圖像，必須包含圖像物體本身的 360 度光場資訊**。關鍵就在於如何顯示這些資訊。1970 年末開始，有人提出使用高速旋轉的反射掃描鏡（旋轉速度 1,000 次／秒）來實現，主要分為以下幾個步驟：

1. 使用電腦記錄 360 度三維資訊。

2. 透過一個高速旋轉的反射掃描鏡，和相關自由空間光學系統將飛秒雷射聚焦。

3. 每旋轉到一個觀察方向，電腦指令輸出這個方向發出的所有光場資訊。

4. 當電腦記錄的資訊更詳細，甚至可以有動畫輸出，隨著時間的變化輸出不同觀察方向的動畫。

隨著雷射技術和電腦模擬技術不斷進步，2000 年後，這項技術的研究開始有了長足的發展。2015 年，由東京大學教授領銜的研究團隊在雷射全像投影上，取得了更進一步的新成果。

他們採用自由空間光學元件和飛秒雷射，實現了自由空間中，位置可控的漂浮全像投影成像。首先，在自由空間中位置可控本身就很不容易，這需要很多光學系統的設計工作；其次，他們還可以實現比靜止圖片難度更高的動畫，這需要先進的計算全像投影學技術；最後他們還別出心裁，使用高度聚焦的飛秒雷射將空氣電離。當人手觸碰全像投影圖像時，還會碰到空氣中的等離子體，模擬了觸覺。

傳統的全像投影技術需要有測量、記錄、再現三個步驟，並且只能在記錄的方向再現部分深度資訊。但隨著電腦計算能力的發展，和人們對視覺和數位影像處理技術的掌握，人們不需要再去記錄，而可以直接在電腦內模擬 360 度完整的三維資訊。

參與研究的日本學者們，利用液晶空間光調變器（LCSLM），控制單色短脈衝雷射在每個像素上的強度和相位，獲得了電腦生成的全像投影三維顯示效果。這樣的全像投影，具有從所有方向上發出或反射的光的資訊，達到真正意義上的「全像投影」。

然而還有一個重要的問題：這套系統並不實用，因為它需要多種設備：1. 飛秒雷射器。一個低階的飛秒雷射器就需要數萬美元，而且無法支援 RGB 三原色。2. 品質好的 LCSLM 非常昂貴（得花費數萬美元），並且只支援很低的解析度（768×768）。

也就是說，我們在現有技術下，花費 10 萬美元能搭建的計算及全像投影顯示系統，只能顯示指甲大小的單色小型全像投影圖像，這遠遠無法達到實際應用的要求。

劃時代的新發展與3D電影

1960 年代的麻省理工學院，有一位鼎鼎大名的教授克勞德 · 夏農（Claude Elwood Shannon）。他是資訊理論的創始人，早期電腦技術研究的先驅之一。1961 年，夏農見到了他最特別的學生──伊凡 · 蘇澤蘭（Ivan Sutherland）。

夏農所處的時代，對電腦的研究主要專注在邏輯裝置設計、計算功能實現及優化。而見解獨到的伊凡認為，電腦發展的未來在互動和電腦圖形學方面。在老師的鼓勵下，他發明了電腦作業系統 Sketchpad，摘得 1988 年圖靈獎，世界上第一個圖形使用者介面（Graphical User Interface，簡稱 GUI）也受益於此。

1965 年，在哈佛大學任教的伊凡，開始深思三維立體顯示的問題。蘇聯科學家尤里在三年前已實現全像投影顯示。作為一個電腦圖形學專家，他深刻意識到，電腦生成的三維資訊在當時的計算能力下有限。而且當時全像投影的雷射顯示系統，根本就無法量產，不像現在一套10萬美元。

既然無法顯示完整的光資訊，那麼怎樣的顯示系統，能啟動人的深度資訊感知機制？伊凡發現，如果使用兩個獨立驅動的顯示器，搭配好的影像處理演算法，就可以啟動三維視覺機制。在這樣的理論驅動下，伊凡和自己的學生在1968年，創造了世界上第一個虛擬實境頭戴裝置，稱為達摩克利斯之劍（Sword of Damocles）。

雖然是接近50年前的第一臺虛擬實境頭戴裝置，但這個架構已非常完善。除了雙目顯示系統外，它還配備了頭部旋轉和頭部位置追蹤儀器。另外，為了正確顯示輸出圖像，這臺設備不僅配備了專用電腦，還配備了圖像分割器、矩陣乘法器和向量生成器。專門用於特殊的影像處理。有了這些工具，這臺設備成功觸發了對眼聚焦、視網膜位差、眼球聚焦和運動視差四個三維顯示機制。

這個神奇的裝置對當時來說成本太高，且各方面的技術都還不夠成熟。例如顯示裝置，其中的陰極射線管顯示裝置龐大笨重，並且很難獲得高解析度；另外由於在當時，電腦計算能力和影像處理能力的局限，這些圖形計算硬體的效果並不好。

那要如何開發低成本、易推廣的立體（Stereo）技術？如果有一個拍攝系統，對一個物體拍出來的兩幅圖，和人眼實際看到的兩幅圖一樣，然後再把這兩幅圖正確顯示給人眼，人腦這個強大的電腦不就可以處理這些圖片，獲得無限接近拍攝真實物體的效果了嗎？

很多人立刻想到3D電影。三維雙目顯示電影的拍攝始於1890年，由英國攝影師威廉 ‧ 格林（William Green）執導。由於當時技術、市場的局限，幾經浮沉，最後在 1985 年重獲新生。這一年 IMAX 開始自己製作 3D 影片，後來迪士尼、派拉蒙（Paramount）等大型製作室紛紛加入此行列。

圖3　早期3D電影拍攝設備（左）與最新拍攝設備（右）。

那麼 3D 電影是怎麼拍攝的？如圖 3 所示，**典型的 3D 電影，是透過兩個間隔距離等於人眼間隔（約 65 毫米）的攝影機鏡頭，拍攝影片**然後記錄下來。在顯示時單獨輸出兩路圖像，然後透過光學系統（通常是透鏡）同時送到人的兩個眼睛中，這樣就能出現三維的效果。

這無疑是個非常有創意的發明，並且價格低廉。自從這種技術誕生後，電影界一直在開發和改良這套系統，直到近幾年大規模推向市場。

2010 年後，IMAX 3D 影院正是使用了此類技術的成熟版本。

但這套簡單的技術存在**不少缺陷**。觀察者的位置必須垂直正對螢幕的正中間，且觀察者的頭需要保持不動，才能獲得沒有畸變的視覺效果。也就是說，IMAX 3D 電影放映時，全場幾百位觀眾中只有坐在正中間的人，在保持不動的情況下，才能得到沒有畸變的視覺體驗，這在現實中幾乎完全不可能。如果不坐在這個特定的位置上會怎麼樣？

1. 視角失真：假設觀察者距離電影螢幕過近，就會出現這樣的現象，因為觀察距離和再現距離不一樣，實際視角變大。螢幕上看到的寬度和實際寬度不一致。這個時候深度資訊的顯示就是錯誤的。

2. 螢幕大小影響：眼球相對運動（Vergence）是人眼判斷距離最重要的工具。兩個眼睛對焦的角度是一定的，如果螢幕尺寸變小，雙眼對焦的角度就會往中間移動，那麼**大腦就會認為看到的距離比實際距離近**。如果螢幕變大，雙眼對焦的角度就會往兩邊移動，那麼**大腦就會認為看到的距離比實際距離遠**。

在電影連續放映的過程中，人腦會從其他物體的運動中察覺距離資訊的錯誤，眼睛會試圖調整圖像，造成觀看者的不適和暈眩。

3. 角度畸變：如果觀察者坐在電影院正中間的黃金位置，看到的圖像是沒有問題的。但戲院裡面的觀眾大部分都坐在中線之外的位置。

因為播放的角度是指向正中間，從其他角度看到的兩幅圖像的合成就會產生畸變。例如一塊國際象棋棋盤，人腦對棋盤是方形已有印象，當看到的是不規則四邊形時，大腦就會不斷試圖調整成方形，長期觀看就會產生不適。

圖4　角度畸變示意圖。

4. 對眼聚焦和單眼調焦衝突（Vergence-Accommodation Conflict，簡稱 VAC）：在傳統立體顯示的過程中，如果三維圖像的虛像位置大於或等於螢幕時，人眼判斷距離的兩大利器，對眼聚焦（雙眼相反方向的運動，以獲得或保持雙眼單視的同時運動）和單眼調焦（脊椎動物的眼睛透過改變光的強度，以保持圖像清晰度，或在物體距離變化時，能準確聚焦的過程）的位置是一致的。

但如果顯示虛像的距離比螢幕距離短，那麼人的對眼聚焦模式會專注在虛像的位置，而單眼調焦會讓眼睛試圖去聚焦螢幕的位置。這一點會造成極大不適。VAC 困擾了業界多年，有很多科學家對這個問題進行專項的研究。

經過多年立體三維電影的發展，一代代科學家和工程師在努力探索下，已逐漸接近最好的解決方案。

1968年，伊凡 · 蘇澤蘭發明世界上第一個虛擬實境頭戴裝置後，認識一個有趣的學生艾德文 · 卡特姆（Edwin Catmull）。這位學生畢業後，創辦了一間專注於電腦動畫的製作室皮克斯（Pixar）。他和老師一樣，堅信電腦動畫會在動畫片及電影界掀起革命，能以低成本製作比傳統特效更精緻、真實的影片效果。

致力重現「真實」

後來，艾德文遇到投資人史蒂夫 · 賈伯斯（Steve Jobs），再後來皮克斯被迪士尼收購，艾德文成為迪士尼總裁。他執掌的迪士尼，開始和洛杉磯南加州大學的幾位教授合作——以馬克 · 博拉斯（Mark Bolas）為代表，研究新一代基於立體顯示的虛擬實境系統。

到了2010年，距離伊凡發明達摩克利斯之劍已過了42年。電子技術發生翻天覆地的變化：首先是電腦的計算速度和當年相比，提高了一億倍以上；其次影像處理晶片的計算能力進步更加迅速，電腦圖形學的演算法、圖像顯示原理各方面，都有許多重大突破；更重要的是，隨著智慧型手機行業的蓬勃發展，製作小尺寸、高解析度、高性能的顯示器成本越來越低。

2011年，不到20歲的帕爾默 · 拉奇（Palmer Luckey）敲開博拉斯教授的辦公室門。帕爾默從小就是個DIY愛好者，喜歡研究電子設備。他閱讀馬克發表的論文，提出一個大膽的設想：如果用兩塊iPhone 4的螢幕固定在一起，安裝合適的光學系統和遮光系統，就可以得到一個品質好的雙目顯示系統，成本應該只需要150美元。

馬克對這個提議感到非常興奮，他們立刻和迪士尼的科學家一起動手，花幾個月的時間，成功展示了一個高品質、低成本的雙目立體顯示系統。

帕爾默非常激動，為了籌集資金開始下一階段的產品生產，帕爾默在美國著名的集資網站 Kickstarter 上，為他的產品想法募資，最終募得兩百多萬美元。然而，帕爾默和教授馬克的產品，並沒有解決前面提到的雙目顯示的問題。幸運的是，這款產品引起了約翰・卡馬克（John Carmack）的注意。

約翰可不是等閒之輩，他是世界上第一批商用圖形處理引擎和演算法的發起人，也是虛擬實境產業的老兵。至今那些震驚世界的 2.5D 第一人稱射擊遊戲，如毀滅公爵系列、雷神之鎚系列、古墓奇兵系列的早期類 3D 圖形處理引擎，都是約翰開發的。他非常清楚雙目顯示系統存在的問題。帕爾默的產品令他非常激動。

他發現，利用他知道的現有軟體、硬體技術，和這個產品平臺配合，便能解決雙目顯示的部分問題。如果使用合適的光學放大鏡，再用演算法輸出正確的圖像，就可以解決視角失真問題。也可以透過影像處理，輕鬆解決顯示螢幕適配尺寸問題。

同時，利用手機中普及的加速計和陀螺儀，可以低成本、高速、精確測量使用者的頭部動作，避免因使用者頭部運動產生圖像畸變問題。

2013 年，約翰和帕爾默合力研發的第一代原型機面世，叫做 Oculus DK1。這款產品加入傳統光學動作捕捉技術，使其具備位置追蹤功能，同時把人透過動態視差來判斷距離的功能，也融合到產品中。這一款產品，成為**雙目三維顯示的劃時代產品**。同一時間，他們為第二代產品 Oculus DK2 募資。2014 年，臉書以 20 億美元收購了 Oculus。

雙目顯示系統只是粗略呈現了全像投影顯示，但人們一直在追求無限逼真的全像投影顯示，可以記錄和再現任何光線的入射角度、顏色和強度等資訊，就**好像透過窗戶看外面的風景一樣自然。那麼這樣的顯示系統要滿足什麼樣的要求？**

一個如窗戶般的顯示系統，需要將不同景深的物體進行小孔成像，並且用光學感測器記錄下來，再透過一個顯示系統同時輸出所有圖像。這樣才能像「窗戶」一樣，忠實顯示所有入射光的資訊。

其實，這樣的系統早就有人研究了。早在 1900 年，人們研究照相機成像原理時，就有這樣的苦惱：照片永遠是一個瞬間在一個景深上的聚焦影像。如果想重新聚焦，只能回去再照一次。能不能把所有景深的聚焦資訊同時抓下來？

法國物理學家加布里埃爾 • 李普曼（Gabriel Lippmann）想出了一個辦法：使用陣列小透鏡對不同深度做成像。理論上這樣就記錄了入射光的所有光場資訊，稱作光場薄膜。

李普曼因為在照相機成像上的卓越貢獻，獲得 1908 年諾貝爾物理學獎。然而他的貢獻遠遠不止於此，他同時培養出唯一一個，同時獲得過諾貝爾物理學獎和諾貝爾化學獎的科學家——居禮夫人。若干年後居禮夫人在 X 光的成像和操作方面，做出許多卓著的貢獻，這和老師李普曼的影響大有關係。

1936 年，葛爾雪尼（Gershun）發表論文[5]，總結和闡述了光場的定義、理論架構，以及相機與顯示方面的可能應用。

他發現，光場相機和顯示的原理非常簡單。在相機方面，光學感測器相機的每個像素，都在一個小孔透鏡後面，相當於一個小孔透鏡陣列，和一個小孔感測器陣列的疊加。在這樣的架構下，就可以記錄完整的光場資訊。顯示方面則是一個逆過程。一系列顯示像素前面有一個小孔透鏡陣列，把顯示的每個像素，都透過小孔成像的方式投射出去。

根據推算，和傳統顯示相比，假設要顯示 1,000×1,000 解析度，也就是 100 萬像素的圖片，傳統顯示需要的像素是 $1,000^2$，也就是 100 萬像素。但如果用相應的光場顯示系統，顯示同樣解析度的圖片，需要 $1,000^4$，也就是一兆像素，而且這個透鏡陣列也需要 100 萬個透鏡。今天的技術條件下，5 吋螢幕上的顯示像素，僅能達到 500 萬像素。未來 10 年內做到 1 億像素是有可能的，但現在的顯示技術做不到一兆像素。

以李普曼為首的光學愛好者發現兩條規律：

1. 在像素密集的情況下，系統並不需要許多針孔透鏡。也就是說，1,000×1,000 的顯示系統中，只需要 10×10 的透鏡陣列也能得到非常好的效果。

2. 無論是拍攝還是電腦製作，都不需要收取所有方向來的光，也能得到非常好的顯示效果。

這兩條近似法，加速了光場顯示的實際應用。

在 2013 年的電腦圖形學權威年會 Siggraph 上，來自於圖像顯示技術供應商輝達的科學家道格拉斯 ‧ 蘭曼（Douglas Lanman），展示他根據索尼（SONY）HMZ-H1，和其他幾款商用頭戴裝置改進的光場顯示器。

通常來說，頭戴顯示因為螢幕離眼睛太近，需要安裝大口徑放大鏡配合螢幕使用，才可以讓人眼聚焦。而此系統透過 10×15 的透鏡陣列和顯示模組建構的光場顯示系統，可以讓整個設備極其輕薄，眼睛即便貼著顯示器也能看到正確深度的圖像。

這款光場相機的基本規格，是商用的 OLED 雙屏系統，和公司訂製的 150 個微透鏡陣列組成的近似小孔投影陣列貼片。有效輸出圖像約 6,000 像素。因為離眼睛很近，所以完全沒有對眼聚焦和單眼調焦衝突（即 VAC）的問題。

圖 6 左右兩條魚的距離不一樣。最上面一排是在理想狀況理論計算下，得到前後兩條魚對焦後人眼視網膜的圖像，中間一排是在這個系統中，用電腦模擬後的視網膜的圖像。下面一排是樣品實測的不同焦距下觀察得到的圖片。可以看到實際拍攝效果中，中間那一排圖，在不同焦距上聚焦的效果和理論值比較接近。

這是光場顯示系統的一大進步。工業界意識到，在現有顯示技術的

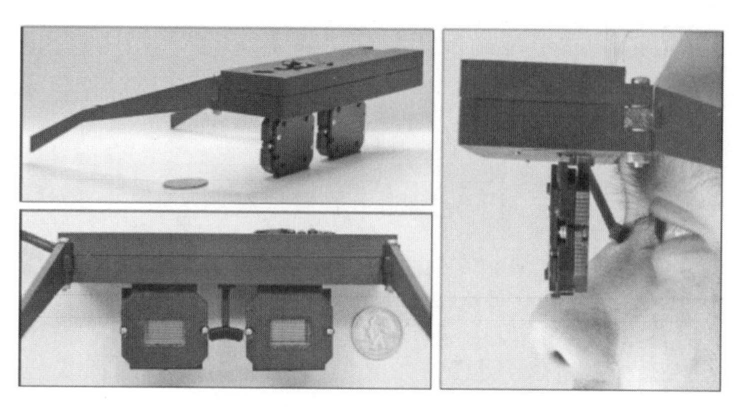

圖5　輝達實驗室組裝的光場相機。

基礎上稍作改動，就可以得到不錯的光場顯示效果。那麼這個技術還有什麼局限？

1. 需要更高解析度的微顯示系統。這個樣品使用的顯示裝置是

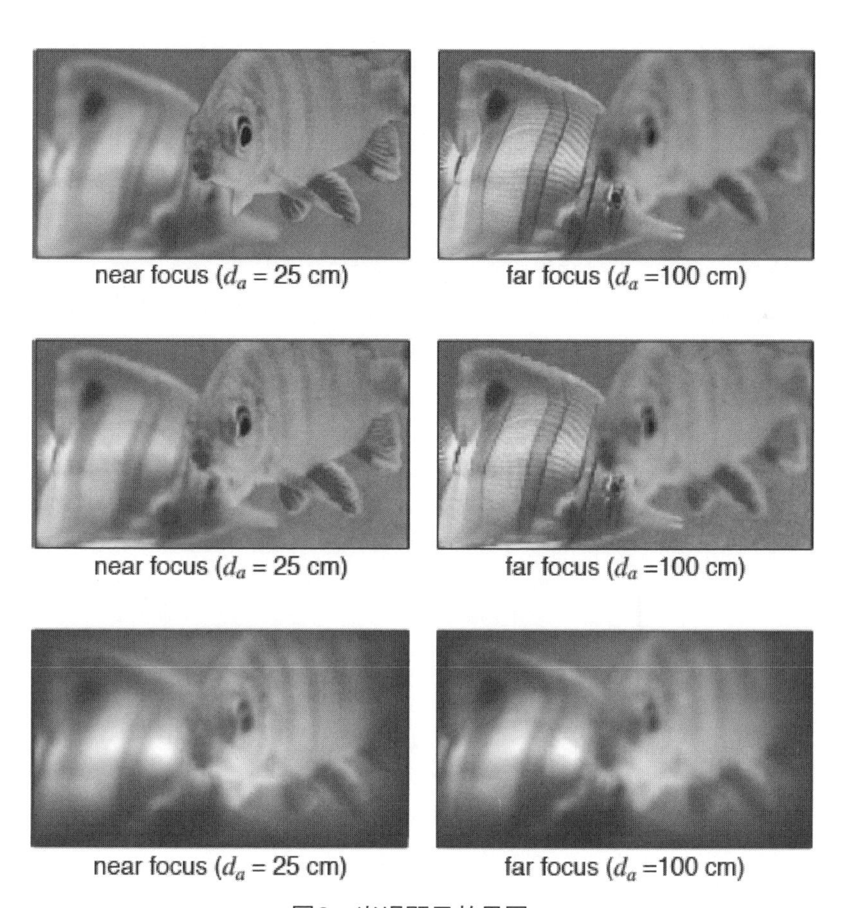

圖6　光場顯示效果圖。

720P 解析度，大概只有 90 多萬像素。按照之前給出的理論推導，如果做到 2 億～ 3 億像素，就可能在 1080P 有效解析度下，做出不錯的光場顯示近似系統。

2. 需要更大的微顯示晶片。現今顯示晶片的尺寸，對角線都在 25 毫米左右。經過計算，這樣的視角非常窄。本文使用的樣品視角為 30 ～ 40 度。雖然有的製造商透過傾斜晶片來擴大視角，但這會使使用者的有效視覺面積變小。

最好的方法是增加晶片尺寸。然而增加晶片尺寸的最大困難，是壞像素造成良品率低下，這也成為光場相機未來發展最大的制約因素。

3. 繞射極限（Diffraction Limit）。如果像素間過於緊密就會接近繞射極限尺寸。經過計算，如果像素有效區域間隔小於 1.3 微米，視網膜就會出現模糊。也就是說，這個系統的角度解析度極限為每度 30 像素（30ppd）。

第 8 章

電腦學博弈，看完這篇你相信電腦不會統治人類

文／李宇騫

得益於機器學習，近年來，電腦對圖片及自然語言的識別能力突飛猛進。我們可以與智慧型手機對話、讓電腦自動圈出照片中的人臉，甚至標上姓名……但真正的人工智慧，不僅是精確認臉、看圖、寫字、說話，而應如孔明一般神機妙算。

這聽起來過於科幻，目前的人工智慧，即使是精確的看圖說話都難以做到。如果機器聰明到如孔明一般，那《魔鬼終結者》（*The Terminator*）、《駭客任務》豈不都要成為現實，**人類被電腦統治已近在咫尺？但在接觸計算博弈論（Algorithmic Game Theory）後，我的這些想法改變了**。

首先，這並不科幻。舉幾個例子，谷歌、臉書的收入幾乎來自於廣告，在每則廣告背後，都有一套程式在優化資源配置和調整價格；這套程式不僅在優化谷歌或臉書的廣告收益，也在優化用戶的體驗及廣告商的回報。洛杉磯國際機場的警力調配，也由一套聰明的程式自動生成，讓有限的警力以最大的程度震懾恐怖分子。

其次，這並不可怕。爾虞我詐當然是一種博弈，然而誠實在博弈中的價值遠超過詐欺。在上述例子中，讓各方盡量誠實（沒錯，**系統設計**

者希望警察將自己的巡邏計畫，誠實公布給恐怖分子。只不過這個巡邏計畫並不是一個確定性的〔deterministic〕計畫，而是混合策略〔mixed stategy〕。例如警察有30%的可能性會巡邏第一航廈，70%的可能性會巡邏第二航廈）就是系統設計者優先考慮並保證的特性。

這並非只基於道德，利益和效率同樣會支持誠信，而非詐欺。臉書的工程師和科學家經常誇讚其廣告系統，因為該系統比谷歌的系統更能帶來誠信，滿足廣告商的需求。

不過，誠實的電腦也可能毀滅人類。有這樣的想法，往往是因為大多數人心中的博弈，只有你死我活的零和博弈（zero-sum game）。就好比A和B玩牌，A贏了，B就輸了。然而現實世界的大部分情況並非零和博弈，而是玩（博弈）得好共贏，玩不好同歸於盡（共輸）。

因此博弈不僅是對抗，更是合作。很多時候，理所當然的策略，不論在對抗或合作中，都並非真正聰明的選擇。例如建造一條新的公路，看起來似乎會減少交通壓力，但有時卻會讓交通變得更堵（共輸）。博弈論就是要避免這些情況，做出真正聰明並利於所有人的決策。**電腦強大的計算能力，正在加速讓這樣的想法，從理論變為現實**。

對抗中的博弈

接下來本文將分別從對抗中的博弈、合作中的博弈和機制設計三個方面舉例闡述。

奈許

凡提到博弈論，就一定會提到奈許（Nash）這個名字，奈許均衡（Nash Equilibrium）幾乎是傳統經濟學博弈論中的核心支柱。奈許的成名之作，是一篇證明奈許均衡在任何有限的賽局（finite game）中，都必然存在的論文。

奈許均衡的定義十分簡單。如果賽局達到了某種狀態，使得賽局中任何玩家，都不能只改變自己的策略來增加自己的收益，那麼這個狀態就是一個奈許均衡。

囚徒困境（Prisoner's Dilemma）是闡述奈許均衡的代表性例子，我將囚徒困境改成買車困境來舉例。

表 1　買車困境

	你買小轎車	你買 SUV
我買小轎車	我的收益是 4 星， 你的收益是 4 星。	我的收益是 1 星， 你的收益是 5 星。
我買 SUV	我的收益是 5 星， 你的收益是 1 星。	我的收益是 2 星， 你的收益是 2 星。

假設小鎮上只住著「你」、「我」兩個人，我們各想買一輛小轎車或 SUV（運動型多用途車）。小轎車舒適省油，但一旦和 SUV 發生碰撞，則 SUV 沒事而小轎車很有可能車毀人亡。兩個同樣類型的車相撞，則各有一半可能車毀人亡。

我們將此抽象成「你」和「我」兩個玩家間的賽局，每個玩家都有兩種策略：買小轎車或買 SUV。賽局所有可能的情況如表 1（參見上一頁）所示。為了便於讀者更直觀的理解，我將利益用星級表示，利益從低到高對應 1 星～ 5 星。

當大家都買小轎車時，大家都享受舒適省油，因此收益都是 4 星；如果一個人買了 SUV，另一個人買了小轎車，則買 SUV 的人收益提高為 5 星，因為生命比舒適省油更重要，而買小轎車的人收益降為 1 星；如果雙方都買了 SUV，那雙方都不舒適省油，對生命安全並無益處，所以雙方收益都是 2 星。

這個賽局只有一個奈許均衡，那就是雙方都買 SUV。雖然看起來不如雙方都買小轎車好，但如果雙方都買小轎車，那麼其中一人單方面將小轎車換成 SUV，就可提升自己的收益。一旦一個人買了 SUV，買小轎車的人又可以將自己的小轎車換成 SUV，來提升自己的收益。

以上都是經濟學傳統的博弈論，存在歷史已長達半個世紀（對電腦領域來說，這樣的時間真的很長）。然而奈許均衡在電腦領域獲得長足的突破，則是進入 21 世紀後的事。

在電腦領域，最重要的問題是計算複雜度。有些問題看似很小，但其計算複雜度卻很高。例如找到環遊 30 個城市的最短路線，現在最快的電腦可能幾個世紀都算不出來。有些問題看似複雜，計算複雜度卻很低，例如找到將一萬個城市連在一起需要的最短路線，即使手機可能一眨眼就能算出來了。

人們在很長一段時間內（將近半個世紀）都不知道奈許均衡的計算複雜度。直到 2009 年，才有人確定其計算複雜度為 PPAD-Complete（Polynomial Parity Arguments on Directed graphs）。另一個類似的詞彙則是「NP 完全」（NP-Complete），幾乎每個學電腦的人都熟悉。

這個世界上有很多 NP 完全問題，只要解決其中之一，那麼就是解決其中所有的問題。只可惜，無數天才窮極心血，至今卻沒有一個 NP 完全的問題找到有效的演算法。

注意，這和數學中的難題不太一樣。許多數學難題需要單獨攻破。例如解決了黎曼假說，不一定就等於解決了哥德巴赫假說。NP 完全問題則不一樣，它包含很多難題，而這些難題只要解決一個，就等於解決剩下所有的難題。因此你可以認為，幾乎所有研究過電腦的天才們，都曾想要解決 NP 完全問題，但他們全都失敗了。

NP 完全問題是所有 NP 問題中最難的問題，一旦解決其中一個問題，就等於解決了 NP 中所有的問題。PPAD-Complete 問題是所有 PPAD 問題中最難的問題，一旦解決其中一個問題，就等於解決了 PPAD 中所有的問題。同樣的，至今沒有 PPAD-Complete 問題被有效解決，所以計算奈許均衡的複雜度很高。

斯塔克伯格

過高的計算複雜度，限制了奈許均衡在計算博弈論中的應用：如果電腦算不出來，我們又如何應用它，讓電腦成為神機妙算的謀士？

接下來，我們來看比較容易計算的斯塔克伯格（Stackelberg）策略。文森 · 康尼茲（Vincent Conitzer）於 2006 年，首先提出如何有效計算雙人賽局中的斯塔克伯格策略，從而開啟斯塔克伯格策略在諸多領域中的應用，例如前面提到的洛杉磯國際機場警力調配。

儘管斯塔克伯格策略的知名度遠小於奈許均衡，但它成為洛杉磯機場保安應用中，研究者和相關部門的首選，其中一個重要原因就在於它容易計算。在了解一些基本定義後，斯塔克伯格的計算可以簡單概括為：領導者列舉跟隨者的每一個策略，在假設這個策略為跟隨者最佳策略後，計算自己的最佳承諾。

斯塔克伯格策略的假設，是賽局中有一個玩家是領導者，另一個玩家是跟隨者（簡單起見，我們這裡只討論雙人賽局）。領導者會承諾一個可以讓自己獲益最大的策略，然後跟隨者根據這個策略，選擇自己的最優策略。

乍看之下，如果領導者和跟隨者是正在對抗的雙方，例如員警和恐怖分子，那麼事先承諾一個策略似乎很笨。這就好比玩猜拳，如果一方成為領導者，事先承諾只出石頭，那不就擺明是讓跟隨者出布贏嗎？其實**領導者承諾的策略往往是一個混合策略**，例如承諾一定以 1 ／ 3 的機率出剪刀，1 ／ 3 的機率出石頭，1 ／ 3 的機率出布。在做出這些混合策略的承諾後，領導者可以獲得比奈許均衡更高的收益。

這裡我再舉個例子。假設「你」和「我」在玩一個很簡單的賽局，「你」可以出左手或右手，而「我」可以點頭或搖頭。賽局的收益如表 2 所示。如果我點頭、你出左手，那麼我得 1 元，你也得 1 元。如果我點頭、你出右手，那麼我得 3 元，你得 0 元。如果我搖頭、你出左手，我們都得 0 元。如果我搖頭、你出右手，我得 2 元，你得 1 元。

表 2　此賽局可說明斯塔克伯格策略，比奈許均衡更能圖利領導者

	你出左手	你出右手
我點頭	我的收益為 1 元， 你的收益為 1 元。	我的收益為 3 元， 你的收益為 0 元。
我搖頭	我的收益為 0 元， 你的收益為 0 元。	我的收益為 2 元， 你的收益為 1 元。

在這個賽局中，唯一的奈許均衡就是我點頭，你出左手，每人各得 1 元。這是因為不論你出哪隻手，我點頭的收益都是最大的。而基於我點頭的情況下，你一定會出左手。

然而如果我是領導者，我可以承諾搖頭。那麼你就會出右手，此時我的收益為 2 元，比奈許均衡多了 1 元。我的斯塔克伯格策略是承諾 50%點頭，50%搖頭。這樣出右手對你來說還是最佳選擇，而我的收益有一半的可能是 3 元，一半的可能是 2 元，平均是 2.5 元，比奈許均衡多了 1.5 元（此時跟隨者出左手和出右手都是最佳選擇，我們**假設跟隨者此時會選擇讓領導者收益最高的策略**。不然，領導者可以選一個很小但大於 0 的數 x，然後 50%＋ x 的機率搖頭，50%－ x 的機率點頭，讓出右手遠優於出左手。由於 x 可以無限趨近於 0，所以領導者可以讓自己的收益無限趨近於 2.5 元）。

如果將斯塔克伯格策略套用在洛杉磯國際機場，只需要稍微替換策略的名稱和收益數值。一個簡單的例子如下頁表 3 所示。

表 3　洛杉磯國際機場的博弈範例

	攻擊第一航廈	攻擊第二航廈
巡邏第一航廈	員警收益為 2，恐怖分子收益為 −1。	員警收益為 −2，恐怖分子收益為 4。
巡邏第二航廈	員警收益為 −5，恐怖分子收益為 1。	員警收益為 1，恐怖分子收益 −2。

當然，實際情況要比上表複雜很多，員警會生成一個類似於上表的輸入數據，並交給電腦計算出每一個巡邏點應該被巡邏的機率，並根據這些機率即時生成隨機的巡邏路線。

上述斯塔克伯格策略之所以被器重，首先當然是因為**警力有限**，警方無法全時段巡邏所有目標，必須有所取捨。其次，奈許均衡不好計算，而斯塔克伯格策略容易計算。最後，我覺得很重要的一點就是不論情況如何，**斯塔克伯格策略中領導者的收益，不會低於奈許均衡中領導者的收益**。領導者可以承諾奈許均衡中的策略，使得跟隨者的最佳策略就是奈許均衡中的策略。

因此只要領導者可以做出一個讓跟隨者信得過的策略，那麼用斯塔克伯格策略帶來的收益一定大於奈許均衡。因此，有關部門並不怕恐怖分子知道自己的策略，就怕恐怖分子不知道自己的策略，或不相信自己的承諾。從另一方面來說，這也展現誠信的重要性——如果有關部門失去誠信，那就沒辦法玩斯塔克伯格策略，只能回去玩奈許均衡了。

馮・諾依曼

馮・諾依曼（John von Neumann）證明了大中取小定理（minimax theorem，將可能的最大損失減到最小），該定理從某種程度上證明，任何一個零和博弈的合理策略，必然都對應於大中取小策略（minimax strategy）。

因此在零和博弈中，不需要擔心是該選擇斯塔克伯格策略還是奈許均衡，因為它們作為合理的策略，最後都等於大中取小策略。而且，這個大中取小策略很多時候，比斯塔克伯格策略還要好算很多（早在 19 世紀人類發現線性規劃的算法時，它的算法便已被發現〔從某種意義上來說，線性規劃和計算零和博弈的大中取小策略是相等的〕）。

那麼什麼是大中取小策略？這得從什麼是零和博弈說起。簡單起見，我們這裡仍只考慮雙人的情況（「你」和「我」）。

並非所有你死我活的博弈都是零和博弈。零和博弈要求在任何情況下，我的收益和你的收益相加為零（或相加總和等於某個常數）。例如，如果我贏了得 1 元（收益＋1）、你輸 1 元（收益－1），但你贏了得 2 元（收益＋2）、我輸 1 元（收益－1），就不是零和博弈。如果要成為零和博弈，那麼你贏 2 元，我必須輸 2 元。

因此，對一般的賽局來說，每一個狀態需要定義兩個值，一個是你的收益，一個是我的收益，如表 1 或表 2 所示。然而對於零和賽局來說，我們只需要定義一個值，即我的收益。你的收益總是我的收益的負數。

也因此，在確定了雙方的策略後，我們只需要計算我的總收益，然後你的總收益就是其負數。所以對你來說，**最大化你的收益就等同於最小化我的收益**。

如果你總能窺探我的策略，並依此選擇你的策略以最小化我的收益，我就會在此悲觀假設下，選一種策略來最大化我的收益，這就是大中取小策略。例如猜拳，如果你總能窺探我的策略，那麼我的最佳策略就是1／3的機率出石頭、剪刀或布，這就是我的大中取小策略。不然，假如我以1／2機率出石頭，1／2機率出布，那麼你在窺探後，一定會大量出布讓我輸得很慘。

反之，如果我也能窺探你的策略，我也會選擇一個最大化我的收益的策略，這兩種情況最後所帶來的收益其實是一樣的（假設你也很聰明，而不是在知道我可以窺探你的策略後，仍總是出石頭）。

當然，猜拳太簡單了，不需要電腦謀士出馬。德州撲克也是零和博弈，其最優策略的計算難度可能比圍棋更勝一籌：雖然谷歌的 AlphaGo 擊敗了人類圍棋的頂尖高手，但目前還沒有電腦程式可以在最廣泛的條件下，擊敗德州撲克的頂尖職業選手。不過，在某些特殊條件下（例如限制每次賭注的數額），已有電腦謀士可以媲美賭聖。

合作中的博弈

在現實中，單槍匹馬闖天下的人畢竟是少數。大多數人都從屬於一個企業或單位，與他人合作是必不可少的。即使是科學家，也經常和他人合寫論文。

那麼問題來了，大家合寫的論文如果得獎，獎金和功勞如何分配？一個企業做成一筆大生意，利益又該如何分配到每一位員工？合作博弈論（Cooperative Game Thoery）主要研究團隊合作取得成功後，如何分配利益。這對於團隊合作至關重要：如果團隊中某些成員對分配不滿，那麼他們可能就會脫離團隊，使得合作無法繼續。

那麼什麼樣的規則才是合理的規則？公平或許是大家最關心的特性（除了公平外，促使團隊成員穩定合作而不脫離團隊，也是很重要的因素。由於篇幅局限，這裡不討論穩定性）。

說到公平，我覺得不得不提勞埃德 · 沙普利（Lloyd Shapley）。沙普利有一個以他的名字命名的概念：沙普利值（Shapley Value）。而這個沙普利值就是一個非常漂亮又公平的利益分配規則。

簡單來說，沙普利值就是每一個團隊成員，對整個團隊利益的平均邊際貢獻（Marginal Contribution）。什麼是邊際貢獻？舉個例子，假設有一個公司本來年收入為 100 萬元，而在你加入了該公司後，年收入增加到 120 萬元，那麼你的邊際貢獻就是 20 萬元。

邊際貢獻受順序的影響很大。舉一個簡單的例子，就是谷歌的第一個員工和第一萬個員工，雖然他們的技術實力可能差不多，但對谷歌的邊際貢獻天差地別。第一個員工對谷歌是從無到有的區別，而第一萬個員工可能只能在某個小方面做了微小的貢獻。也因此，一般來說谷歌的第一個員工，獲得的報酬會遠高於第一萬個員工。

那麼問題來了，如果一個團隊有幾個創始人是一起開始的，那麼我們應該按照什麼順序計算邊際貢獻？公平起見，我們列舉所有可能的順序，對每個順序都計算一次創始人的邊際貢獻，最後將所有可能順序下的邊際貢獻做平均。這就是沙普利值。下面是一個源自維基百科的簡單例子，能幫助讀者更容易理解。

假設有 A、B、C 三個創始人共同開了一家公司，年賺 600 萬元。

最後三人發現，他們其中任何一人，獨立出來開這家公司都會倒閉。但只要有 C 參與，再加上 A 或 B 其中一人，那麼這家公司就可以正常運作。換句話說，B、C 兩人可以創造 600 萬元，A、C 兩人可以創造 600 萬元，A、B、C 三人也是創造 600 萬元的收益；除此之外 A 獨立、B 獨立、C 獨立，或 A、B 合夥，就創造不了任何收益。

現在我們來計算沙普利值。一共有六種順序可以計算邊際貢獻：ABC、ACB、BAC、BCA、CAB、CBA。六種順序下，每個人的邊際貢獻及最後的沙普利值如表 4 所示。

表 4　沙普利值範例

順序	A 的邊際貢獻	B 的邊際貢獻	C 的邊際貢獻
ABC	0	0	600 萬元
ACB	0	0	600 萬元
BAC	0	0	600 萬元
BCA	0	0	600 萬元
CAB	600 萬元	0	0
CBA	0	600 萬元	0
平均所有順序（沙普利值）	100 萬元	100 萬元	400 萬元

除了定義十分簡單外，只有沙普利值滿足以下簡單而直觀的利益分配規則：

1. 所有利益須分配給每位成員，不能有多餘的、未分配的利益。

2. 如果兩個成員在任何情況下貢獻一模一樣，那麼這兩個成員所分配到的利益也必須一樣。

3. 如果一個成員在任何情況下都沒有邊際貢獻，那麼他分配到的利益應該為 0。

4. 如果收益可以拆分成兩塊獨立的部分，那麼對這兩塊部分分別計算沙普利值然後相加得到的和，應該與直接對總利益計算沙普利值的結果是一致的（更正式的說法是，如果收益函數可以拆成兩個函數的線性疊加，那麼沙普利值也可以線性疊加）。

沙普利值看起來很美好，但列舉所有順序是一件非常複雜的事。例如 30 個人一共有 2.65 億億億億種不同的排列順序。假設電腦一秒可以列舉一億種順序，那麼列舉完所有順序需要 8.4 億億億年。

這也許就是為什麼它雖然優美，卻並沒有被特別廣泛應用的原因。也許沙普利值就像奈許均衡一樣，從計算的角度來講過於複雜。因此我們或許需要一個類似斯塔克伯格策略這樣的新規則，來促使合作博弈論的廣泛應用。

那時，每個人的報酬都將根據一個透明且合理的規則，由電腦按每個人的能力和貢獻自動計算得出。大家再也不用花時間為自己的薪資討價還價，或為了報酬的不公而憤憤不平。而老闆或團隊的領導者，也不用再為了如何合理分配獎勵，讓員工都能心滿意足而絞盡腦汁。

機制設計

谷歌一年的廣告收入有幾百億美元。我們知道，用戶每次點擊谷歌只能賺幾毛錢，而一則廣告的點擊率一般來說都不到10%。也就是說，谷歌每年要給人們看幾兆次廣告，才能換來這幾百億美元的廣告收入。為此谷歌需要對每一個廣告位置舉行一次拍賣。也就是說，谷歌一年要舉行幾兆次的廣告拍賣。

第二價格拍賣

提到拍賣，大多數人首先想到的也許是藝術品，廣告位置有什麼好拍賣的？事實上，谷歌的廣告其實和藝術品很類似。一件藝術品，對於某個人來說可能很好看、很值錢，對於另一個人來說可能毫無價值。廣告位置亦是如此。假如一個廣告位置，對象是一個急著買機票而無暇看電影的用戶，那麼它的價值對航空公司來說可能很高，對電影院線來說卻一文不值。

正是有拍賣機制的存在，才能讓合適的廣告位置被合適的廣告商買走，這不僅對谷歌來說增加了極大的收益，對用戶和廣告商來說也是好事：在你想買機票時，你不用看到無關的電影廣告；電影院也不用將廣告預算浪費在一些不看電影的用戶身上。

然而一年幾兆次的廣告拍賣，可不是一件簡單的工作。如果按照拍賣藝術品那樣一次幾十分鐘的節奏，那谷歌一年可賣不了多少廣告。因此拍賣必須十分有效率。最簡單的莫過於每個廣告商同時開價，價高者得，然後按報價支付。

乍看這十分有效率，但從博弈的角度來看卻並非如此。舉個例子。假設剛剛那個航空公司覺得賣一張機票可以賺 100 美元，而一個看到廣告的用戶有 1%的機率購買該公司的機票。那麼平均而言，一個廣告位置對航空公司來說值 1 美元。那麼航空公司該以多高的價格去競標廣告位置？

如果以 1 美元競標，那對航空公司來說毫無利益可圖，因為花費和利潤正好完全抵消。因此航空公司在上述拍賣機制中為了贏利，一定會以低於 1 美元的價格競標。那麼到底是 0.9 美元還是 0.8 美元？這對航空公司來說是一個麻煩的問題。

對谷歌和用戶來說這也是個問題。假設有另一家服務稍微差一點的航空公司，雖然一張機票也是賺 100 美元，但由於服務差所以使用者只有 0.9%的可能性買機票。因此，平均來講這個廣告位置對這家差一點的航空公司而言值 0.9 美元。

如果好的航空公司競標了 0.8 美元，但差一點的航空公司拍了 0.85 美元，那麼差一點的航空公司就贏得了廣告位置。對用戶來說，他失去了原本買到好航空公司機票的機會。對谷歌來說，它原本可以讓好一點的航空公司以 0.9 美元的價格買下廣告，這樣不僅可以多賺錢，還能讓用戶更開心。

在機制設計（Mechanism Design）中，上述拍賣機制，一般被稱為第一價格拍賣（First-price Auction），因為競標價格最高的買家獲得商品，並直接支付第一高的價格（也就是他自己的競標價格）。這個拍賣機制並不能激發買家誠實的報出自己對商品的估值。例如前面提到的，認為廣告位置值 1 美元的廣告商不會直接拍 1 美元，因為那樣完全無利可圖。

那麼如何激勵買家誠實報價？我們只需要**將第一價格拍賣改為第二價格拍賣**（Second-price Auction）即可：報價最高的買家獲得商品，但只支付第二高的報價。

如此一來，不論別的買家如何報價，該買家報出自己的真實估值都是最優的。分析很簡單，有兩種情況：一、假如別的買家的最高報價高於該買家的真實估值，那麼該買家最好的結果就是不要贏得該商品，因為一旦贏得該商品，他將支付超過商品價值的價錢；報出自己真實的估值正好在此情況下，不會贏得該商品。

二、假如別的買家的最高報價低於該買家的真實估值，那麼該買家應該贏得該商品；然而，不論該買家如何報價，只要他贏得該商品，那麼他支付的價格總是一樣的，也就是別的買家的最高報價；所以該買家隨便出一個高於別的買家的價格報即可，例如自己的真實估值。

廣義第二價格拍賣

谷歌所採用的廣告競標正是基於第二價格拍賣。只不過，由於谷歌搜索廣告要稍微複雜一些，所以其拍賣機制全稱叫做廣義第二價格拍賣（Generalized Second-price Auctions，簡稱 GSP）。

不同於一般的商品拍賣，廣告拍賣（尤其是搜索結果的廣告拍賣）有不只一位的拍賣贏家。例如當我們搜索手機時，谷歌會跳出一系列的搜索結果，例如第一位是蘋果手機，第二位是三星手機，第三位是小米手機等。廣告也是如此：在用戶搜索手機後，谷歌可能會回給用戶三、四個廣告。因此這三、四個廣告都是拍賣贏家。然而，這些廣告在頁面中有先後順序。

一般來說，位置偏上的廣告比位置偏下的廣告更能吸引用戶的注意，因此也就對廣告商越值錢。GSP 就是對廣告商競標的價格排序，並按照順序將這些廣告顯示在用戶的搜尋網頁上，並對每一個廣告商收取下一個廣告商競標的價格（嚴格來說，除了廣告商競標的價格外，谷歌還會根據廣告的相關度和點擊率，對價格加權後再做排序。而且谷歌只有當用戶點擊廣告後，才會和廣告商收取費用。簡單起見，這裡我們忽略那些細節）。

下面是一個具體實例。假設 A、B、C 三家廣告商分別以 3 美元、2 美元、1 美元的價格，競標一個用戶的搜索廣告，而谷歌將只會顯示兩個廣告給使用者。那麼 A 和 B 勝出，A 排在第一位，B 排在第二位。谷歌向 A 收取 B 的競價 2 美元，向 B 收取 C 的競價 1 美元。

可以看出，當谷歌只顯示一條廣告結果時，那麼 GSP 就完全和第二價格拍賣（SP）等價。我們知道第二價格競標是激勵買家真實報價。

那麼 GSP 作為第二價格拍賣的自然延伸，是否同樣激勵真實報價？很可惜，答案是否定的。以下是一個反例。注意谷歌只有當用戶點擊廣告時，才會收取廣告商費用，而一般來說，排名越前面的廣告越容易被點擊。

我們假設有三家廣告商 A、B、C，對一次廣告點擊的真實估值分別是 3 美元、2 美元、1 美元。假設排名第一位的廣告有 60%的機率被點擊，排名第二的廣告有 50%的機率被點擊。假如 B 和 C 都真實的以 2 美元和 1 美元參與競標，那麼對 A 來說，謊報 1.5 美元的估值，比誠實報出 3 美元更有利。

報 3 美元的話，A 有 60%（點擊率）的機率會賺取 3 美元並支付 2 美元，所以期望收益是 0.6 美元（〔3 － 2〕x60%）；報 1.5 美元的話，A 會排在第二位，有 50%（第二位的點擊率）的機率會賺取 3 美元並支付 1 美元，所以期望收益是 1 美元（〔3 － 1〕x50%）。

揭示原理與VCG

那麼對於複雜的廣告拍賣，有沒有一個拍賣機制可以激勵買家誠實競標？在機制設計中，有一個著名的揭示原理（Revelation Principle），或從其含義上來說，更應該稱為真實揭示原理。它告訴我們，不論我們有多麼複雜且爾虞我詐的機制，這個機制的結果總是等於另一個機制，而在另一個機制中，每一個人都會真實揭示自己的想法。

這聽起來不可思議，然而更不可思議的是，該原理幾句話就能證明。以下是該證明的一個通俗解釋：假如靖王受霓凰郡主邀請演電視劇，靖王對片酬的心理價位是一集 1,000 元，我們用機制 X 代表靖王直接和郡主討價還價的機制。例如靖王說：「我要一集 1,100 元。」郡主說：「太貴了，1,000 元吧。」靖王說：「好吧，那我勉為其難接受了。」。

但假如靖王不好意思直接跟郡主提，並找來梅長蘇做經紀人的話，梅長蘇為了幫助靖王實現 1,000 元一集的心理價位，於是跟郡主說，靖王的片酬是 2,000 元一集，但給你個友情價，1,100 元一集就可以，最後郡主還價，還是以靖王的心理價位 1,000 元成交，這個我們用機制 Y 表示。

這裡我們看到，其實 X 和 Y 的利益是一致、等價的。但在 X 中，靖王說的是虛假想法「1,100 元」，而在 Y 中，靖王直接告訴梅長蘇真實的想法「1,000 元」。對於靖王而言，他從「說謊」變成了「真實揭示」。

同理，郡主也可以找一個代理人，使得郡主可以揭示自己的真實想法。在計算博弈論中，這樣的代理人往往就是電腦或程式。

那麼什麼樣的機制是令人誠實的機制？對拍賣來說，VCG 機制就是一種。VCG 是 Vickrey-Clarke-Groves（維克里、克拉克、格羅夫）三位為此機制做出卓越貢獻的科學家，其名字的首字母縮寫。而我們前面提到的第二價格拍賣（Second-price Auction）的另一個名字，就是維克里拍賣（Vickrey auction），一個 VCG 機制的特例。

臉書作為線上廣告的後起之秀，就果斷採用了 VCG 機制，來盡可能的促使廣告商誠實競標。其實在早期，臉書和大部分別的線上廣告平臺一樣，都延續了谷歌的廣義第二價格拍賣（GSP）機制。

然而由於 GSP 並不能完全促使誠實的競標，所以臉書的科學家在很早期就開始實驗 VCG 機制並和 GSP 比較。幸運的是，VCG 很快就在實驗結果上贏過 GSP，因此在臉書的廣告系統變得過於龐大而難以變動前，臉書的工程師就將所有的 GSP 都換成了 VCG。

我的一些朋友在使用臉書時，經常**無法區分廣告和朋友分享的內容，因為廣告內容常和自己的興趣與生活息息相關**，完全不像是電視上那種和自己毫無關係的廣告。從一定程度來說，我想 VCG 機制對此應該也做出不少貢獻。

第 9 章

深度學習，機器人當自己的導師

文／張曉

人工智慧一直是高科技行業中歷久不衰的話題。「深藍」電腦、微軟的即時翻譯系統、谷歌的無人駕駛汽車、亞馬遜正在測試的無人快遞機，在這創新浪潮中，人工智慧悄無聲息的滲透進我們的生活。

在人工智慧領域，深度學習（deep learning）提高了電腦識別圖像和語音的精確度，在某些測試上還超越了人類，例如 ImageNet 的圖像識別測試、LFW 的人臉識別測試等。

由於深度學習的卓越性能，各大高科技公司都在打造自己的研發團隊，例如百度的深度學習研究院、谷歌的谷歌大腦（Google Brain）團隊、臉書的人工智慧研究院（Facebook AI Research，簡稱 FAIR）等，還有無數的創業公司投入到深度學習的研發當中，創業時間不長就能取得很高的價值。

感知器：神經網路的第一次興起和衰落

1958 年，法蘭克 ‧ 羅森布拉特（Frank Rosenblatt），還有康奈爾航空實驗室（Cornell Aeronautical Laboratory）的科學家和資助他的美國海軍，一起在華盛頓舉行了記者會，宣布擁有學習和認知功能的電腦——馬克一號（Mark-I）誕生。

馬克一號的理論基礎是感知器演算法（Perceptron，單層的神經元演算法），該演算法現在已成為人工智慧領域的經典演算法。透過對輸入的數據分析，感知器演算法可以根據所犯的錯誤調整自身的參數，從而達到學習的目的。

馬克一號可以識別簡單的字母圖片，這在當時引起科技界一片驚歎。當年 7 月 1 號的《紐約時報》報導：「海軍軍方向大眾展示一臺可以講話、行走、觀看、寫作和自我認知的機器原型。」

然而 1969 年，麻省理工學院的兩名科學家在他們合著的書中證明，單層神經元演算法有很強的局限性，甚至無法學習到「異或」（exclusive or，計算機邏輯術語，假設有兩個輸入 A 和 B，異或的意思就是 A 和 B 值同時輸出 0，不同時輸出 1）運算式的規律。人工神經網路相關的研究因此停滯了 10 年之久。

雖然單層的神經元演算法能力有限，但如果將多層神經元連接起來，就可以創造出功能強大的多層神經網路，這為 1980 年代神經網路研究的復興打下了基礎。實際上，深度學習中的「深度」一詞，就是指神經網路層數的加深。

神經網路的結構

最簡單的神經網路有三層組成：輸入層、隱含層和輸出層。

- 輸入層：將輸入的數據轉化成一串數字。
- 隱含層：根據輸入層的數字，計算出一組中間結果。

・輸出層：根據隱含層得到的中間結果，做最終的決策。

舉個判斷外貌的例子，來說明這幾層的作用：

・輸入層將他（她）的照片轉化成一組數字，例如每個像素的 R、G、B 值（如果照片有 100 萬像素，那麼輸入層總共有 300 萬個數字）。

・隱含層計算出該長相的幾個特點，例如身高、腿長、胖瘦、眼睛大小、鼻梁高低等。

・輸出層根據這些特點輸出外貌的評分。

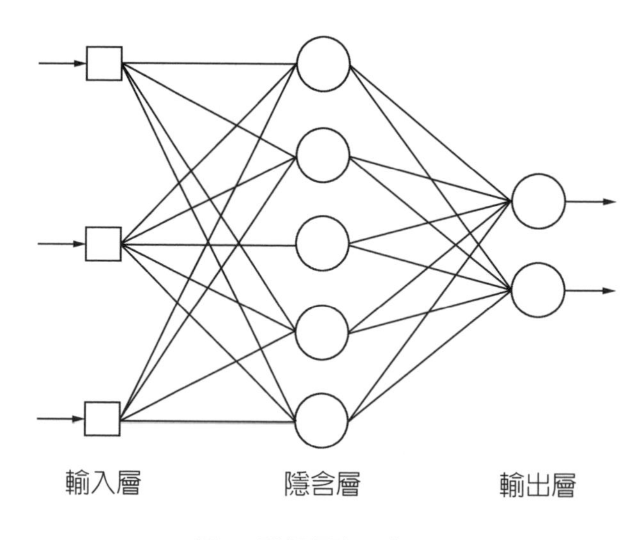

圖1　神經網路示意圖。

在上述過程中，每一層神經元的輸出取決於三個要素：

1. 上一層神經元的輸出。

2. 層與層之間的連接：也就是神經網路結構圖中的實線。如果不同層中的神經元之間有連接，那麼這條連接左邊（前一層）的神經元，對連接右邊（後一層）的神經元就有影響。影響的大小取決於這條連接的權重。權重越大，影響就越大。

還是以判斷外貌的應用為例：這個例子中，隱含層有一個神經元專門負責計算鼻梁的高低，那麼這個神經元應該與輸入層中描述鼻子附近像素的神經元，建立高權重的連接，而與輸入層其餘的神經元只有微弱的連接關係。

3. 激勵函數（Activation Function）：在神經網路工作時，每層神經元根據前一層的輸出和對應的連接權重，做加權求和後產生一個數值。而這個數值需要經過一個非線性變換後，再傳遞到下一層去。這個非線性變換就是透過激勵函數來實現。

在實際應用中，常見的函數包括 sigmoid 函數和 tanh 函數等。以 sigmoid 函數為例，激勵函數可以理解為將任意一個輸入數值轉化成 0 ～ 100 的分數的過程。還以神經網路判斷外貌為例，當輸入圖像非常極端時，透過激勵函數產生的外貌分數也會很極端：0 分（慘不忍睹）或 100 分（驚為天人）。

當輸入的圖像是一張正常的人臉時，透過激勵函數生成的分數就具有不確定性。這時，如果輸入的臉過於平庸，神經網路對自己的決策就最不確定，給出的分數也最模糊（50 分，也就是外貌一般，不高不低）。

激勵函數的作用類似於神經細胞的資訊傳導。資訊傳導的一個重要理論是「全有全無律」（All-or-none-law），就是說一個初始刺激，只要達到了閾電位，就能產生離子的流動，改變跨膜電位。

而這個跨膜電位的改變，能引起臨近位置上細胞膜電位的改變，這就使得神經細胞的興奮，能沿著一定的路徑傳導下去。而跨膜電位改變的幅度，只與初始刺激是否達到臨界值電位有關，與具體的初始刺激強度無關。這個過程與神經網路中激勵函數的性質非常相似。

複雜的神經網路的隱含層一般有多個，隱含層數量越多，表達能力越強，可以解決的問題就更多。深度學習之所以優於早期的神經網路，主要是它可以從大規模數據中有效的訓練出更多隱含層。

那麼深度學習模型中不同隱含層的關係是什麼？以圖像為例，近期的研究[1]顯示，最初的隱含層，一般表示簡單的圖像特徵，例如邊緣、直角、曲線等。後面的隱含層可以表達更高階的語義特徵，例如汽車輪胎、建築物的窗戶、動物的頭部輪廓等。

神經網路的優化

現有公開的深度學習模型，最多可以有150層網路，但無論結構多麼複雜，只要知道了輸入和網路的結構和參數，很容易根據之前的公式，計算出最後的輸出。具有挑戰性的是如何根據已有的數據，優化計算出網路的參數（最重要的參數是神經元連接的權重），這就引出了一位人工智慧領域的傳奇人物傑弗里 · 辛頓（Geoffrey Hinton），和他發明的人工智慧領域最偉大的演算法（之一）：反向傳

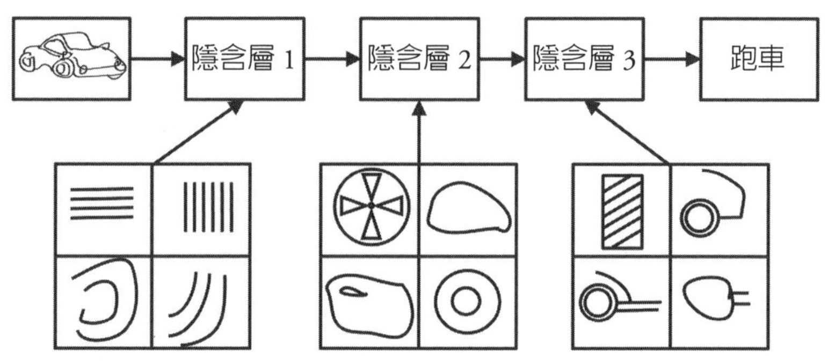

圖2　神經網路隱含層圖例，第一隱含層提取橫豎線和圓形，第二層提取基礎形狀的組合，第三層分析更加具體的圖像，例如輪胎的紋路、汽車輪胎部分的側面等。

播（Backpropagation）。

1980 年代的一天早上，加州大學聖地牙哥分校教授大衛・魯梅爾哈特（David E. Rumelhart）來到辦公室，看到神經網路演算法在電腦上通宵運算輸出的結果，露出欣慰的笑容。因為結果表明，他和同事傑弗里・辛頓等人發明的反向傳播演算法，可以模擬布林代數中的「異或」運算子及更複雜的函數，這比 20 年前法蘭克・羅森布拉特發明的感知器演算法前進了一大步。

反向傳播演算法解決的，是多層神經網路的優化問題。神經網路的優化，是基於一組訓練數據的參數調整過程。這個過程類似老師教學生做題。不同的是，老師教學的順序一般是給出題目，再給解題思路，最後給出答案。而在科學研究人員優化神經網路時，**會給它大量的題目和答案，讓神經網路自己去尋找解題的方法**。所謂「訓練數據」，也就是這大量的題目和答案的組合。

例如前面識別汽車圖片的例子中：汽車的圖片就是題目，汽車的類型（跑車、卡車、越野車等類別）就是答案。大量的圖片和對應的汽車類型，就構成了訓練數據。優化過程完成後，解題的方法就蘊含在神經網路的各個隱含層中。

在這個過程中，最初幾層參數的優化最困難，因為它們與神經網路輸出的函數關係最複雜。魯梅爾哈特和辛頓發明的反向傳播演算法，巧妙的利用神經網路層與層之間的遞推關係，從最後一層的參數開始，逐層向前優化。每一層參數的優化只和它後一層的參數有關，這就大大簡化了需要表達的函數關係，有效解決多層神經網路的優化問題。

反向傳播演算法被發明後，神經網路在科技界又流行一段時間。1987 年 9 月 15 日的《紐約時報》，以「電腦學會了學習」為題，報導當時神經網路的研究進展，列舉從大學到公司利用神經網路的例子，其中有一家金融公司利用神經網路，對貸款申請的歷史評估測試，測試的結果可以使公司在該歷史區間的利潤增長近 30%，很像是今天基於大數據的互聯網金融的雛形。

然而好景不常，神經網路雖然建模功能強大，但由於當時的數據量有限、神經網路模型難以解釋等問題，導致人們對神經網路的熱情減弱，開始偏向更簡單、易於解讀的模型，例如支援向量機（Support Vector Machine）。

支援向量機對不同種類樣本「間隔最大化」（maximize margin）的思路，在樣本數量有限時非常有效，所以在缺乏大規模訓練數據的時代，受到科學研究人員的廣泛歡迎。

21世紀神經網路的復興：深度學習橫空出世

2013 年春天，辛頓教授經常到谷歌辦公室辦公，將人工智慧的新進展融入谷歌的產品中。他的公司（DNNResearch Inc.）在那個時間點剛賣給了谷歌，據傳收購金額為上億美元，而公司核心員工只有辛頓和他的兩個學生，公司的核心技術就是深度學習的高效優化演算法及其在電腦視覺、語音辨識、自然語言理解中的應用。

同一時期，除了辛頓教授，當年同時發明反向傳播演算法的教授揚・勒丘恩（Yann LeCun），被臉書重金聘請為人工智慧實驗室的研究總監。各個大學的研究團隊，也紛紛轉向深度學習相關的科學研究領域，彷彿沒有在學術會議發表過深度學習的文章，就落後於時代了。那麼深度學習相對於傳統的神經網路，做了哪些改進，足以受到學術界和工業界的科學研究人員集體追捧？

當神經網路遇上大數據

2011 年谷歌和史丹佛大學的科學家聯合發表了一篇文章[2]，利用谷歌的分散式系統來訓練超大規模神經網路，把 Youtube 的影片輸入到該神經網路中，在沒有任何人為干預，只有影片中圖片的情況下，該神經網路可以自行識別影片中的人臉、人體，甚至還有貓臉（Youtube 上有很多貓的影片）。

這個神經網路有 10 億個神經元連接，動用了 1,000 臺機器、16,000 個 CPU，在 1,000 萬個圖像上優化。這篇文章在當時引起了巨大的迴響，其中一個原因是它精準的結果——神經網路可以自行找到在影片中反覆出現的物體。另一個原因，是這項科學研究專案在神經網路規模上的突破。

1960 年代到 1980 年代神經網路衰落的原因，就是數據的缺乏和高性能計算資源的不足，導致無法在大規模數據集上優化神經網路，但隨著 20 世紀末、21 世紀初**互聯網和分散式系統的興起**，大數據的相關技術日趨成熟，對深度學習的發展起了巨大的推廣作用。2012 年，谷歌又在神經資訊處理年會上，發表另外一篇文章，詳細闡述如何利用分散式系統，來訓練大規模神經網路。[3]

除了分散式系統，專用硬體的出現也促進了深度神經網路的發展。例如顯示晶片（GPU）、為了某種演算法制定的現場可程式邏輯門陣列（FPGA），和專用積體電路（ASIC）。

專用硬體提供了強大的平行計算性能，神經網路的訓練速度也有飛躍性的成長。除了系統層面的性能改進，演算法的改進也使得深度學習的實用性提高。下面我們就分幾個方面，來總結近期使深度學習，成為機器學習主流方向的幾個技術進展。

分散式模型

面對超大規模神經網路，一臺機器很難處理一個模型中所有的參數。所以需要將一個模型分解成不同部分，分布到多個機器中，這樣一組機器就是一個模型，稱作「模型副本」（Model Replica）。

利用每一臺機器各自處理一小部分模型參數，所以我們只須增加機器，就可以產生大規模的神經網路。唯一的困難是有的神經網路連接，需要橫跨不同的機器。

這需要不同機器進行通訊，而通訊會帶來網路頻寬開銷和計算上的延遲。好在很多問題，例如影像處理，神經網路只需要「局部連接」，也就是下一級的神經元，只處理上一層中有限的幾個神經元傳遞過來的資訊。

這就好像我們將一個圖像分成幾個子區域（例如藍天的部分、地面的部分、建築物的部分等），然後分別用神經網路模型中不同的神經元處理，得到不同子區域的處理結果後再匯總。[4]這種機制減少了不同機器間的神經元連接，使得不同機器間通訊的成本降低，提高了分散式模型方法的計算效率。

並行數據處理

分散式模型演算法解決了超大模型參數的儲存問題。而並行數據處理的是，利用大數據對神經網路模型優化的問題。我們借用日本動漫《火影忍者》來形容，《火影忍者》的主角漩渦鳴人有一個重要的技能叫做「影分身」，就是瞬間創造出多個自己的分身（類似模型副本）。

這個技能除了用於打怪外，一個重要的用途，是利用多個影分身的頭腦快速學習。基本思路就是讓每個影分身同時學習一項新的高級忍術，學習一段時間讓影分身回歸本體，將學習的經驗整合，這樣就可以加快學習的進度。並行數據處理就是利用類似的思路，來加快神經網路的優化。

在具體的優化演算法方面，隨機梯度下降（SGD）由於其簡單易用的特性而廣受歡迎。然而傳統 SGD 方法很難並行化，因為該演算法每次對訓練數據的一條數據做處理，更新模型，然後處理下一條數據時，以前一次處理的結果作為基礎。這樣的演算法順序性太強，雖然簡單有效，卻很難利用多臺機器加速計算。為了將不同的訓練數據分布到不同的機器上同時計算，需要利用非同步 SGD 的方法，如下所示：

該演算法的特點，是每個「模型副本」只對輸入數據的一部分優化，不同模型副本的優化結果，透過一個「參數伺服器」集群進行通訊。每一個模型副本定期向參數伺服器上傳自己的優化結果，並下載最新的模型參數繼續優化。

如果說這裡每個模型副本是一個影分身，那麼參數伺服器就是本體的大腦，不斷接受和歸納所有影分身學到的知識。這種非同步的方式，利用分散式系統來處理大規模的訓練數據，使得我們可以用幾萬臺機器來訓練同一個模型，幾個小時就可以完成以前需要計算幾週的結果，因此利用大數據產生大規模神經網路的技術，已經成真。

硬體加速

在電腦內部，除了中央處理器（CPU）外，還有用於圖形顯示的專用晶片，叫做 GPU。GPU 最早由輝達在 1999 年發明，用於處理圖像的變形、光照變化等，主要用於遊戲和電影特效。

基本上在每一個 3D 遊戲玩家的電腦裡，都會有一塊性能強勁的 GPU。GPU 的很多應用，都涉及矩陣和向量運算，它的體系結構，是為了快速並行的矩陣運算設計的。

在單個機器上的平行計算，一般由處理器上的多個核心（core）來協作完成。例如現在一般的家用電腦有四核心就算是標準配置了，而

GPU 為了提高平行計算性能，可以有成百上千個更小型且計算效率更高的核心，例如輝達在 2006 年推出的 GeForce8800 顯示晶片，有 128 個核心；而 2013 年推出的 Tesla K40 有 2,880 個核。

另外，為了支援快速平行計算，GPU 的快取系統也有專門的設計，減小了快取的容量，提高了存取記憶體的頻寬（每秒記憶體讀寫的數據量）。因此在矩陣計算這個特殊的領域，GPU 的優勢不言而喻。因為神經網路在每層之間的資訊傳遞，在數學上也可以表示成矩陣運算，所以隨著 GPU 性能的加強，科學研究人員就開始嘗試利用 GPU，加速對神經網路的計算。

例如 2012 年取得 ImageNet 圖像識別評測第一名的辛頓教授團隊，在一臺機器上，利用了兩個 GPU 訓練同一個神經網路，取得當年最好的評測成績。

深度學習的發展，使輝達公司看到了 GPU 在嵌入式自動化系統方面（例如未來可以應用在可穿戴設備中、無人機、無人車）的潛力，於是將此作為公司重要的戰略方向。這方面輝達的最新產品就是 Jetson 系列的嵌入式晶片，該晶片只有信用卡大小，卻有 CPU、GPU、記憶體等電腦的重要元件，可以在該晶片上即時運行深度學習演算法。該晶片可以用於無人車、無人機等智慧型機器平臺。可以預想輝達在這方面的持續努力，肯定可以帶動深度學習的實際應用。

除了輝達外，高通（Qualcomm）、IBM 等也在研究能部署深度學習的晶片。將複雜的深度學習模型，部署到低功耗低成本的晶片上，將是晶片工業誕生下一個 10 億美元公司的捷徑。

演算法改進

除了硬體方面的提升，在軟體方面一個重要的改進方向，就是**對優化的模型壓縮**。例如將神經網路參數從一個浮點數，壓縮成一個數值範圍有限的整數。或設法減少每一層神經元的數量，和不同層之間的連接數。這有兩個好處。

首先模型壓縮可以提高模型的運算速度，這對很多需要處理即時數據的行業至關重要。例如在保全行業中，如果發現有可疑人員出現，深度學習模型應該在第一時間做出回應，向監控部門發出警告。如果有一定的延遲，可能會造成無法挽回的損失。其次，這種優化可以使神經網路占用更少計算資源，因此更適合應用在計算資源有限的環境中，例如手機、機器人、智慧手錶等。

除了速度上的改進，為了能讓超大規模的神經網路，從大數據中學到有用的知識，而不是噪音，科學研究人員還提出了優化演算法上的改進。例如有一種簡單實用的方法叫做 Dropout。就是在訓練每一層神經網路時，隨機將一些神經元的輸出強制為 0，也就是棄用（Drop）這個神經元。

這種做法是將一個大型神經網路，拆解成多個小規模神經網路，對它們的輸出求平均。在求平均時，數據中的噪音便可以被有效降低。另外，更簡單且非對稱的線性整流函數（Rectified Linear Units），也被證明可以更快速有效的完成神經網路的學習。

開源戰略

現在深度學習有很多開源軟體可供選擇，最受歡迎的是 Theano、

Torch 和 Caffe。而 2015 年 11 月，谷歌也發布了自己深度學習系統 TensorFlow 的開源版本。TensorFlow 的特點是介面簡單易用，模型開發出來後，可以方便的部署到雲端、手機、GPU 等多種計算平臺上。

由於 TensorFlow 採用了數據流程圖的結構，使得模型訓練時，不需要依賴單獨的伺服器（Parameter Server）來維護模型參數的狀態，這使得 TensorFlow 的結構被大大簡化。作為谷歌內部最新一代的系統，TensorFlow 已應用到多個產品部門中，所以開源 TensorFlow 的決定，震驚了工業界和學術界。

其實谷歌的這一步，也在為自己的雲端運算制定行業標準。最近幾年很多重要的開源軟體的設計思想，都源自谷歌發表的論文，例如 Hadoop 和 HBase 分別來自於谷歌的 MapReduce 和 BigTable。

可是在雲端運算時代，技術標準非常重要，假如所有研究人員都用 TensorFlow 做模型，那以後如果他們需要利用雲端運算，擴展自己模型的規模，考慮到已有的系統和雲端平臺的相容性，自然首選谷歌的雲端服務。所以開源 TensorFlow 除了推動整個深度學習領域的進展，也是谷歌在商業拓展下的一步好棋。

關於未來的大膽設想

未來 21 世紀的某一天，小明下班後，坐上自家的無人駕駛車去赴一個飯局。雖然路上堵車，但小明仍可以在座位上聽音樂、上網，車子不知不覺就開到了餐廳。下車後，小明讓車子去附近載客賺錢，餐廳的機器人店員將小明帶到朋友所在包廂吃飯。

沒有人能準確的知道，讓以上場景變成現實需要多久的時間，但無可否認的是，深度學習已在圖像和語音辨識等基礎領域，取得了重要的突破，而這些正是上述場景實現的基礎。

未來的深度學習，一方面有可能在目前尚不成熟的自然語言理解上，取得更大的突破，另一方面有可能會被部署到更多平臺中，使得用戶可以體驗深度學習演算法帶來的便利。

第 10 章

柔性顯示器，皮膚般服貼、手帕般可折疊

文／王輝亮

讓我們先來發揮一下想像力：電腦顯示器可以像手帕一樣，折疊塞進口袋；要兩個壯漢才能搬動的大螢幕電視，一個人便可以像捲海報那樣輕鬆的拎回家；遭遇不測而無法恢復的皮膚，可以換成全新的人造皮膚，不僅和原來一樣健康美觀，還能感受到極其微小的壓力；將一塊小小的薄片貼在皮膚上，不僅可以隨時檢測自己身體的健康狀況，而且日常生活中的每一個微小動作，例如走路、開車、打字，甚至心臟的跳動，都可以轉換成電能。

這些看似非同尋常的憧憬，其實都可以透過柔性電子學變成觸手可及的現實。柔性電子學又稱柔性電路，是一種輕薄、可折疊的電子裝置及其電路技術。

柔性顯示來了

在介紹柔性顯示器前，我們先了解顯示器的兩個基本電子裝置：電晶體（transistor）和發光二極體（light emitting diode）。電晶體就像一道神奇的閥門，可以根據輸入電壓控制輸出電流。我們平時所用的開關

就是電晶體的應用之一，電晶體是所有積體電路最基本的組成部分。

很多人或許沒有聽過發光二極體，但提起它的另一個名字 LED，相信大家一定不會覺得陌生。相較於傳統的鎢絲燈泡，LED 光源明亮穩定、能節約能源，而且透過加入不同的物質，可以呈現出不同的色彩，完全顛覆我們對照明的認知。

北京奧運的標誌性建築「水立方」，就是利用 LED 光源，變幻出各種色彩和圖案。奧妙在於 LED 透過電壓控制裝置發出強弱不同的光，而特定的材料會吸收特定的光，從而透過材料的選擇改變發出光的顏色（波長）。

顯示器有兩種驅動方法：被動矩陣式和主動矩陣式。被動矩陣式是採用 X 軸和 Y 軸的交叉方式來驅動發光二極體，這種方式驅動的螢幕越大，需要的線路就越多，速度也就越慢，而且像素之間會有電信號干擾，從而影響畫面品質。

主動矩陣式的顯示器是由前面提到的電晶體和發光二極體組成，顯示區域的每一個顯示點都由一個電晶體控制，幾根線路就可以快速控制非常龐大的螢幕，顯示點之間的電信號干擾會大幅減少，耗費能源也會更低。

傳統的電晶體和發光二極體，都是由無機半導體材料組成的，而柔性電路採用的裝置，則主要是有機半導體材料。這種材料於 1960 年代被發現，以碳元素為主，也包括氫、氮、氧等元素。自 1980 年代第一個用有機材料做出的有機發光二極體（OLED）和有機電晶體（Organic transistor）誕生，研發人員就產生用有機材料做柔性電子裝置的想法。

OLED 顯示主要依靠透明電極，這些電極不但導電，還能讓顯示器發出的光透出去。傳統的透明電極材料叫做 ITO，是一種陶瓷材料，一彎曲就很容易破碎。矽谷的 C3Nano 公司則選用導電奈米材料來實現這個目標，由於奈米材料可透過溶液來處理和列印，所以製備成本也會降低不少。

圖1　柔性螢幕示意圖。

研究的碳奈米材料主要包括：奈米碳管（carbon nanotubes）、富勒烯（C60）和石墨烯（graphene）。2015 年，C3Nano 收購了韓國最大的銀奈米線公司（Aiden Co. Ltd），開始使用銀奈米線製作透明電極。2015 年 6 月，日立公司（Hitachi）已開始使用 C3Nano 的透明電極材料，用於研發大面積柔性觸摸顯示器。

除了日立公司，不少公司都開始展示柔性顯示器產品（如圖 1 所示），包括 Plastic logic、三星、LG 等。其中柔性顯示器做得最輕、最薄的，是一家叫做柔宇科技（Royole）的公司，是由史丹佛大學畢業生劉自鴻博士領導的團隊創建。

這家公司做出來的顯示器只有 0.01 毫米，捲曲半徑可以達到 1 毫米，刷新了世界紀錄。在一次展示中，由手機控制的影像，就在這個薄如蟬翼的顯示器中播放，沒有一絲缺陷。2015 年 10 月，中國總理李克強還親自參觀他們的研發中心。這家公司最近一次融資高達 1.7 億美元，市值超過 10 億美元，發展十分迅速。

柔性器材：醫學監測、診斷和治療

柔性裝置在生物醫學方面也有非常廣泛的應用。對人體外部檢測而言，刺激大腦電信號或心臟律動的傳統方法，是將電極接合在導電凝膠中，然後貼在人體表面。這種方法有許多不足。例如，由於凝膠會逐漸乾燥，失去黏性，所以不能長時間、連續的檢測；與人體體表面接合較差，易滑落；舒適度偏低，尤其對低齡患者使用較困難；將電極接合的過程也相對繁瑣、費時。

而柔性裝置可以解決這些問題。柔軟輕薄的**柔性裝置，可以緊密貼合在皮膚、心臟或大腦上面**，從而透過對電學或壓力訊號的檢測，獲取更準確的身體資訊。並且人體佩戴的體感較好，不會有明顯的不適。人們甚至可以 24 小時佩戴這些薄如蟬翼的裝置，隨時監測人體的心跳、脈搏、血壓、腦電波、心電圖等各種身體指標。長時間隨時監測，對心腦血管疾病的診斷、預防和及時治療意義重大。如果在裝置中安裝藥物，甚至可以針對疾病有效的治療，例如糖尿病病人可以佩戴定期釋放胰島素的柔性材料。

伊利諾大學香檳分校的教授約翰 ・ 羅傑斯（John Rogers），是這個領域的翹楚。他運用柔性電路的製備方法，將各種感測器裝在一個可以貼在皮膚上的超薄貼紙上，用於測量身體各項指標。[1][2] 他還在 2008 年成立了坐落於波士頓的 MC10 公司，致力於研發推廣舒適、安全和與人體皮膚緊密接合的檢測性產品。

MC10 公司的其中一項研究，是與萊雅化妝品公司合作研製的高靈敏度可穿戴皮膚檢測貼片，其電路由金屬細絲製成，與柔性材料交織，佩戴時甚至不會感覺到它的存在，可以佩戴幾週，洗澡、游泳也不會脫落，訊號的準確性也不會受到影響。

此貼片所有檢測訊號，可以透過藍牙傳送到電腦或智慧型手機上，例如血液流動引起的肌膚溫度的變化——充足的血液流通，是肌膚健康的標誌性指標，還有皮膚的含水量——這可是檢驗絕大多數美容產品的標誌性指標。

這種檢測貼片可以幫助萊雅公司，研發深度補水乳液和清爽型潤膚霜等諸多產品，這對廣大愛美的女性同胞來說絕對是福音。想像一下，你可以 **24 小時追蹤自己的皮膚含水量，用直觀的數據檢測不同美容產品的效果**，針對自己的皮膚狀況，選擇適合自己的產品和使用量。它還可以檢測皮膚症狀，這對敏感性皮膚的顧客更是救星。

對植入人體的裝置來說，柔性裝置具有更大的優越性。為了治療一些嚴重的神經系統疾病，如帕金森氏症、癲癇或抑鬱症，醫生需要用外部電信號來刺激大腦神經元，使其恢復功能，也就是令人聞風喪膽的電療。

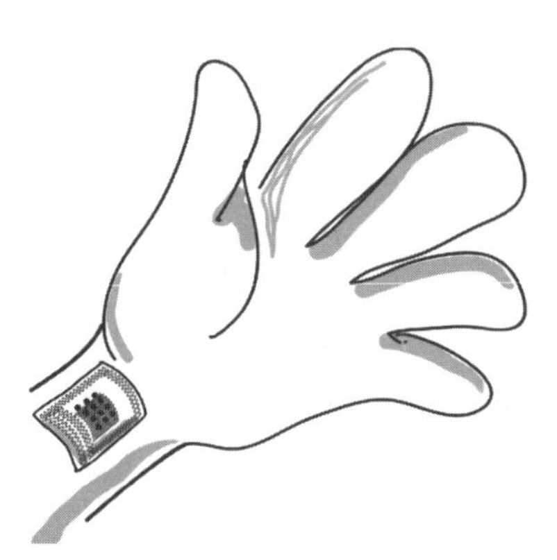

圖2 柔性電路貼合在人體皮膚示意圖。

另一種方法，是將檢測電路運送到大腦深處的目標細胞，進行深腦刺激。這些傳統方法使用的是金屬製成的電極，但堅硬的金屬刺穿皮質，會導致正常細胞受損或死亡，副作用非常大。與此相比，柔性材料就展現其優越性，柔軟材料製成的電極在刺穿過程中，會減少對正常腦細胞的損傷。

柔性電極也可以運用到癱瘓或失去手臂的病人中，如果將柔性電極植入腦中讀取訊號，就可以控制機械肢體。

由於柔性電極非常軟，所以如何將電極運送到目標細胞，就成為科學家的研究重點。目前有三種運輸方法：第一種是把柔性裝置用可溶解的膠，黏在一個堅硬的物體表面，將其運送到目標細胞（例如注射用的針頭），待膠完全溶解後，取出堅硬的物體即可。

第二種是把極軟的柔性電路放進注射器中，像打針那樣，將柔性電路注射到目標細胞，且針管還可以同時傳輸液態藥物或細胞，使其共同作用。〔3〕

第三種方法則是將柔性電路冷凍，使其變得堅硬，就可以直接刺穿人體細胞到達目標細胞，再透過人體體溫溶解發揮作用，整個過程並不影響其靈敏度和測量的準確度。〔4〕第二種和第三種方法都是由奈米界領軍人物——哈佛大學的查爾斯 ‧ 利伯（Charles Lieber）教授的團隊在 2015 年發表。

此外，使用表面積更大的奈米材料做成的電極，阻抗更小，所以電極能記錄更微小的訊號。表面積大的材料還擁有更高電容值，這樣用更小的電壓，就達到刺激神經的效果。傳輸到深腦的電極，通常需要一個和外部儀器連接的電線，最新的技術可以透過無線電的方法，在體外刺激神經或者接收檢測到的訊號。

近幾年，隨著柔性材料的不斷發展，許多柔性裝置都使用可降解材料製作，還可以透過材料控制裝置的降解時間，訊號收集完畢後在人體內自行降解，使病人免受二次手術之苦。

人造皮膚：用於人，用於機器人

手指接近火苗，感到灼熱刺痛的瞬間縮回，這看似簡單的動作，卻包含大量人體神經細胞的精準運作。我們的皮膚是人體感知系統的第一道大門，皮膚下遍布神經細胞網路，皮膚感受到的壓力有任何細微的變動，都會透過神經細胞樹突和軸突間的聯繫，將訊號傳入神經中樞，送達大腦，讓我們迅速做出反應。

皮膚的這種感知功能可以用感測器模擬。從 1990 年代起，科學家就開始研發柔性裝置做感測器，近幾年，柔性感測器更有了非常迅速的發展。對製作電子人造皮膚的材料來說，有兩點非常重要：一是要求材料對壓力的敏感度很高，即便是非常細小的變化，也可以被感知；二是要求材料具有**較高的彈性，不但能經受彎曲，還能被拉伸**。

在這個領域，史丹佛大學的鮑哲南教授和其所帶領的團隊取得了多項突破。他們發現用一列金字塔形結構的介電質（dielectric）可以提高電子皮膚的敏感度。[5] 即使只有很小的壓力也能改變介電質的厚度，從而改變電晶體的電流。

應用這項技術製成的壓力感測器，敏感度創歷史新高，即使一隻蝴蝶或蒼蠅落在上面，該壓力感測器也能感受到。同時這種感測器還能貼在手腕上檢測脈搏，可望以後應用在疾病診斷領域。此外這種壓力感測器的反應速度也極快（＜ 10 毫秒），比沒有用這種金字塔結構的同種材料快 100 倍。為了提高電子皮膚的拉伸能力，他們把奈米碳管提前拉伸，這樣回歸原位時會形成彎曲的結構，再次拉伸時，該材料的導電能力不會有太大的變化。[6]

有了感知功能的人造皮膚越來越逼真，然而還缺少人體皮膚的自我修復能力。即使是柔性電子裝置，也很難實現這個自然界的奇蹟。鮑教授的團隊卻發現一種能自我修復的有機材料，加入導電的奈米材料改造後，不僅可以當作導電的壓力感測器，還有自我修復的能力。〔7〕

材料被切斷後，完全喪失了導電能力，但過一段時間後，顯微鏡下**被切斷的材料外表不但能完全修復，導電能力基本上也能恢復如初**。這種材料受到壓力後，奈米顆粒之間的距離會減小，導電性發生變化，因此對壓力也有很高的敏感度。

人造皮膚的研究，並不止步於讓皮膚承受的壓力轉化為電流，終極目標是讓這種感知上傳到人的中樞神經，讓使用義肢的人們真正恢復觸覺。我們的皮膚能感受到壓力，是因為一種感受神經元上有機械性刺激感受器，而那些使用義肢的人早已失去這些感受神經元。

2015 年，鮑教授的團隊聯合史丹佛著名的神經學家卡爾・代塞爾羅思（Karl Deisseroth）課題組，在《科學》（*Science*）雜誌上，發表有機械性刺激感受器功能的電子裝置，它是用有機電子材料和奈米材料製成，能把壓力轉化成不同頻率的電子訊號和光學訊號，並且讓神經元真正感受到。〔8〕

柔性電子裝置還可以應用於製作人造器官。無論對失去某些器官的人類還是機器人而言，這一點都非常重要。例如，人造眼其實就是一個柔性感光感測器的陣列，人造鼻就是一個非常精巧的氣體感測器，而人造舌頭則是一個能感覺出酸甜苦辣的液體感測器。透過應用不同材料，這些感測器甚至可以感受到人體器官感知不到的元素。而擁有這些超級器官的機器人，甚至能感受到空氣中的汙染物質、食物飲料中的營養成分，還能「看到」除了可見光以外的其他波長。

能量轉化裝置

如今能源問題日漸明顯，所以研究如何利用新能源、如何進行能量採集，就變得很重要。如果使用柔性材料製作能源轉化裝置，將能極大提高能源利用率，顛覆我們的生活。

相信大家對摩擦生電都不陌生，一種材料比較容易失去電子，另一種材料比較容易得到電子，有這兩種特性的材料互相摩擦就可以帶電。當兩種材料接觸在一起時，正負電荷中心在同一個平面，處於中和狀態，則對外不顯電性。

如果施加一個外界機械力，使得兩種材料分離，正負電荷就會永久保留在材料上面，兩種材料之間就會形成電場。如果在兩種材料背後分別鍍上一個金屬電極，電場就會使得金屬電極之間的電子發生轉移，從而對外電路形成一個電信號。該原理應用到柔性電路，可以將電信號用來進行各種機械傳感運動。

例如喬治亞理工學院的王中林教授團隊研發的智慧鍵盤，就是其中的代表性應用。[9] 由於人的皮膚容易失去電子，如果用容易得到電子的柔性材料製作智慧鍵盤的表面，那麼當手指接觸鍵盤時，就會產生電子轉移——手指帶正電，鍵盤帶負電。如果手指離開鍵盤，就會產生電場變化。這會使智慧鍵盤內部安裝的金屬電極產生電壓。

電壓會使電極之間發生電子轉移，而轉移的數量與手指敲擊鍵盤的力度，和手指與鍵盤的接觸面有著密切的關係，因而可以識別使用鍵盤的對象，若有非授權人士使用這個機器就會觸發警報系統。由於自然界大部分材料都具有容易得到或失去電子的特性，這種器材選材非常廣泛，因而成本低廉，且程序並不複雜，易於推廣。

除了摩擦生電，還有許多原本被浪費的能量，也可以借助柔性裝置轉化為電能。例如柔性材料製作的太陽能電池，基於柔性材料質量輕、貼合度高的特點，可以把它鋪在高低不平的表面上，將太陽能轉換成電能，不僅可以大幅度提高太陽能利用率，而且便於工人攜帶作業，減輕表面承重。

如果我們在書包或露營帳篷上，包一層**柔性太陽能電池**，就可以利用太陽能幫手機、電腦充電。還有柔性熱電裝置，能透過溫度差，把熱能轉化成電能。柔性裝置包在正在發熱的工廠機器上，或在家家戶戶都使用的廚具上，不僅可以保溫，還能獲得這些原本會被浪費的熱能。柔性裝置還可以安裝在生活中**所有有機械運動的地方**，例如公路、車輪、運動器材、甚至鞋子，充分利用一切零散的能量。

甚至人體也有許多能量可以被利用，心臟的跳動、運動時體溫升高，都可以透過柔性材料轉化成能量。穿一種超級衣服，在人體運動時造成材料分離，摩擦生電。未來移動電源可能會被淘汰，因為人體本身有望變成一個小型移動發電站，每個人都可以為自己的電子設備供電。

柔性材料究竟如何製成

這一系列神奇的功能究竟如何實現？柔性材料究竟如何製成？這個部分將揭開柔性材料的神祕面紗。傳統的電子裝置和電路，都是用堅硬的半導體材料矽以及金屬導體製成，如果我們想使它們擁有柔性，有四種方法：

第一種方法是選用承受應變（strain）能力強的電子材料。所謂應變，是指物體在外力作用下發生形變。這裡所說的承受應變能力強，是指材料受到拉伸以後，**不但自身的結構沒有被破壞，而且電學性能也不會變化**。

目前，承受應變能力強的新型電子材料，包括有機的小分子、高分子、奈米碳管、矽奈米線等。這些新型電子材料還有一個特點，就是可以透過溶液進行加工處理，然後用列印的方法把它們製成裝置。與傳統電路的生產技術相比，列印的方法不僅省去繁瑣的生產步驟，提高生產效率，而且生產過程中不需要高溫，還降低了成本。

但大規模生產應用這些新型材料，仍有一些技術問題需要克服，例如說在非真空空氣中和潮溼環境下的穩定性不夠好，合成的過程比較複雜，重複性不高等。

第二種方法是把電子裝置做薄，這個裝置所能承受的應變，主要與捲曲半徑（bending radius）和裝置的厚度有關。如果材料厚度比折疊半徑薄很多，這個材料所承受的應變也就不會那麼大。

例如，一個厚度為 1 毫米的材料，如果把它彎曲到半徑為 1 公分，那麼這個材料所受到的應變應該是 5%。而如果把這個材料的厚度減小 1,000 倍，只有 1 微米的話，把它彎曲到 1 公分所受到的應變應該就只有 0.005%。但我們把裝置做薄，會影響材料和裝置本身的電學性能，技術十分複雜，成本也會隨之增高。另外，大部分傳統半導體材料（矽、砷化鎵、氧化物等）即便受到很小的應變，也很容易折斷。

第三種方法是將一些易碎的電學材料，放在塑膠基底的中間。一般在基底彎曲的情況下，上表面所受到的伸張應變（tensile strain）是最大的，下表面會受到壓縮應變（compressive strain），所以塑膠基底中間的那一部分所受到的應變是最小的。透過這種三明治結構的設計，把關鍵的易碎材料放在塑膠基底的中間，可以提高材料的捲曲半徑，從而達到任意折疊、彎曲的設計目的。

第四種方法則是製作成網眼結構（mesh structure）。比起連續的線性或者平面結構，網眼設計可以在材料彎曲時，讓中間的空洞部分承受大部分的應變。此外，整個結構也會更柔軟，更容易被彎曲。在橫向的連接部分設計一些彎曲結構，甚至是一些凸出來的結構，這樣連接部分底下的塑膠，可以承擔基底彎曲所引起的應變。但這種彎曲的結構會使製作技術變得更加複雜。而且，在同一個空間內，採用網眼結構製成的裝置密度會小很多，所以會影響大量裝置的最終集成。

以上著重介紹的柔性顯示器和人造電子皮膚等技術，只是柔性電子學或柔性電路的一部分。此類技術在能源、醫學、環境、可穿戴設備等領域都有非常廣闊的應用前景。電影中的超級英雄擁有的超能力，正在從銀幕步入現實。

第 2 部

當基因編輯技術成熟

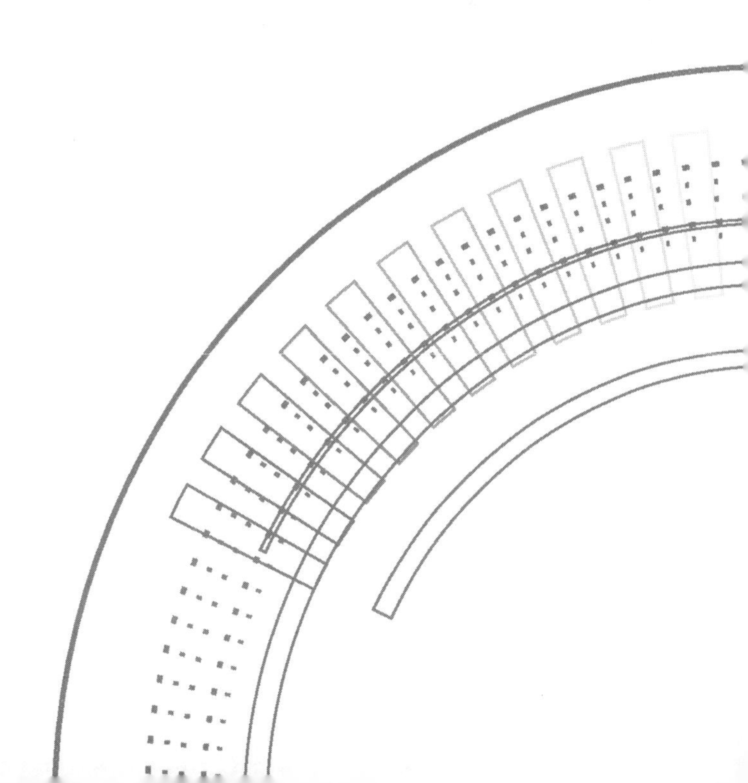

第 11 章

二甲雙胍？還有什麼健康長壽藥？

文／時珍

徐福的故事、辟穀的歷史記載，還有荒誕的煉丹皇帝等，無論是傳說還是事實，都反映了幾千年來人們對「長生不老」的無限嚮往，同時也說明人類對衰老的無知。在現代科學高度發展的今天，衰老是很多科學家研究的課題。不過，紅葡萄酒、抗氧化保健品、羊胎素等現代流行的抗衰老概念和產品，就真的是長生不老的「靈丹妙藥」嗎？先讓我們看看科學家都在研究什麼、怎麼研究的。

吃葡萄不吐葡萄皮可以讓人長壽？

在眾多對衰老和長壽的研究中，飲食和長壽有著最悠久深遠的聯繫。近百年來，科學家從酵母、秀麗隱桿線蟲、果蠅到小鼠的研究中都發現：少吃有助於長壽。

一個具代表性的例子，是 1986 年加州大學洛杉磯分校科學家做的實驗。他們給飼養的老鼠定量飲食，比較對照組（大吃大喝，每週攝取大約 115 千卡熱量）和每週定量只攝取 85、50、40 千卡熱量的三個實驗組（四組老鼠都同樣保證攝取足夠的維生素和微量元素）。

結果發現，攝取熱量少的「節食組」的老鼠，不僅身材苗條，且吃得越少越長壽。一般老鼠的壽命只有兩年，但節食最猛的老鼠，創造了它們的長壽紀錄——活了四年半。同時，與對照組相比，「節食組」老鼠的免疫系統功能也明顯增強，患癌症的比例下降（Weindruch et al. 1986）。[1]

觀察到了這個現象還不夠，愛追根究柢的科學家最關心的問題是：**為什麼減少攝取卡路里能延長壽命？**（答案在第 170 頁。）

科學家對酵母的研究，揭示一些關鍵性的答案。酵母是單細胞生物，因此衡量它「長壽」的標準與絕大多數動物不同。科學家通常用細胞分裂的次數，而不是它們存活的時間來反映酵母的「壽命」，這也被稱為「生殖壽命」。

麻省理工學院的倫納德 · 瓜倫特（Leonard Guarente）研究組再次證實，生長在低糖（糖是酵母主要的卡路里來源）培養基上的酵母，比正常培養基上的酵母更「長壽」。在此基礎上，他們透過大規模篩選實驗來研究到底是什麼因素，讓這些攝取低卡路里的酵母「長壽」。

結果發現，一個叫做 Sirtuin（Sir2）的蛋白發揮了關鍵性的作用：酵母失去 Sir2 蛋白後，即便生長在低糖培養基上，也不能「長壽」（Lin et al. 2000）。[2] 這個結果啟發倫納德研究組做了一個反向的實驗。

這次，他們利用基因編輯的方法，提高酵母中 Sir2 蛋白的數量。結果生長在正常培養基上的過量 Sir2 蛋白的「超級」酵母，幾乎與攝取低卡路里的正常酵母同樣「長壽」（Lin et al. 2000）。也就是說，如果能增加 Sir2 蛋白的量，不節食也可以長壽。

Sir2 究竟是什麼？原來，Sir2 蛋白在一種化學小分子煙醯胺腺嘌呤二核苷酸（Nicotinamide adenine dinucleotide，簡稱 NAD）的輔助下，可以改變一些蛋白特定的化學修飾，來調控它們的生物活性。幾個被

Sir2 調控的關鍵性靶蛋白，在保護基因組的穩定性、細胞內環境平衡等許多生物學過程中，都可能發揮功能。雖然 Sir2 與抗衰老之間具體的機制還不夠清楚，但它潛在的抗衰老功能，就足以讓大家興奮不已。

在酵母的實驗中，科學家利用基因編輯來增加 Sir2 蛋白的數量，但在人身上實現基因編輯，還存在不少技術上的不成熟和倫理上的爭議（詳見第 12 章）。既然增加數量有困難，科學家轉而尋找方法，來增強 Sir2 蛋白活性。

2003 年，哈佛大學的大衛 ・ 辛克萊（David Sinclair）研究組，在《自然》雜誌上發表了一篇文章，報導能增強 Sir2 生物活性的多酚類小分子物質，例如白藜蘆醇（resveratrol）。用白藜蘆醇「餵食」酵母，就可以像減少攝取卡路里一樣，延長它們的生殖壽命。最重要的是，白藜蘆醇在體外培養的人類細胞系中，也同樣能發揮效應（Howitz et al. 2003）。[3]

葡萄特別是**葡萄皮中，含有豐富的白藜蘆醇**。也許不是所有人都樂意為了長壽而「吃葡萄不吐葡萄皮」，不過紅葡萄酒在長時間釀造過程中，獲得了葡萄皮中的白藜蘆醇成分。這似乎解釋了為什麼酷愛紅葡萄酒的法國人，雖然喜好高脂肪食物卻依然健康長壽，甚至罹患心臟病的比例還比較低。

在這篇白藜蘆醇學術文章（Howitz et al. 2003）前，紅葡萄酒已被認為有諸多保健功效，例如抗氧化、降低心血管疾病和癌症的發病率等。這些依據不僅為葡萄酒業帶來效益，還創造了無數新商機，例如提取的白藜蘆醇作為保健品出現在商品貨架。一些研究抗衰老藥物的科學家也成立了自己的公司，名利雙收。

可惜，事實並非如人所願。在更多的科學家進行大量研究實驗後發現，不僅 Sir2 在多種生物中，對延長壽命的功效和機制都有爭議，多數對白藜蘆醇功能神話般的宣傳，更是**言過其實**。

其中最糟糕的一個例子是，康乃狄克大學健康中心（University of Connecticut Health Center）的迪巴克 · 達斯（Dipak Das），曾被認為是白藜蘆醇和衰老研究領域的權威。但在他發表的一百多篇報導白藜蘆醇功效的文章中，後來被發現有大量捏造和篡改的數據。到目前為止，已有數十篇論文被正式撤回，而更多的論文還在調查中。

這個科學界的醜聞，更增加了人們對 Sir2 和白藜蘆醇的質疑。2011 年，21 個作者聯合署名文章，澄清缺乏足夠的實驗證據，支持白藜蘆醇作為營養保健品（Vang et al. 2011）。[4] 白藜蘆醇還被認為具有抗氧化功能，但科學家透過嚴格的臨床實驗，發現沒有任何證據，說明這些一度流行的抗氧化產品對人體具有宣傳的保健功能，而且攝取過量甚至還可能有害。所以，即便細胞氧化損傷是衰老的原因之一，延緩衰老也並非吃一粒抗氧化膠囊那麼輕而易舉。

不過，**Sir2 的輔助因子 NAD**，是個在新陳代謝、基因表達調控（從 DNA 到蛋白質的過程調節）等許多生物學過程中，都非常重要的多功能小分子。對 Sir2 的研究和很多從其他切入點開始的新研究都表明，提高細胞中 NAD 的含量，對神經退化性疾病有明顯改善，另外，有些實驗還說明提高 NAD 的量可以減緩衰老。

這個故事至此已充分展現各種生命現象及人類疾病的複雜性，衰老作為其中一例，非單靠飲食就能控制。

「吃」八分飽比較長壽？

雖然「節食有助於長壽」法則在多種模式生物中一再被驗證，擁有嚴謹和懷疑精神的科學家，並沒有完全信服這條規律，在人類身上同樣適用。在研究衰老的模式裡，和人類關係最相近的是小鼠，雖然同屬哺乳類動物，而鼠類畢竟和靈長類動物（例如人類、猩猩和猴子）有許多不同之處。那為什麼不研究靈長類動物？先不論動物保護組織的反對，靈長類的自然壽命短則 5、6 年，長則百年，是個耗資巨大、極其考驗耐心的實驗。

儘管困難重重，科學家還是邁出了研究靈長類動物衰老的第一步。從 1990 年代末起，威斯康辛州國家靈長類動物研究中心（Wisconsin National Primate Research Center，簡稱 WNPRC）和美國國家衰老研究所（National Institute on Aging，簡稱 NIA），都選擇獼猴作為研究對象，各自開始長達二十多年的追蹤研究。

2009 年，威斯康辛州國家靈長類動物研究中心率先在《科學》雜誌上發表研究成果（Colman et al. 2009）。[5] 還沒來得及仔細閱讀他們的統計數據和結論，我的目光就先被他們的第一張圖吸引住了。對照組猴子無精打采、身上毛髮所剩無幾，而攝取低卡路里的節食組猴子精神煥發，看上去差別不小。

閱讀完全文才發現，統計數據和結論與圖片給我的第一印象大相徑庭：**對照組和節食組的猴子其實壽命相同**。儘管節食組的猴子體重明顯較低，患幾種典型的老年性疾病（糖尿病、癌症和心血管疾病）的比例也較低，但它們卻死於其他原因，並沒有更加長壽。

表 1 對比 WNPRC 和 NIA 的獼猴「節食—壽命」研究結果

順序	威斯康辛州國家靈長類動物研究中心		美國國家衰老研究所	
樣本數量	總數：76		總數：86	
	對照組	節食組	對照組	節食組
	15 隻母猴，23 隻公猴	15 隻母猴，23 隻公猴	24 隻母猴，22 隻公猴	20 隻母猴，20 隻公猴
實驗設計	節食組：最初 3 個月，每個月減少 10%的卡路里攝取，隨後保持低於對照組 30%的卡路里攝取。在實驗開始時，猴子都已成年（7～14 歲）。		實驗開始時，猴子處於不同的年齡段（少年、青少年和成年）。	
實驗結果				
	對照組	節食組	對照組	節食組
整體死亡率	無顯著差別		無顯著差別	
由老年性疾病導致的死亡率（例如糖尿病、癌症和心血管疾病）	14／38（37%）	5／38（13%）	11／46（24%）	8／40（20%）
	節食組明顯偏低		無明顯差別	
平均體重	節食組明顯偏低		節食組明顯偏低	

美國國家衰老研究所（NIA）的結果隨後在《自然》雜誌上發表（Mattison et al. 2012）。[6] 他們的研究說明，不僅節食組與對照組的猴子有類似的壽命，**節食組在典型老年性疾病導致的死亡率上，也與對照組沒有顯著區別**（表 1）。而後一結論，與先前威斯康辛州國家靈長

類動物研究中心的研究報導不同，美國國家衰老研究所在文中解釋道：不同研究所猴子的飼養條件（尤其是食物）差別，可能是導致不同結論的原因。

總結起來，這個長達幾個世紀、耗資巨大的實驗雖然仍有值得討論的地方，但都指出了**「節食有助於長壽」法則，在靈長類動物裡並不完全適用**。另外，人類節食是否能延長壽命還完全沒有定論。

逆境激發生命力，線蟲是這樣啦

前面我們提到了「餓其體膚」（降低攝取卡路里）在一些生物中延長壽命的例子。很有趣的是，這些長壽的個體通常具有更強的耐受力，能抵禦不利環境及疾病。

於是，科學家提出了一種假說：減少卡路里可能是一種輕微的壓力，刺激機體產生防禦性反應，來增強抵抗不利環境和疾病的能力，從而延年益壽。注意了，這不是精神上的壓力（酵母、線蟲們還沒有進化出，能讓它們為食物發愁的高級神經系統），而是指不利的環境壓力，例如食物的缺乏、過高或過低的溫度、有害化學物、紫外線等。

1 毫米長的小小線蟲有一套特殊本領：發育中的線蟲幼蟲在遇到非常不利的環境時，例如食物缺乏或蟲族過度擁擠，**會暫停正常的發育程式而進入「dauer」幼蟲模式**。逆境中的「dauer」幼蟲不僅擁有耐受各種不利環境的極強能力，似乎也停止了衰老的過程。於是，這些極端堅忍、長壽的 dauer 可以熬過艱苦的歲月，等待環境好轉時，重新恢復正常發育的模式。

除了減少攝取卡路里，科學家發現很多種不利的環境刺激，都反而增強個體的耐受力，並且延長壽命。但在這裡，特別要強調的是「度」的問題。輕微的壓力能刺激和提高耐受力乃至延長壽命，但超過最適當的「度」，不利環境就會降低個體耐受力和生存力。

這說明了生物個體自我調整和修復的強大能力，但每種環境刺激最適宜的「度」，在不同物種甚至是不同個體之間都存在差異，這也解釋了為什麼衰老研究在生物科學領域中，都是爭議最多也極富挑戰性的。

找出早衰的元凶

更加奇葩的「長生不老」是所謂「返老還童」。人們想像世界中的「返老還童」非常離奇：榮獲三項奧斯卡大獎的 2008 年美國大片《班傑明的奇幻旅程》（*The Curious Case of Benjamin Button*），就講述這一個返老還童的怪人班傑明。

班傑明以一個耋耄老人的形象降臨於世。童年在養老院長大的「小」班傑明一副老態龍鍾模樣，與純真可愛的小姑娘黛西初識便一見如故。而時光在他的身上倒流，班傑明越來越年輕、越來越強壯有力。幾十年後，逆生長的班傑明帥氣十足，與正是花容月貌的黛西在各自人生的中點重遇，共度了一段最甜蜜的時光。

而當歲月慢慢爬上了黛西的額頭，她曾經的戀人班傑明卻繼續逆生長成了小孩童模樣，最終「倒長」成一個小嬰兒在黛西懷中與世長辭。

還是讓我們回到現實世界。至今，真正生物學意義上的「青春永駐」還是人類未實現的願望，就更不用說「返老還童」。遺憾的是，像

「小」班傑明一樣老態龍鍾的兒童倒是真實存在。這些不幸的兒童患有一種十分罕見的先天性遺傳病，被稱為「早衰症」（Hutchinson-Gilford Progeria syndrome），他們無論在外表還是身體功能上，都像老人一樣孱弱，且易患如心血管類的老年性疾病。

2003 年，科學家終於透過不懈努力找到了疾病的「元凶」：原來，一個負責支撐細胞核結構的重要蛋白（LMNA）發生了變異（Eriksson et al. 2003）。[7]細胞核就像是細胞的控制中心，儲存著最重要的生命遺傳訊息。在 LMNA 變異的細胞中，細胞核的支撐骨架出現問題，變得形狀不規則。這些病變的細胞無法對遺傳物質進行正常的儲存、保養和讀取。

雖然早衰症極其罕見而且難治癒，但科學家並沒有放棄。他們不僅在努力尋找治療早衰症的藥物，且把研究早衰症特例作為一個切入點，來不斷加深人類對自然衰老過程的認識。

除了二甲雙胍，還有什麼健康長壽藥？

儘管在 21 世紀的今天，完全字面意義上的「長生」和「不老」，依然是不太現實的奢望；但有統計數據顯示，在 2013 年世界上，已約有一半國家的平均壽命在 70 歲以上，其中近 20 個國家達到 80 歲以上。這和「人生七十古來稀」相比，看得出來人類社會在 20 世紀取得飛躍性的進步。

但現實中，衰老往往帶給人們痛苦，因為衰老不僅指器官機能上的衰退，還常伴隨心血管疾病、糖尿病、癌症、神經退化性疾病。所以，如今大家希望的「長生不老」越來越注重的不僅是壽命，更重要的是健康的晚年生活，這也被稱為「健康壽命」。

由於平均壽命提高，人口老齡化成為當今社會面臨的新考驗。因此提高老年人的健康水準和生活品質，是當今科學研究的主要目標之一。值得一提的是，就在 2015 年年底，美國食品藥品監督管理局（U.S. Food and Drug Administration，簡稱 FDA）經過長時間的商討後，終於通過一項將二甲雙胍（Metformin）用於減緩衰老的人類實驗。

二甲雙胍（音同「瓜」）是一個幾十年前，已透過 FDA 批准的用於治療二型糖尿病的藥物。近年來的臨床數據顯示，二甲雙胍不僅有效降低糖尿病人的血糖，**或許還可以降低多種老年性疾病的發病率，延長人們的壽命**。FDA 近期批准的這個專案是從 2016 年開始，在 3,000 名非糖尿病的老年人身上，試驗二甲雙胍是否真的能降低癌症、心血管疾病和神經退化性疾病等老年性疾病的發病率。

聽起來這麼神奇的藥物，而且價格非常便宜，為什麼我們不可以現在就來嘗試服用它以「長生不老」？原來，**雖然二甲雙胍在人類身上的安全性已有足夠的臨床證據，但它還從未在非糖尿病人身上使用過**。同樣，把衰老作為「病」來「治」，這還是前所未有的全新思路。

因此，FDA 能批准這樣一個「抗衰老」專案，是非常激勵人心的大新聞。這說明延長「健康壽命」這個新「長生不老」理念，已不再是少數有錢人的奢望，而是正逐漸變成國家衛生健康部門的方針、走進尋常百姓家的實在新理念。

有趣的是，不僅各大生物公司和 FDA 這樣的健康機構，越來越注重「健康壽命」，近年來以谷歌為首的一些 IT 公司，也紛紛舉起公共健康衛生的大旗。例如，2013 年谷歌投資成立的 Calico 公司（2015 年成為 Alphabet 公司旗下的子公司，和谷歌並行），專攻衰老的機制和找尋抗衰老的途徑。在 21 世紀，人類是否能結合生物和資訊等多學科的知識和技術，在「長生不老」上有新的突破，研發出新的生物黑科技？讓我們拭目以待。

第 12 章
發現基因編輯工具！指導老師是細菌

文／時珍

是什麼樣的生物新黑科技，開啟了基因編輯技術時代的大門？是什麼發現讓科學家與好萊塢明星同臺，獲得矽谷億萬富翁贊助的「豪華版諾貝爾獎」？又是怎樣的事件觸發全球科學家及社會輿論，對生物技術安全和倫理進行大討論？

以上這些問題的答案，都是一個長到連生物學家都記不住的名字：成簇規律間隔短回文重複序列（clustered regularly interspaced short palindromic repeats）。大家都乾脆親切稱呼由它的英文首字母組合成的新詞——CRISPR。CRISPR 作為一種**最新也最受矚目的基因編輯技術**，為人類遺傳病的治療帶來了新的希望，而對 CRISPR 安全性的考量及對倫理上的挑戰，也同樣是它成為萬人關注焦點的重要原因。

CRISPR 的故事要從它誕生那一刻講起：在 1990 年代，科學家就發現一小段很奇特的細菌 DNA 序列。這一段看起來無厘頭的序列，成為長達兩個世紀的不解之謎，最終居然與乳品業的科學家，為了提高優格發酵菌的抗性所做的研究不期而遇。科學家透過研究 CRISPR，意外發現它是細菌的「獨門神功」，小小的細菌竟然也有一套免疫系統；而就在科學家不斷深入了解它的同時，生物技術科學家也獲得了編輯基因組的新「殺手鐧」……那麼，到底什麼是 CRISPR ？且讓我從頭說起它的前世今生。

CRISPR：細菌的獨門神功

雖然有些討厭的細菌會讓人生病，但實際上絕大多數細菌都與人「和平共處」。另外，很多種細菌還是人類的朋友，它們被應用於發酵工作，幫助人類生產食品、藥物以及清潔能源。

細菌也會生病，它的敵人主要是被稱為「噬菌體」的病毒。噬菌體寄宿在細菌內後，會啟動一套「駭客」程式，盜用細菌體的材料和能量，來生產和包裝數以萬計的病毒。隨著這些新病毒的釋放，一個細菌體便化為烏有。這對主要依賴細菌進行發酵的乳品業（例如優格和乳酪工業），是個麻煩的問題。

為了幫助細菌有效抵抗噬菌體，科學家進行了很多研究。他們發現了有趣的現象：在細菌與噬菌體的戰役中，雖然噬菌體通常大獲全勝，**但細菌並沒有全軍覆沒**。

更重要的是，這些頑強存活下來的極少數細菌，再次遇到同種的噬菌體時，**能非常有效抵抗噬菌體的攻擊**。這些存活下來的細菌究竟有什麼「過人之處」，能戰勝噬菌體？正是這個問題促使生物學家不斷研究。2007 年，這個問題終於有了答案。

答案的線索可以追溯到 1987 年，日本科學家在幾種細菌的基因組中，發現很奇特的一段重複序列。每個重複的單元是一小段序列，接著一段它的反向序列（生物學上稱為「回文」），再接著一小段看上去很隨機的序列（科學家稱為「間隔序列」）。這樣的單元可以重複許多次，連成一串排在細菌的基因組裡（Ishino et al. 1987）[1]。

因為實在令人費解，這篇論文當時並沒有在科學界引起重視。在接下來約 20 年中，隨著基因組測序的普及，科學家不斷在多種細菌和古生菌的基因組中，都發現這個奇特的重複序列。這讓科學家更好奇，這奇特的重複序列也獲得了自己的學術大名——成簇規律間隔短回文重複序列（Jansen et al. 2002）。[2]因為又拗口又難記，科學界都只稱呼它的英文首字母的組合——CRISPR。

幾位西班牙科學家，收集了來自於幾十種不同細菌基因組中，其上千段 CRISPR 的「間隔序列」，在一個包含當時所有已知基因組的資訊庫裡進行序列比對，找尋還有哪些生物可能具有類似的序列。

結果，許多「間隔序列」居然和一些噬菌體基因組序列高度一致（Bolotin et al. 2005, Mojica et al. 2005, Pourcel et al. 2005）[3][4][5]。細菌用一種奇特的方式，小心翼翼收藏著敵方的資訊。莫非，這些資訊是用來對付噬菌體的？

為了證明這個猜想，來自於丹麥 Danisco 生物製品公司（現被杜邦公司收購）的科學家，進行了一組嚴格控制的實驗。科學家選擇用於乳品發酵的嗜熱鏈球菌作為研究對象，篩選出在噬菌體寄宿後，產生抵抗性的菌株，與噬菌體寄宿前，不具備抵抗性的菌株進行比對。

結果發現，在產生抵抗性的菌株的 CRISPR 位點上，插入了一個新的重複單元。而這個單元的間隔序列，**恰好與噬菌體完全匹配**。而當他們把這一個序列單元，從有抗性的細菌基因組移除後，發現這些細菌就不再對同種噬菌體有抗性。

最直接、最震撼的證據是，當他們把這個序列單元，插入到一個本來不具有抗性的細菌 CRISPR 位點後，這個改造過的細菌，居然就能頑強抵抗這種噬菌體。2007 年的那個春天，這篇論文發表在最頂尖的《科學》雜誌上（Barrangou et al. 2007）[6]，就此打開了生物科學界一扇新的大門。

這個發現，為科學家帶來更多的疑問：最重要的問題包括，細菌到底是怎麼利用噬菌體的這一小段 DNA 序列，扭轉戰局、轉敗為勝？

CRISPR的神奇搭檔：「搜尋引擎」和「剪刀手」

雖然在不同種細菌裡，具體機制有所差別，但最基本的原理，都一致而且簡單：**細菌透過這一小段序列，就能準確定位噬菌體相對應的序列，然後喀嚓一刀把噬菌體的 DNA 鏈剪斷**。被剪斷基因組 DNA 鏈的噬菌體，就像被敵方拔掉了大旗，再也無心進攻。

非常有趣的是，細菌抵抗特定種類的噬菌體，其本領是可以保留的：每次和一種新的噬菌體交手後，細菌就會把敵方的資訊，收藏到 CRISPR 位點中，用於以後抵禦同一種噬菌體，這是典型的反攻型戰略。

一直以來，大家都認為只有高等生物，例如人類，才擁有這種可以用來對付細菌和病毒的特異性免疫系統（當然，人類的免疫系統主要是由特異性的免疫細胞組成，與細菌的 CRISPR 系統完全不同）。而事實上，細菌在與病毒上億年的持久戰中，就進化了這一套獨門神功。

電腦版的生命科學論

每種生物都有自己的一套基因組。基因組就像一段很長的原始程式碼，比電腦的「0」、「1」字元稍稍複雜，基因組主要有「A」、「G」、

「C」、「T」四種字元（它的生物學名叫做鹼基）。人類的基因組由約 30 億對鹼基序列構成，包含著一個個體生長發育的所有資訊。

自 1990 年啟動的「人類基因組計畫」（詳見第 13 章），被稱為「生命科學的阿波羅計畫」，這項偉大工程的任務只有一個：辨識人類基因組全部的序列。

測序工程從 1990 年啟動，2001 年完成草圖，同年 2 月，兩大生命科學領域最頂尖的雜誌《科學》和《自然》，同時在封面報導人類基因組計畫草圖，這一里程碑式的事業。

2003 年，科學家最終完成了 99％的人類基因組序列測定。而有了人類生命的序列代碼，只是了解生命奧祕的第一步，因為基因組使用著高深的代碼語言，只有破解出這門語言的結構，才能讀懂基因組這本「天書」。也就是說，遺傳學和基因組學的主要任務，就是研究清楚基因組中，一段段代碼如何控制我們的身高體重、相貌性格等。

遺傳學家的研究方法很直接，就是刪除或修改一段代碼後，觀察個體性狀發生的變化，以此來推測這段代碼的功能。聽起來簡單，操作起來卻極具挑戰性。首先，要在上億個鹼基序列中，精確定位到某段代碼，如果沒有高效率的搜索方法，這項工作就如同大海撈針。雖然科學家已發明了很多技術來實現基因編輯，但幾乎沒有一種方法是既準確高效率、簡單又低成本。

而科學家在 2011 年，了解 CRISPR 的分子學機制後，立刻意識到，細菌的這一套本領是大自然給基因編輯領域的一份贈禮。於是幾個小組快馬加鞭研究，如何**利用 CRISPR 完成基因編輯。為什麼 CRISPR 讓科學家如此興奮？他們最終如何妙用細菌的「神器」？**

基因編輯決勝法寶之一：搜尋引擎

首先，CRISPR 系統的非凡之處在於它的精確定位系統。要在一本 30 億字的「天書」裡，準確定位到一個目標絕非易事。如果用於搜索的「關鍵字」太短，那麼在基因組的多個位置，都可能出現同樣關鍵字，這在基因編輯上是非常可怕的錯誤：因為它可能導致對目標之外的代碼進行變動。

理想的搜索方式是對一段長度（約為 20 ～ 30 個鹼基對）進行精確匹配，因為在 20 個鹼基對的序列中，「A」、「T」、「C」、「G」四種字元隨意排列組合的種類，就有 $4^{20} = 1.1 \times 10^{12}$ 種。從機率上計算，同樣的一個序列大約在一兆長的鹼基對序列裡，才會出現一次，因此在 30 億個鹼基對長的人類基因組中，出現完全同樣序列的機率極小，也就是說，出現命中目標之外的機率是極小的。

可惜的是，以往基因編輯的「搜索工具」，要麼搜索的「關鍵字」太短，要麼搜索時的匹配精準率還不夠高，而 **CRISPR 幾乎滿足最理想化的搜索方式**。在細菌在與病毒上億年的苦戰中，細菌只有掌握極其快速準確的定位，才能成功切割噬菌體的基因組，同時不出現錯切自己的基因組這樣的「烏龍事件」。在這樣的生命對決中進化而成的 CRISPR 神功，它的精確定位功能，對生物學家而言實在是天賜之喜。

基因編輯決勝法寶之二：神奇「剪刀手」

精確定位到目標還只是成功的第一部分，接下來如何對代碼修改，也大有講究。基因組是所有生命的「藍圖」，幾乎包含著一個生命體所有的資訊。因此每個細胞，都擁有極其嚴格的保護機制，以確保這些最珍貴的生命代碼不被輕易更改，這就像對檔案加鎖保護。

生物學家的解決方法，是在找到需要修改的位點後切斷 DNA 鏈，這樣就像解除了保護，同時激發細胞啟動修復程式。有趣的是，細胞常使用的兩套修復方案，分別被生物學家用來做不同的編輯功能（見下頁圖 1）。

一種是「模糊修復」，這種相對簡單的修復方案，就是重新搭接上被切斷的 DNA 鏈，但在搭接的過程中，經常會導致 DNA 鏈上個別代碼的更改。而在基因組的功能區域，哪怕是單個字元的缺失、插入或更改，都可能導致整個一段代碼失效。因此，**生物學家恰好利用了「模糊修復」極易出錯的這一特點，來讓一段代碼失效**，這種技術也被稱為「基因剔除」（見下頁圖 1 左圖）。

另一方面，在一些基礎研究和絕大多數臨床應用中，都需要對代碼精確編輯。於是，科學家就要利用細胞的精準修復功能。由於絕大多數物種的基因組都有雙數對的、分別來自於父親和母親的完整代碼本，在其中一個代碼本的 DNA 鏈受到損傷後，細胞會完全按照另外一套代碼本的序列進行修復。

雖然來自於父母親的代碼本不完全相同，但在絕大多數位點都是一致的，所以細胞使用這套「精準修復」保證重要資訊的完整性。有趣的是，細胞按照另外的代碼本進行修復的這個特性，也為基因編輯帶來了機會。

科學家想出辦法**為細胞提供一段人造的代碼本，這樣細胞按照科學家提供的樣本修復後的 DNA 序列，就正好是編輯後的序列**（見下頁圖 1 右圖）。

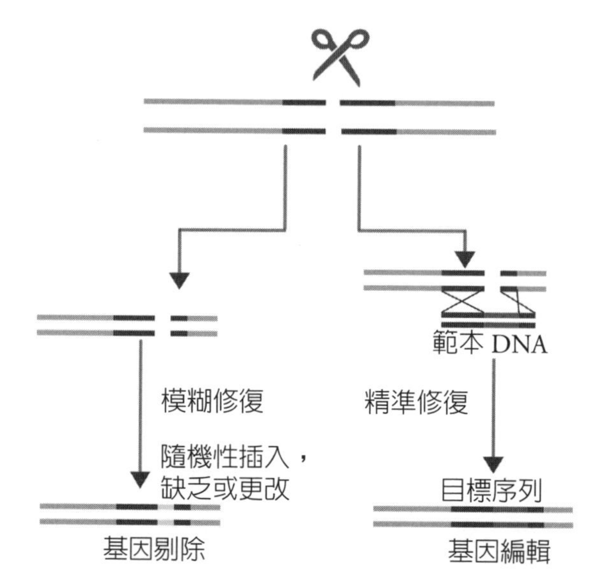

圖1　細胞的兩種DNA修復機制，分別被生物科學家巧妙用來實現「基因剔除」和「基因編輯」。

讓我們重歸 CRISPR 正題。神奇的是，細菌的 CRISPR 恰恰具有這兩大重要系統的功能，即搜尋引擎和一個「剪刀手」。這樣一來，這對絕妙搭檔不僅是細菌戰勝噬菌體的法寶，也變成了生物學家編輯基因組的利器。

能把 CRISPR 用於基因編輯，歸功於加州大學柏克萊分校詹妮弗・杜德納（Jennifer Doudna）實驗組，和瑞典于默奧大學埃馬紐埃爾・卡彭蒂耶（Emmanuelle Charpentier）實驗組。

在 2010 年到 2012 年，她們合作發現了細菌裡最簡單的 CRISPR 系統，在此系統上，又進一步合併了其中的搜索元件。於是，大大簡化後的 CRISPR 系統，只需要一個被稱為 CAS9 的蛋白和一段序列：這段序列就是搜索神器，引導 CAS9 蛋白這個「剪刀手」，來實現定點剪切功能。同時，科學家發現這套 CRISPR 系統在細菌以外的生物體也可以正常工作。

這一系列研究都為 CRISPR **用於高等生物基因編碼鋪平了道路**。最終，2013 年年初，CRISPR 轉化為生物工具，來自於麻省理工學院的張鋒組，和哈佛大學的喬治 · 丘奇（George Church）組，同時發表利用 CRISPR 實現基因組編輯的新技術。〔7〕〔8〕

他們在高等生物（例如人類）的細胞中，表達 CAS9 蛋白和一段靶向人類基因組的引導序列。這樣 CAS9「剪刀手」，就可以準確在人類基因組的靶向位點剪切，來實現「基因剔除」。同時，科學家也可以提供一段額外的代碼本，來達到精確編輯。於是，一個蛋白和一段 DNA 序列，就這樣開啟人類基因組的新編輯時代。

一夜成名後的榮譽與挑戰

CRISPR 基因編輯技術自 2013 年年初被發表後，立刻成為基礎科學以及醫療領域的新寵。與此同時，CRISPR 的發現者和技術發明者，也獲得科學界的認可。

值得一提的是，同時在闡述 CRISPR 基本機制和促進技術轉化過程中，做出重要貢獻的兩位女科學家，詹妮弗 · 杜德納、埃馬紐埃爾 · 卡彭蒂耶，得到 2015 年生命科學突破獎（Breakthrough Prizes）。

這是由矽谷巨頭謝爾蓋 · 布林（Sergey Brin，谷歌創始人之一）、前妻安妮 · 沃西基（Anne Wojcicki，23andMe 生物基因公司創始人之一）、馬克・祖克柏（Mark Zuckerberg，臉書董事長及總裁）及妻子普莉希拉・陳（Priscilla Chan）、尤里・米爾納（Yuri Milner，俄羅斯風險投資家），還有阿瑟・萊文森（Art Levinson，蘋果公司董事長及基因泰克董事長），聯合發起鼓勵基礎科學研究的最新獎項。

有如此強大的贊助商陣容，難怪生命科學突破獎的獎金高達 300 萬美元，由此得到了「豪華版諾貝爾獎」的別名（諾貝爾獎金僅 110 萬美元）。該獎項如同奧斯卡獎一樣隆重，參加者身著盛裝，電影明星卡麥蓉・狄亞（Cameron Diaz）和班尼迪克・康柏拜區（Benedict Cumberbatch）也受邀出席。

基礎科學領域的新星

前面提過，遺傳學家需要透過改變基因組的遺傳代碼，來研究它的功能。而傳統的基因編輯技術相對耗時長、成本高、成功率低。CRISPR 的出現，為基礎生命科學研究帶來革命性的變化。

舉個例子，以前研究人員想要獲得一個新的基因轉殖鼠模型，通常需要花一、兩年的時間，經過幹細胞—嵌合體小鼠—基因轉殖鼠多道程序。而 CRISPR 極大簡化這個過程，把時間縮減到短短的三個月。

更酷的是，科學家發揮無限的想像力，在原有的 CRISPR 神奇剪刀手基礎上，不僅創造出了特異性更高、可調控的「超級剪刀手」，還有一系列大大拓展「剪刀手」其原先功能的新技術。

例如，用來增強或減弱特定基因功能的元件，還有顯示特定序列在基因組上位置的標記元件等。這些巧用 CRISPR 的新技術如同雨後春筍出現，成為生命科學家在基因編輯、基因表達調控和細胞生物學等多個方向研究中的新工具。

臨床應用：希望與挑戰

我們的基因組就像一段長長的代碼，在生命的繁衍過程中，極少數代碼在拷貝時不免出錯，而人類的很多疾病，都是由某些特定代碼的錯誤導致。相信大家對「精準醫療」的概念已有所耳聞。

簡單來講，這個過程就是對個體進行基因檢測，先抓出在基因代碼上導致疾病的「罪魁禍首」，然後再針對治療。除了藥物治療等方法，在基因的治療方面，相當於對原始程式碼進行矯正。這種方法最為直接，但潛在的危險性也最大。

CRISPR 技術在基礎研究中大顯身手，而它最受關注的潛力，還是在治療疾病中的應用。如果能用這種既簡單又高效率的技術進行基因治療，它可能會成為人類健康的大功臣。但總結起來，CRISPR 技術距離實際臨床應用的目標還有差距，原因主要有三：

第一，我們在上一節裡曾經提到「從機率上計算，CRISPR 出現命中目標之外的可能是極小的」。到底有多小？科學家在不同系統中反覆實驗後發現，原來 CRISPR 在進行目標搜索時，允許引導序列上極少數位點的不完全匹配，導致有可能命中目標之外的序列，但在臨床上的基因定點治療需要萬無一失。因此，眾多科學家不斷努力提高 CRISPR 的精準度。

第二，基因治療需要精確修復機制，但在大多數修復範本存在的情況下，細胞還是會啟動模糊修復模式。這不僅無法治療疾病，甚至可能導致基因功能完全喪失，造成更嚴重的後果。如何提高精準編輯的效率，仍然是科學家需要克服的難關。

第三，雖然 CRISPR 在基因編輯裡，算效率最高的一個，但要達到理想的治病效果，CRISPR 的效率還需要大大提高。

總之，CRISPR 技術已是人類向前邁進的一大步，為基因治療帶來新希望。自 CRISPR 出現的短短兩、三年內，它在技術上成熟和完善的速度，以及受關注的程度都讓人瞠目。我們有理由相信，儘管目前還不完美，但完善後的 CRISPR，或許是未來的完美基因編輯技術，將有希望真正成為臨床上基因治療的福音。

完美嬰兒？科學、倫理與法律

自然和生命，長久以來被認為具有某種神奇的魔力而令人敬畏。這種敬畏之心，可能來自於人們對生命之謎的無知。但科學技術的飛速發展，生命科學家一步步揭示生命原理，人類驀然意識到自己不僅可以理解生命，甚至可以對一個生命體的生長發育，進行一定的干預和控制。

此時，基因編輯技術的迅速發展、巨大應用潛力，對人們的生命觀、健康觀，並對整個社會的倫理和法律體系，都提出前所未有的挑戰。

2015 年 3 月，《MIT 科技評論》（*MIT Technology Review*）上，發表了一篇文章〈訂製完美嬰兒〉（*Engineering the Perfect Baby*），副標題是：科學家正在發明，可以編輯未來孩子們基因的技術，我們是不是應該立刻阻止它的發展，否則就太晚了？國際頂尖學術期刊《自然》、《科學》緊接著刊登評論文章，呼籲科學家暫停對人類胚胎基因組編輯的研究。

來自於中國中山大學的黃軍就研究組，在 2015 年 4 月的 *Protein & Cell* 雜誌上，發表了對利用 CRISPR 技術編輯人類胚胎的研究發現，結果顯示 CRISPR 技術在精確編輯的應用上還不夠完美。[9]

即使他們使用的是在體外受精過程中出問題的胚胎，這些胚胎不能發育成人，但批評者評論這個實驗，相當於人工修改和製造人類，一些新聞頭條報導「基因編輯人類胚胎的傳聞變成事實」。這無疑在社會輿論對人類胚胎基因編輯，投下了一顆重磅彈。

雖然目前我們對人類基因組的了解也很有限，距離製造出真正的「完美嬰兒」還非常遙遠，但大眾的擔心不是沒有道理。畢竟，一個受精卵包含著生長發育成人的遺傳訊息。也就是說，人類如今確實已走到了改造自身基因的門檻前，只是在法律、倫理和社會輿論的壓力限制下，沒有研究組敢「越雷池一步」。

2014 年，一項僅在美國的社會調查顯示：近一半的社會群眾，認同把基因編輯技術用於人類胚胎來降低重大遺傳病的風險，而只有極少數（15%）的民眾，接受用這項技術讓寶寶變得更聰明。

由於這兩種不同的應用，其實用的是同一種技術，而假設只有其中一種是合法的，這將對法律規則的實施和監督上，提出了更高的要求和挑戰（當然，前提是未來真有一天，我們了解基因到底如何控制人們的智力水準，來讓寶寶變得更聰明）。

在這個生命科學大放異彩的世紀，從複製技術、轉基因，到器官工程、試管嬰兒的一系列新生物技術，無論是在最初出現時，還是到了現在，都存在爭議和譴責的聲音，而它們給人類健康和生活帶來的進步和希望，是毋庸置疑的。

儘管目前人類胚胎的基因編輯還尚未形成一個統一規則，但廣泛的社會關注，表示人類已邁出了解決問題的第一步（2015 年 5 月 18 日，美國國家科學院〔NAS〕和國家醫學院〔NAM〕宣布，將為人類胚胎和生殖細胞基因組編輯，制定指導準則）。

第 13 章
基因測序——萬一保險公司得知我的基因序列

文／王雅琦

在這個地球上，成千上萬種生物不斷繁衍生存。同物種中，下一代繼承了上一代的性徵。那麼是什麼決定了物種的性徵，讓不同的性徵代代相傳，這條自然黃金規律背後的密碼又是什麼？決定這一切的是一種小小的分子——DNA，一種獨特的雙鏈結構分子。

帶有遺傳訊息的 DNA 片段稱為基因，是生物遺傳性的基本分子單位。組成簡單生命，最少要 265 到 350 個基因。全部基因的差集被稱為基因組，基因組存在於一個或多個染色體上。

染色體是由一條帶有成千上萬組基因的 DNA 長鏈組成。一般基因的長度是 10^3 到 10^6 個鹼基對；染色體的長度通常為 10^7 到 10^{10} 個鹼基對。基因傳遞到下一代的過程，是性狀遺傳的基礎。許多生物性狀就是受多種基因，及基因和環境之間的作用影響。基因的進化是自然選擇的過程，最適應環境的基因被保留下來，並且延續到下一代。

組成 DNA 的含氮鹼基有四種，包括腺嘌呤（Adenine）、胞嘧啶（Cytosine）、鳥嘌呤（Guanine）和胸腺嘧啶（Thymine），簡寫為 A、C、G、T。DNA 的兩條鏈之間結合起來，形成獨特的雙螺旋結構。

ACTG 鹼基就是書寫生命之書的基本文字，它們組成各種生命的密碼——基因。千百年來，人們一直想要讀懂用基因書寫的生命之書。

讀懂身體裡的密碼天書：基因測序技術

想讀懂身體裡的密碼，第一步就是要了解基因 ACTG 鹼基對的排序。實驗室裡用於確定基因組內，其完整 DNA 鏈鹼基序列的技術，稱為**全基因體定序**（Whole Genome Sequencing，簡稱 WGS）。

美國的科學家在 1985 年，首先提出了「人類基因組計畫」（Human Genome Project，簡稱 HGP）。這個計畫的目標，是對構成人類基因組的三十多億個鹼基對精確測序，**發現所有人類基因，並且確定所有基因在染色體上的準確位置**。在掌握這些資訊後，進一步破解人類全部的遺傳訊息。

三十多億是個天文數字，由此可以想像這個專案將需要多少的時間、人力和資金。美國、英國、法國、德國、日本和中國的科學家，共同參與了這項耗資 30 億美元的「人類基因組計畫」。這項雄心勃勃的計畫當年與「曼哈頓計畫」和「阿波羅計畫」（Project Apollo），並稱為人類科學史上的三大計畫。

這項計畫在 1990 年正式啟動。歷時 10 年後，於 2000 年 6 月 26 日，參加人類基因組測序計畫的六國科學家共同宣布，人類基因組草圖的繪製基本工作完成[1]。草圖涵蓋 95%的真染色質區域的序列。

後來科學家曾多次宣布人類基因組計畫完工，但推出的都不是完整版。2006 年，美國和英國的科學家在《自然》雜誌上，發表了人類最後一個染色體——1 號染色體的基因序列。

在人體 22 對體染色體（性染色體是第 23 對染色體）中，1 號染色體包含 3,141 個基因，有超過 2.23 億個鹼基對，數目是其他正常染色體平均數目的兩倍。1 號染色體的破解難度最大，所以被科學家留到最後，作為收山之作。

150 名來自於英國和美國的科學家團隊，花費了 10 年的時間，才完成 1 號染色體的測序工作。1 號染色體序列的發表，使得 99.99％的人類基因測序完成，也為這項歷時 16 年的計畫畫上句點。

傳統觀點認為除了基因外的非編碼 DNA 沒有活性，是垃圾 DNA（Junk DNA）。然而，科學家並沒有草率忽視這些非編碼 DNA。他們啟動一項人類基因組測序計畫的後續計畫—— The ENCODE Project。

2003 年，來自於美國、英國、西班牙、新加坡和日本，其 32 個實驗室的 422 名科學家，正式啟動這項**旨在解析人類基因組中，所有功能性構件**的大型跨國研究計畫。這四百多名科學家，花費約 300 年的計算機時間，對 147 個組織類型分析，收集超過 15 兆元位組（Tb）的數據。

透過對這些數據的研究，科學家發現人類基因組內非編碼 DNA 並非垃圾，80％都具有生物活性。這些研究結果可以幫助科學家，理解某些疾病的遺傳學風險。

下一代基因測序技術的前世

科學家是怎麼做到基因測序？這一節就來談基因測序技術。顧名思義，下一代基因測序技術（Next Generation Sequencing，簡稱 NGS，次世代定序），指的是新一代的測序技術，也是現在最廣泛應用的測序技術。我先簡單介紹一下傳統基因測序技術，用一句話概括，就是測出AGCT幾個鹼基對，在DNA鏈中的排列順序。最早使用的兩種測序方法，分別是馬克薩姆－吉爾伯特測序法（Maxam-Gilbert sequencing）和桑格測序法（Sanger method）。

馬克薩姆－吉爾伯特測序法，需要在被測的DNA的5'端標記上放射性標記物，一般是gama-32磷，然後將標記後的DNA片段提純。透過化學反應，可以把DNA上的G、A＋G、C、或C＋T的鹼基修飾，形成可以被切斷的「切口」，然後被化學修飾過的DNA分子和哌啶進行反應。哌啶就是剪刀，把DNA鏈從化學修飾過的「切口」上切斷。DNA就形成了從帶有放射性標記物的5'端到切口處的片段。[2]

然後這些長短不一的片段，平行從變性丙烯醯胺凝膠（denaturing acryaminde gels）上「跑過」。片段長短跟其分子大小成正比，在變性丙烯醯胺凝膠中移動的距離長度，和分子大小成反比。所以變性丙烯醯胺凝膠就能把不同大小的片段分開來。膠片最後被曝露在X光下成像。

DNA片段上標記的gama-32磷使不同大小的DNA片段，在膠片上以黑條帶的形式顯示出來，DNA的鹼基排列順序，就可以透過切口和被切下來的片段大小推測出來。但這種測序法非常繁瑣，需要提純被標記和被切後的DNA片段，才能得到準確的結果。且當DNA鏈很長，例如達到幾千個鹼基時，推測測序就變成複雜的數學計算。

另一種測序法，被稱為桑格測序法或雙脫氧鏈終止法（dideoxy chain-termination method），在1977年由弗雷德里克・桑格（Frederick Sanger）發明。這個方法問世後，因相對簡單的操作和較可靠的測序結果，迅速成為眾多科學家的首選，且測序法用到的有毒化學物質和放射性標記物，相對馬克薩姆－吉爾伯特測序法要少。桑格測序法因這幾個優勢，迅速成為第一代 DNA 測序儀的核心技術。

桑格從 1980 年代到 21 世紀初這段時間備受推崇。科學家也對這項技術進行不少改進。例如用螢光標記物代替放射性標記物，使測序更安全，而且靈敏度更高。還有毛細管電泳法（Capillary electrophoresis）和自動化操作的實現，使得這項技術可以更便捷而且成本更低。但桑格測序法的成本仍非常高，得出一個基因組的序列需要花費 1 億美元。

經典的桑格測序法需要一個 DNA 單鏈、DNA 引物（Primer）、DNA 聚合酶（polymerase）、脫氧核糖核苷三磷酸（dNTP），並混入限量的一種不同的雙脫氧核苷三磷酸（ddNTP）。ddNTP 缺乏 DNA 鏈延伸所需要的 3-OH 基團，使 DNA 鏈的複製終止[3]。

ddNTP 切斷的片段有共同的起始點，但終止在不同的核苷酸鹼基上。和馬克薩姆－吉爾伯特測序法相似，最後得到的片段產物也透過變性聚丙乙烯胺凝膠電泳分離，透過 X 光成像。通常有四個平行的反應，每個反應中加入不同的 dNTP，例如圖 1 中從左到右，加入的 dNTP 分別是 dATP、dTTP、dGTP 和 dCTP。終結在不同位置的片段，在凝膠上根據大小被分離開來。

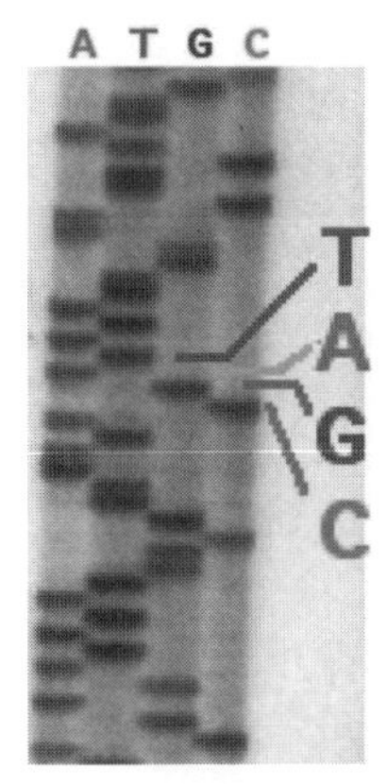

圖1　桑格測序的凝膠電泳圖。

圖示上可以看出，在四條凝膠條上暗條的出現位置不同，根據這些暗條相應的排列順序就可以推測出 DNA 的序列。根據圖 1 中線條標記的位置，其暗條從上到下的排列可以知道鹼基的排序是

TAGC。

螢光標記法的出現，極大簡化了桑格測序法。但此技術也有它的瓶頸。此技術常遇到的問題是，因為引物結合在 DNA5' 端，使前 15 到 40 個鹼基對很難測準。

另外一個問題是，當鏈長到 700 至 900 個鹼基後，測序的品質就變得很差，數據幾乎沒有辦法使用。目前的技術能在一個反應中測量 300 到 1,000 個鹼基的 DNA 鏈。當鹼基長度只有個位數或二位數時，凝膠可以把不同長度的片段區分開來。

但當鹼基數目達到上千後，例如 1,000 個鹼基的片段和 1,001 個鹼基的片段大小差別只有千分之一，就無法透過凝膠孔徑，來篩選長度差別極小的片段。因此，特定鹼基的位置就很難被準確定位。

科學家想出的解決方案是，把 DNA 長鏈分割成很多段不超過特定長度的子鏈，例如每個子鏈不超過 500 個鹼基，然後對每個子鏈分別測序，最後把每段子鏈的序列排列組合起來，就得到了完整的 DNA 長鏈的基因序列。

這個方法就像拼圖遊戲一樣，把整個拼圖分隔成一個個小圖，然後再把分散的小圖還原成最初的圖畫。這個方法聽起來很完美，但造成分隔長鏈的多餘工作，而且在還原的過程中，準確還原每個子鏈在長鏈中的排列順序也非易事，過程也容易產生誤差。

在 21 世紀前 10 年的後期，下一代基因測序技術的出現，徹底改變基因測序領域，把測序一個基因組的成本從 1 億減少到 1 萬美元。

下一代基因測序技術—— 1,000美元！

下一代基因測序技術（NGS）粉墨登場，頓時在學術界和工業界掀起熱潮。各個實驗室競相發表無數和 NGS 相關的文章。關於 NGS 相關產品的開發，也成為各大生物科技公司的重點戰略計畫。下面就來談談下一代基因測序技術的今世。

下一代基因測序技術，也被稱為高通量測序（High-throughput sequencing），其實是包括多種不同現代測序新技術的總稱，英文稱為 catch-all term。這些現代的測序技術和傳統的桑格測序相比，更快速、成本更低，為基因和分子生物學方面的研究，帶來革命性的突破。

下一代基因測序中，最重要和使用最廣泛的幾個主要技術，有 Illumina（Solexa）測序技術、羅氏的 454 測序技術（Roche 454 sequencing）、Applied Biosystems 的 SoliD 測序技術（已被賽默飛世爾科技〔Thermo Fisher Scientific〕收購），還有萊富生命科技公司（Life Technologies）的 Ion Torrent 測序技術（同樣也已被賽默飛世爾科技收入旗下）。

這幾個主要的技術最初平分秋色，但隨著發展，有些被市場殘酷的淘汰。在 1977 年桑格測序法和馬克薩姆－吉爾伯特測序法發明後，1987 年 Applied Biosystems 推出了第一臺自動化的、以毛細管電泳分離技術為主的測序儀—— ABi370。

11 年後，Applied Biosystems 推出了第二代測序儀 ABi3730XL。這些測序儀，成為美國國立衛生研究院（NIH）、塞萊拉公司（Celera GenomicsCorporation）引導的人類基因組計畫使用的儀器。塞萊拉公司命運多舛，2001 年在《科學》雜誌上發表了他們的初步測序結果，同一週，以 NIH 為領導的公共測序組織，也在《自然》上發表了他們的獨立測序結果。

一年後塞萊拉的總裁克萊格 ・ 文特爾（Craig Venter）博士離開公司，塞萊拉成為一個檢測診斷公司，不斷虧損，在 2011 年被美國最大的臨床診斷公司 Quest Diagnostics 收購。雖然 ABi370 和 ABi3730XL 在當時已是很有效和「快速」的測序儀，但 2005 年 Illumina 研發的 Genome Analyzer 問世，還是讓 ABi370 和 ABi3730XL 相形見絀。

Genome Analyzer 把一次測序實驗的容量，從 84kb 鹼基增長到 1Gb 鹼基。下一代基因測序是一次理念和技術上的革新。自從問世以來，下一代基因測序技術的測序容量就以超越摩爾定律的速度增長，每年的容量都翻倍。2005 年，根據 Illumina 產品的宣傳手冊上的數據顯示，Genome Analyzer 一次實驗可以產生 1Gb 的數據。

到了 2014 年，Illumina 開發出的 HiSeq XTM Ten 測序速度，增長到一次實驗 1.8Tb，增長超過 1,000 倍。測序速度的提高意味著什麼？簡單舉個例子，當年的人類基因組計畫，總共花費了 15 年和 30 億美元才完成。如果運用下一代基因測序儀，**一天之內就能測出 45 個人類基因組，每個基因組的花費為 1,000 美元**。

群雄爭霸的年代：下一代基因測序公司

下一代基因測序計畫，也徹底改變科學家的思維，花費 1,000 美元，就可以得到一個人類基因組的序列，科學家可以在一年內，對成千上萬的人類基因組測序，在個體基因序列的基礎上找到個體的病原，並設計「個人量身訂做的藥物」（personal medicine）。

在下一代基因測序的戰場上，也如春秋戰國時期一樣，當年各大品牌 Applied Biosystems、Illumina、萊富生命科技公司、Roche 454，還有一系列小公司一較高下，Applied Biosystems 從最初的第一臺測序儀的生產者，淪落到被 Thermo Fisher 收購；2013 年 10 月 Roche 宣布關閉 454，並在 2016 年中最終停產所有的 454 測序儀。

相對 Applied Biosystems 和 454 的慘澹，Illumina 卻異軍突起，大有一統天下之勢。萊富生命科技公司的 Ion Torrent 努力和 Illumina 一較高下，試圖從 Illumina 口中分得一杯羹。

行業巨頭 Illumina

先從行業巨頭 Illumina 聊起。Illumina 誕生於 1998 年，由五名科學家創立。Illumina 最初的技術是基於塔夫茨大學（Tufts Univercity）開發出微珠晶片技術（BeadArray Technology）。2007 年，Illumina 收購矽谷東部海沃德（Hayward）的 Solexa 公司，從此開始了基因測序王者之路。收購善於開發商業化的人體基因測序儀的 Solexa，絕對是 Illumina 的英明之舉。

2009 年，Illumina 推出私人化的基因測序服務，標價 48,000 美元。一年後，Illumina 把標價降低到 19,500 美元。但這個價錢對普通人來說還是太貴。

Illumina 透過實現基因測序的量產化，在 2011 年把基因測序的價格降到 4,000 美元。這是很多中產階級都負擔得起的價格。

2014 年，Illumina 重磅推出 HiSeq X Ten 測序儀，進一步讓大規模基因測序成為可能，**並且把全基因體定序的價格降低到一人 1,000 美元**。Illumina 向大眾宣告，只要有 40 臺 HiSeq X Ten 測序儀一起工作一年，產生的基因測序數據，就能超過之前世界上所有測序儀，在過去近四十年裡產生的測序數據總和。HiSeq X Ten 是由 10 臺儀器組成的測序儀群，總體售價為 1,000 萬美元。

2014 年 1 月，Illumina 已占有超過 70%的測序市占率，全球 90%左右的 DNA 數據都來自於 Illumina 的測序儀。Illumina 的股票從最初 2000 年的不到 20 美元，飆升到 2015 年的 239 美元，翻了 10 倍。

Illumina 的測序技術到底是什麼？我來分析一下 Illumina 稱霸群雄的「葵花寶典」。Illumina 的測序技術主要有四個步驟[4]：

第一步是 DNA 樣品庫群的製備（Library Preparation）。首先 DNA 被切成許多 100 到 150 個鹼基左右的片段。每個片段的兩端都透過連接反應（Ligation）加入了銜接子（Adaptor）。

第二步是 DNA 庫的擴增（Cluster Amplification）。DNA 庫群被加入到流通片（Flow cell）上，通過兩端的銜接子隨機雜化，接到流通片上。一些多餘的連接子也雜化到了流通片上。大量沒有加入銜接子的核苷酸、酶加入到流通片表面，透過聚合酶鏈式反應（PCR）進行 DNA 片段的複製擴增。

Illumina 其 DNA 片段在流通片上複製擴增的獨特技術，稱為雙鏈橋狀複製（double-strand bridge amplification）。被複製的 DNA，和第一步接在流通片上的 DNA 範本之間，形成了 DNA 雙鏈，範本和複製的 DNA 鏈之間，有一端透過銜接子固定在流通片上，另一端沒有固定。

接下來的 DNA 變性反應，使橋狀的雙鏈分開，成為一個獨立接在流通片上的單鏈 DNA 片段。透過這個複製和變性解鏈的過程，幾百萬個 DNA 片段聚集在流通片的各個通道內。

第三步是鹼基的測序。先確定第一個鹼基，流通片被大量的 AGTC 的核苷酸和 DNA 聚合酶沖刷，AGTC 分別根據配對原則加到固定在流通片的 DNA 範本鏈上。AGTC 核苷酸有各自不同的螢光顏色標記，同時帶有終結子，所以 DNA 範本鏈上一次只能加上一個螢光核苷酸。

這輪反應結束後，流通片被雷射照射，產生可以檢測到的螢光。根據不同的顏色，AGTC 在流通片上的位置被記錄下來，這樣不同 DNA 片段的第一個鹼基就確定了。接下來，第一個鹼基上的終結子被移走，第二輪的反應開始，根據相同的原理，DNA 片段上的第二個鹼基也被確定，直到完成流通片上所有的 DNA 範本片段的測序。

第四步是數據分析。由不同片段的測序結果，得出完整的 DNA 長鏈的鹼基序列。

Illumina 省略用凝膠篩分 DNA 片段確定鹼基位置的步驟，大大簡化測序的過程。同時 Illumina 的測序技術中也加入標準物（Reference），通常是序列已知的 DNA 鏈，用來判斷和校正測序中可能出現的誤差。

羅氏454測序技術〔5〕

羅氏 454 測序技術和 Illumina 的測序技術相似，也是探測光訊號，並且同時測序多個片段。Illumina 測序技術中，DNA 被切成 100 到 150 個鹼基的短片段，在 454 的測序技術中，DNA 的片段長了很多，可以達到 1,000 個鹼基左右。銜接子加到每個片段的一端，然後固定到微珠上。每個微珠上只固定一個特定的 DNA 片段。

接著和 Illlumina 技術類似，DNA 片段在微珠上進行聚合酶鏈式反應。微珠被放置到載片的微孔內，每個微孔內只放置一個微珠，一個微珠上覆蓋了成千上萬的特定序列的 DNA 片段。同時，每個微孔裡還含有 DNA 聚合酶和測序反應所需要的緩衝溶液。

每個載片每次被大量的某種 AGTC 核苷酸沖洗，每種核苷酸都會根據鹼基配對原則加到微珠上，與 DNA 範本結合。例如一個範本上的鹼基序列是 AACT，當範本被 dTTP 核苷酸沖洗時，就會有兩個 T 核苷酸加到範本上。每次核苷酸加到範本上都會產生光訊號，這些光訊號可以被檢測到並分辨出來自於哪個微珠。

核苷酸被洗乾淨，接著下一個核苷酸溶解加入載片，重複上一次的測序過程，直到所有四個核苷酸都被依次加入到載片上。454 測序技術記錄下每次測序循環的訊號圖，顯示四種核苷酸不同的強度訊號，然後鹼基的序列就可以被電腦識別和排序。

Ion Torrent 測序技術〔6〕

Ion Torrent 半導體測序儀，是目前唯一能從 Illumina 分到一部分市占率的測序儀。Ion Torrent 的研發部門位於矽谷的南灣（South Bay）。與 Illumina 以及羅氏 454 測序儀都不相同的是，Ion Torrent 不是利用光訊號，而是利用測序反應中 pH（酸鹼度）的變化作為檢測訊號。

Ion Torrent 顧名思義，就是英語裡「離子激流」的意思，這個名字完美概括了其測序原理。當 dNTP 結合到 DNA 範本分子上時，會和範本分子之間形成共價鍵，然後釋放出一個焦磷酸鹽（pyrophosphate）和一個帶正電的氫離子（H^+）。

dNTP 只有和配合的鹼基對結合時才產生氫離子，Ion Torrent 技術就是利用檢測反應中，是否釋放氫離子來確定鹼基的種類和序列。在一個有很多微孔的半導體載片上，每個微孔裡都含有很多單鏈，等待測序的 DNA 片段範本分子和 DNA 聚合酶。

載片被沒有任何修飾和標記的 ACGT dNTP 依次沖洗。只有當 dNTP 和與其配合的 DNA 範本上的鹼基配對後，才能產生氫離子，因而造成微孔內酸鹼度的改變。酸鹼度的變化可以被離子場效應電晶體（Ion Sensitive Field Effect Transistor，簡稱 ISFET）檢測到。

在 Ion Torrent 的檢測系統裡，載片上的每個微孔下面有一層對離子敏感的探測層，在探測層下方是 ISFET 電晶體。所有的探測層都嵌入在互補金屬氧化物半導體（Complementary Metal Oxide Semiconductor）的晶片中。每次當氫離子產生，都會激發 ISFET 的離子感應器，一系列的電脈衝從晶片傳輸到電腦，然後電脈衝訊號被翻譯成 DNA 的序列。

Ion Torrent 是直接檢測離子訊號，因而不需要對 dNTP 做任何的修飾和標記，也不用使用昂貴的光學檢測儀器，可以達成快速檢測和節省測序前的費用。

Ion Torrent 的測序，宣傳的是即時檢測 dNTP 與 DNA 範本的配合反應，實際上測序的速度，是由每個測序環節中循環 dNTP 的速度決定。每個 dNTP 與範本的反應大約需要 4 秒鐘，完成一個 100 到 200 鹼基長度的測序大約需要一個小時。

Ion Torrent 測序技術的局限也很明顯。其中一個問題就是當很多重複的鹼基出現時，Ion Torrent 無法準確分辨出重複鹼基單元的個數。舉例來說，一個 DNA 片段中有 8 個重複的 G 鹼基，測序時產生的離子訊號，和只有 7 個重複 G 鹼基的片段產生的訊號非常相似，所以 Ion Torrent 的測序，極有可能會測錯重複鹼基單元的數目。

另外一個局限是 Ion Torrent 一次能測量的 DNA 長度，比其他測序法略低，雖然其公司宣稱現在能達到 400 個鹼基長度的測序，但目前還沒有外部數據來證實這個說法。

另外測序的通量較其他測序儀也偏低，Ion Torrent 正努力透過提高晶片的儲存量，來提高測序儀的通量。

但現在 Illumina 已一統天下，大多數的學術文章和實驗報告，都是採用 Illumina 的測序儀收集數據。

Ion Torrent 很有可能在改進技術以前，就被 Illumina 淘汰出市場。不過目前 Ion Torrent 最大的競爭優勢還是在成本上。一臺 Illumina 的 MiSeq 測序儀，售價大約為 12.5 萬美元，而 Ion Torrent PGM 測序儀的售價在 8 萬美元左右。另外使用 Illumina 測序儀一次測序花費 750 美元，**而 Ion Torrent 只需要 225 到 425 美元。**

SoLiD 測序技術〔7〕

最後簡單介紹 Applied Biosystems 的 SOLiD sequencing 技術，雖然其遠不及 Illumina 和 Ion Torrent 使用廣泛，但還是一種具有代表性的下一代基因測序技術。SOLiD（Sequencing by Oligonucleotide Ligation and Detection）是由 Applied Biosystems 在 2006 年推出（已被萊富生命科技公司收購，萊富生命科技公司又被賽默飛世爾科技收購）。

這項測序技術和羅氏的 454 測序技術以及 Illumina 的「合成測序」

（sequencing by synthesis）不同，SOLiD 的核心技術是雙鹼基連接測序（two-base based ligation sequencing）。DNA 長鏈首先被分切為上百萬或上千萬的碎片，每個片段的長度在 35 到 50 個鹼基之間。然後每個不同的片段分別固定在一個磁性微珠上。

DNA 片段和微珠連接的一端，有統一的 P1 銜接子，所以每個片段和微珠相連的那段銜接子，其鹼基序列都是已知和固定的。

接下來，聚合酶鏈式反應（PCR）在微珠上發生，複製出無數的 DNA 片段，這些片段下一步透過共價鍵固定在玻璃載玻片上。在 SOLiD 測序儀的流通片上，引物雜化到 DNA 模本片段銜接子上，四組螢光標記的雙鹼基探針接下來連接到引物上，探針是由 8 個鹼基組成的小片段，位置在 1 和 2 的鹼基具有測序功能，3、4、5 的鹼基只有幫助探針和範本 DNA 配合的作用，不含有任何測序資訊。

6、7、8 位的鹼基和螢光分子相連，在螢光訊號被記錄下以後切斷，並和探針前 5 位的鹼基分離，只有和 DNA 範本配合的探針才能和引物接上。

螢光訊號在探針和範本結合的過程中被記錄下來，螢光標記物被從探針上切斷下來。然後進行下一輪的連接反應。測序在多輪連接、檢測（detection）和切斷（cleavage）的循環過程中完成。

循環的次數決定了被測序的 DNA 鏈的最終長度。但因為每個探針只有最前的兩個鹼基參與了測序，後三個鹼基沒有測序資訊，所以第一輪測出的序列之間，有三個鹼基位置的空白。

這就需要進行另外四輪的錯位測序，才能獲得完整的 DNA 鏈序列資訊。當一輪的測序完成以後，複製產生的 DNA 被移去，下一輪的測序開始，在這個測序輪回中，引物的長度比上一輪的引物少一個鹼基（n-1），其他步驟和第一輪重複。因為這個引物長度減少一個鹼基，所以探針能連接的初始鹼基比上一輪錯位一位。

第二輪測出的序列含有一半和第一輪重複的資訊，但補充了每個重複鹼基前一位鹼基的資訊。

這樣五輪測序過後，就能測出 DNA 的完整序列。探針的螢光由參與測序的兩對鹼基的組合決定，例如，AT 組合是紅色，AG 組合是黃色，CC 組合是藍色等。

SOLiD 的測序方法很獨特，但也較繁瑣。不過，因為每輪測序都會重複檢測一半上一輪測序的鹼基，**確保和提高了測序的準確性，結果更加可信**。SOLiD 測序技術的準確度可以達到 99.94%，超過羅氏 454 的 99.9%和 Illumina 的 98%。

而且 SOLiD 技術也可以解決羅氏 454 測序技術中，無法解決的分解重複鹼基單元具體數目的問題。但每次能測序的片段很短、通量低、速度慢，所以沒有 Illumina 和 Ion Torrent 應用廣泛。

暢想未來下一代基因測序技術的發展

科學的進步永無止境。科學家已開始第三代基因測序技術的研究。第三代測序技術中，具代表性的方案都是另闢蹊徑。來說說幾個出名的第三代測序技術雛形。

首先是奈米孔技術（Nanopore DNA Sequencing）。技術的原理是當不同的核苷酸（nucleotides）透過共價鍵結合了 alpha- 溶血素環式糊精（一種環狀的多糖）的孔洞時，會產生不同的電信號。所以當 DNA 鏈透過這些修飾過的環式糊精的孔洞時，離子流就會改變。

這個改變是由 DNA 鏈的形狀、大小和具體的鹼基序列決定。不同的核苷酸，可以以不同程度延緩離子通過奈米孔的時間。不同鹼基序列的 DNA 鏈通過奈米孔洞時，產生和鹼基序列對應的不同電信號[8]。

這個方法不需要像第二代測序技術一樣修飾核苷酸，可以簡化測序前的準備工作。精確控制 DNA 從奈米孔中通過，是成功測序的關鍵之一。目前主要應用的有兩種奈米孔。一種是固態材料奈米孔，一種是蛋白奈米孔。

蛋白奈米孔是利用結合天然 alpha 溶血素的細胞膜。固態奈米孔利用了合成材料，例如氧化鋁和氮化矽混合物。固態奈米孔技術的關鍵，是確保合成的奈米孔矩陣中，包含大量孔徑小於 8 奈米的奈米孔。

奈米孔技術最早是由英國的一家創業公司，叫做 Oxford Nanopore Technologies 開發。據說 Oxford Nanopore 的幾個核心技術人員，是當年開發 Illumina 橋狀 DNA 擴增技術的核心。目前 Oxford Nanopore 正在開發的幾種產品有 MinION、PromethION 和 GridION。

Oxford Nanopore 曾在一次國際會議上展示過 MinION 的樣品機。MinION 只有一個 USB 大小，卻能一次產生 150 兆鹼基的數據量。可以和體積龐大的 Ion Torrent 和 Illumina 測序儀一較高下。雖然目前 Oxford Nanopore 還沒有任何產品上市，不過不少業內人士，對這項技術的發展持樂觀態度。

另一種正在開發的技術，是利用顯微鏡技術測序。原理是把核苷酸用化學物質（例如鹵素）染色。然後用原子力顯微鏡（Atomic Force

Microscopy）或是透射電子顯微鏡（Transmission Electron Microscopy）來分辨每一個鹼基的序列[9]。

這種方法可以做到長（> 5000 鹼基）的 DNA 的測序。不過這兩種顯微鏡是非常昂貴的儀器，售價通常都在百萬左右。另外怎麼實現自動化的讀取顯微鏡，獲得圖像資訊，並且轉化為鹼基序列，也是需要思考的問題。

還有一種特別的方法是質譜（Mass Spectroscopy）測序法。每種核苷酸的分子量都不一樣，可以被質譜輕易檢測和區別。

差別只有一個鹼基或幾個鹼基的短鏈 DNA，也可以被質譜分析出來。所以質譜理論上可以取代凝膠，來區別不同大小的 DNA 片段。已有一些研究人員利用質譜來測序，但目前質譜測序不能超過 100 個鹼基的長度[10]。

第三代基因測序技術的奮鬥目標是更高的測序通量、更短的測序時間和更簡化的測序準備，例如不使用修飾過的核苷酸、探針和 DNA 聚合酶等。也許未來某天，我們可以人手有個小的 USB 測序儀，快速測出我們的基因，讀取自己身體裡的密碼。

在令人興奮的同時，基因測序技術也帶來了不少道德倫理上的爭議。例如隱私問題，在這個資訊發達的時代，怎麼安全儲存個人的基因資訊，並且防止這些私人資訊洩露。

還有基因角度上的社會歧視。例如一個個體的**基因序列，顯示這個人將會在某年齡爆發某種疾病**，那麼這會不會影響到這個個體的交友、戀愛、工作和發展，會不會帶來其他人異樣的眼光？

怎麼防止**利用基因牟利的商業行為**，也是一個待探討的問題。前面談到**個人化藥物**的概念。需要警惕保險公司和醫藥公司對有基因缺陷的個體，索取更高額的保費或醫療費用。

第 14 章

誘導性多功能幹細胞，與訂製新器官

文／李凌宇

當自己的某個器官受損又無法透過藥物治療時，人們希望能找到與自己配對一致的健康器官做移植，如果連基因都一致就更好，這樣可以避免使用副作用很強的抗排斥藥物。

2014 年的統計數據顯示，美國約有 12 萬人在等待器官移植。在中國，每年需要器官移植的患者大概有 150 萬人，而器官捐贈者的人數又比美國低很多，每年只有約 1 萬人能進行器官移植手術。儘管全球都在呼籲器官捐贈，但光靠死者獲取器官捐贈，顯然不是長久之計。

為了解決器官短缺這個問題，科學家各顯神通。有人嘗試做異種器官移植，例如把動物的器官移植到患者體內。有醫生就嘗試把豬的腦細胞，移植到病人的神經系統中，然而不同物種間存在著嚴重的免疫排斥反應，而且也面臨來自於倫理層面的質疑。

還有科學家致力於用橡膠、金屬等材料製造人工器官，人工器官的確有一定的前景，但仍有大量自然器官的功能，難以用機械來模擬實現。有沒有什麼更好的辦法，可以實現人類器官再生？

1996 年，複製羊桃莉的誕生讓人們眼前一亮。一隻大活羊都能被複製出來，複製個器官出來應該也不難。單從邏輯上看，這種做法似乎可以解決器官移植的困境，複製人擁有和本體幾乎一樣的基因，也不存在免疫排斥。但實際上，這個不僅有悖於人類的倫理道德，目前科學家掌握的技術水準，也還不足以複製出完美的人類。

什麼是複製

複製羊桃莉都已繁衍出兩代了，為什麼複製人卻那麼難？要理解這個問題，讓我們先來了解複製技術的發展現狀。

我們知道一個完整的生物體，由多種類型的細胞組成，這些細胞大致可分為兩大類：體細胞和生殖細胞。體細胞在身體裡占絕大多數，例如皮膚細胞、神經細胞、肌肉細胞等，它們就像蜂群裡的工蜂，勤懇的在工作崗位上奮鬥，但不具備把細胞核裡的遺傳訊息，遺傳給下一代的能力。

生殖細胞主要包括卵細胞和精子，它們就好比蜂王和雄蜂，擔當傳宗接代的大任，當精子衝破障礙鑽進卵細胞後，精子的細胞核與卵細胞的細胞核融合在一起，這時就形成一個全新的細胞——受精卵，受精卵可以發育成一個擁有父親和母親雙方遺傳訊息的新個體。

1962 年，英國科學家約翰 ‧ 格登（John Gurdon）做了一個劃時代的實驗[1]，他把蟾蜍卵細胞的細胞核去掉，又將一個體細胞的細胞核，移植到這個卵細胞中，他還對這個換了核的卵細胞，用電流和化學試劑進行刺激。

然後奇蹟發生了，這個卵細胞以為自己是受精卵，開始發生快速的細胞分裂，形成了胚胎並發育成一隻蝌蚪，這隻蝌蚪的遺傳訊息，幾乎完全來自於那隻貢獻體細胞核的蟾蜍，只有粒線體 DNA 來自於卵細胞，所以，這隻新生的蝌蚪，可算得上是那隻提供體細胞核的蟾蜍的翻版。

這個實驗證明體細胞的細胞核，也具有發育成一個完整個體的能力，而卵細胞的胞質溶膠如同魔法師，可以喚醒體細胞細胞核中潛藏的能力。1996 年，伊恩 · 威爾穆特（Ian Wilmut）和他的同事，用同樣的方法複製出著名的桃莉羊。這個方法還有個學名，叫「體細胞核轉植技術」（Somatic Cell Nuclear Transfer，簡稱 SCNT）。

歸根究柢，複製只是提供一個從單性生物體獲取胚胎的方法，複製得到的胚胎的遺傳訊息，不是父方和母方的結合體，而是完全來自於提供體細胞核的一方。但透過體細胞核轉移技術得到的胚胎，需要被移植到代孕媽媽的子宮內，才能發育成胎兒並出生。

胚胎發育過程極為複雜，一個細小的環節，就能讓一群生物學家研究一輩子，就算再給他們 50 年，估計也做不到在體外把胚胎培育成正常的嬰兒。複製人出生後，也會像普通嬰兒一樣，在這個社會慢慢長大，形成複製人自己的人格和記憶。

所以，假如真的有複製人存在，他們也會像人類一樣，是有獨立意識、活生生的人，而不是任人擺布和買賣的產品。除了倫理因素外，也有技術原因限制複製人的產生。

複製技術並不完美，**複製動物的成功率只有幾百分之一，那些僥倖出生的動物，還常伴隨著各種缺陷和疾病**。據統計，接受了核轉移的卵細胞中，只有部分卵細胞會發育成胚胎，其中大部分的胚胎，還會因基因受損或表觀遺傳修飾的缺陷而停止發育，能堅持到出生的，又會有不少夭折或畸形的情況發生，最終能健康存活下來的真是鳳毛麟角[2]，桃莉羊就是 277 個核轉移的卵細胞中，唯一存活下來的幸運兒，但牠後來也出現早衰的問題，**只活 6 年**便「壽終正寢」[3]。

儘管繼複製羊後，科學家又相繼複製出豬、牛、馬、猴、狗等各種動物，但牠們的成功率都非常低，這是什麼原因造成的？

打個比方，為了保證體細胞們都老實在自己的崗位上工作，在胚胎發育過程中，體細胞的細胞核，都像被「黑法師」施了「魔咒」一樣，這個魔咒讓體細胞們牢牢記住自己的本分，不會突然變成其他細胞類型，或變成不受控制快速自我複製的細胞，這個「魔咒」對人類身體機能的正常運行極其重要。

然而在實驗動物複製時，我們則希望卵細胞中的「白法師」，可以解除這個魔咒，喚醒體細胞核的所有潛能，這樣細胞才會像受精卵一樣發育成完整的胚胎。但「白法師」的法力似乎不夠穩定。

所以，我們做動物實驗時，需要一下子做上百個細胞，幸運的話會有那麼幾個中招。而複製人就不一樣了，如何收集大量的卵細胞？去哪裡找那麼多代孕母親？如果生出大量畸形和體弱多病的嬰兒該怎麼辦？所以，由於複製技術還不完善，複製人相關的法律也還不健全，而且涉及的倫理問題，會引起輿論的極大反對，所以目前生殖性複製人是被禁止的。

治療性複製

既然複製人是被禁止的，那科學家為什麼還沉迷於複製人類胚胎？

1998 年，也就是複製羊桃莉出生後的第二年，美國科學家詹姆斯・湯姆森（James Thomson），從體外授精形成的人類早期胚胎中，培養得到了**胚胎幹細胞**（embryonic stem cell，簡稱 ESC）[4]，胚胎幹細胞是一種多能性幹細胞系，在培養皿裡可以無限增殖，如果給它們一些合適的因子刺激，**可以定向分化成任何種類的細胞，例如神經細胞、胰島細胞、心肌細胞**等。

這樣，我們就可以從細胞培養皿裡，得到任何一種我們想要的細胞，然後用這些細胞為病人做移植治療。這裡需要強調一下，**目前我們還沒有**達到隨心所欲，控制胚胎幹細胞分化的境界，但科學家正在朝著這個方向努力。

湯姆森建立的胚胎幹細胞系，來自於體外授精得到的人類早期胚胎，如果我們可以用某個患者身上的體細胞核，複製出早期胚胎，然後用這些胚胎建立胚胎幹細胞系，那麼這個細胞系的遺傳訊息完全來自於該患者，我們可以將這些胚胎幹細胞，分化成治療患者所需要的某些種類的細胞或器官，然後移植到患者體內，這勢必是一種非常有效的治療手段。

患者不必苦苦等候合適的捐贈者，也不必承受移植後的免疫排斥折磨。以上所說的就是「治療性複製」，即透過複製手段，得到可以治療人類疾病的胚胎幹細胞。現在全球有很多國家支持治療性複製的研究，但為了避免有人以治療性複製的名義製造複製人，法律規定複製的人類胚胎，不能被轉移到子宮內，而且在發育到 14 天前必須被銷毀。

為什麼是 14 天？因為從第 14 天開始胚胎裡的多能性細胞，透過遷移和分化形成了三個胚層，從生物學角度來講已算是一個生物個體，為了避免產生謀殺人類的嫌疑，複製的人類胚胎，必須在發育到 14 天前被銷毀。

闖出複製之路

科學家在探索中不斷碰壁，2004 年和 2005 年，韓國科學家黃禹錫宣稱他的團隊使用幾百個人類卵細胞，獲取兩株複製得到的人類胚胎幹細胞系，科學界為此歡呼了一陣子，最後卻被發現是造假。那麼，如果複製不出人類胚胎幹細胞，前面所描繪的再生醫療的美好前景，是不是就泡湯了？

大救星——iPS細胞

別著急，一項新技術橫空出世，那就是誘導性多功能幹細胞（induced pluripotent stem cells，簡稱 iPS 細胞）技術。

2006 年，日本科學家山中伸彌（Yamanaka Shinya）及其研究團隊，透過向小鼠皮膚細胞轉入 4 個基因 Oct4、Sox2、c-Myc、Klf4，得到了與小鼠胚胎幹細胞性質相似的幹細胞類型，這種細胞被命名為「誘導性多能幹細胞」[5]。

這種透過向體細胞導入多能性基因，從而獲得多能幹細胞的技術確實非常鼓舞人心，但大家最大的疑慮就是：這種新方法在人的細胞裡行得通嗎？

第二年，山中伸彌團隊不負重望，還是透過導入那四個基因將人類的皮膚細胞，成功誘導成了多能性幹細胞[6]，此後，科學家便把 Oct4、Sox2、c-Myc、Klf4 這四個轉錄因子合稱為 Yamanaka 因子。

湯姆森團隊也不甘落後，幾乎在同一時間，他們使用另外一種基因組合 Oct4、Sox2、Nanog 和 Lin28 也將人的體細胞誘導成胚胎幹細胞[7]。

這項透過向體細胞導入多能性基因，從而獲得多能幹細胞的技術，稱為 iPS 技術。

兩個分別位於日本和美國的研究團隊，**各自獨立獲得人類誘導性多能幹細胞**，這證明了 iPS 技術的可行性。iPS 技術的成功，意味著我們不再依賴複製人類胚胎，就可以獲得能發育成各種類型的細胞、組織、器官的多能性幹細胞。iPS 細胞也很有可能成為未來器官再生的主要細胞來源。

為什麼區區四個基因就可以把皮膚細胞變成多能幹細胞？要知道，山中伸彌實驗室可不是隨便拿四個基因，丟進細胞裡就有大發現。

首先透過調查以往文獻，選出那些已知的，對維持胚胎幹細胞多能性起重要作用的轉錄因子，經過這輪篩查只有 24 個基因入選。

然後這 24 個基因被一起導入體細胞中，看是否會產生多能幹細胞，然後再依次去掉一個基因，觀察是否會影響幹細胞的產生，經過多輪面試，最後剩下來的只有 Oct4、Sox2、c-Myc、Klf4 這四個基因了。

這四個基因進入到體細胞後上下打點，它們抑制了體細胞特異性基因的活性，同時又啟動了幹細胞其他特異性基因的功能，透過一系列的級聯反應（cascade），使得支持幹細胞的勢力越來越強大。慢慢的，在這四個基因的操縱下，一個體細胞就徹底變成多能幹細胞了。

對於絕大多數科學研究工作者來說，iPS 技術比體細胞核轉移技術要容易操作得多，而且又擺脫了複製人類胚胎的倫理制約。自 2007 年兩篇關於 iPS 的文章發表以來，幾乎每一個研究胚胎幹細胞的實驗室，都開始著手建立自己的 iPS 系統。

情歸矽谷

iPS 技術影響深遠，這項技術讓日本科學家山中伸彌，從一個默默無聞的科學研究工作者，一下子變得舉世皆知。而山中伸彌的成功，跟矽谷還頗有一段淵源。

1993 年，山中伸彌取得大阪市立大學醫學博士學位，在這之前，他曾是一名失敗的外科醫生，因為發覺自己不擅長做外科手術，山中伸彌決定投身基礎科學研究。博士畢業後，他向多家做基因轉殖鼠的實驗室投出簡歷，申請做博士後研究員研究，而唯一拿到的錄取通知，就來自於加州大學舊金山分校格拉德斯通心血管病（Gladstone）研究所的 Thomas Innerarity 實驗室。

正是在這裡，山中伸彌如願以償學到如何做基因轉殖鼠，並且開始接觸小鼠胚胎幹細胞，也正是在這裡，他逐漸明白如何成為優秀的科學家，並確立今後要透過從事基礎研究，為疾病治療做貢獻的長遠目標。

1996 年，山中伸彌結束博士後研究員訓練，帶著他在研究所學到的技術，及三隻基因轉殖鼠回到日本繼續他的夢想。但回到日本後，他很快患上了「離開美國後抑鬱症」，因為日本的學術界不像美國那麼寬容，同行們都意識不到他工作的重要性。

還好，1998 年遠在美國的湯姆森教授獲取人類胚胎幹細胞的消息，大大鼓舞山中伸彌的鬥志，這讓他看到胚胎幹細胞的醫療應用前景，同時，他自己的研究工作也開始有了起色。

2007 年，山中伸彌和他的學生，終於將人類分化成熟的皮膚細胞，誘導回胚胎幹細胞狀態，為今後再生醫學的發展開創先河。日本政府專門為他成立了 iPS 研究中心，這時，格拉德斯通心血管病研究所也邀請他回來開設實驗室，為了報答研究所在自己事業發展早期給予的支援，山中伸彌爽快接受了邀請，開始在日本和矽谷兩地之間奔波。

矽谷不僅是電腦科學的天堂，也是再生醫學研究的聖地，僅加州大學舊金山分校，其再生醫學與幹細胞研究所（Eli and Edythe Broad Center of Regenerative Medicine and Stem Cell Research at UCSF）就有125個實驗室，稱得上是全美屈指可數、最大最完全的再生醫學研究中心之一，他們致力於研究各種疾病的發病原因及治療，其中包括心臟病、糖尿病和神經性疾病。

而矽谷的搖籃——史丹佛大學，也於2002年，在血液幹細胞先驅歐文．威斯曼（Irving Weissman）的領導下，成立了專門的幹細胞與再生醫學研究所，這裡的研究方向主要包括成體幹細胞、人類胚胎幹細胞、iPS細胞及癌症幹細胞。

除了大學和醫院，還有眾多新興的生物科技公司，也將幹細胞和器官再生作為主要發展方向。

榮獲諾貝爾醫學獎

2012年，山中伸彌與約翰．格登一起榮獲諾貝爾醫學獎，獲獎理由為「發現成熟細胞可重新編製為多能性」。在前面我們講過，1962年約翰．格登證明蟾蜍（幹細胞）體細胞的細胞核，被轉移到去核卵細胞後，具有發育成一個完整個體的能力。

而出生於1962年的山中伸彌，在44年後發現，只須幾個特定的轉錄因子，就可以把分化成熟的體細胞，誘導回多能性幹細胞狀態。這就像一個接力賽，冥冥之中，格登和山中伸彌完成跨越半個世紀的聯手。

當然，這個過程也包含其他科學家的貢獻。

這種把分化成熟的細胞，誘導回幹細胞狀態的方法，又被叫做細胞重新編製。不管是將體細胞核，轉移到卵細胞胞質溶膠中的體細胞核轉移技術，還是向體細胞導入多能性轉錄因子的 iPS 技術，它們所做的都是細胞重新編製。

此技術完全顛覆人們以往對發育和細胞特化的認識。我們可以讓細胞逆生長，讓本已失去可塑性的、成熟的體細胞，變成可發育為全身各種細胞的多能幹細胞。得到的幹細胞，為研究疾病發展、實現器官再生和個性化醫療提供了重要基礎。

革命尚未成功

毋庸置疑，透過 iPS 技術，科學家可以得到來自於病人的多能幹細胞，而且可以將這些細胞，定向分化成為神經細胞、心肌細胞、胰島細胞等各種不同類型的細胞，這個系統為科學家研究疾病的發展機制與藥物篩選，提供一個有效的平臺，然而，iPS 距離臨床應用和器官移植還有很長的一段路要走。

為什麼 iPS 細胞暫時還不能應用於臨床？首先，胚胎幹細胞本身用於醫療很危險，**幹細胞如果分化不完全就移植到病人體內，很容易形成腫瘤**，而 iPS 細胞比一般的胚胎幹細胞更為危險，誘使 iPS 細胞形成的四個轉錄因子中，有兩個是致癌基因，這會大大增加引發癌症的風險。

其次，科學研究人員需要借助病毒，將四個轉錄因子導入體細胞中，而病毒會將外源基因，隨機插入到體細胞基因組的某個位置上，這個過程很有可能會破壞掉體細胞中某些很重要的基因，如果把這樣的細胞移植到病人體內是很危險的。最後，透過 iPS 技術得到多能幹細胞的效率很低，一萬個體細胞裡只有 1 到 10 個細胞可以變成多能幹細胞。

科學家最不怕的就是問題，怕的是找不到問題。知道問題在哪，那就想辦法解決。為了解決這些問題，全世界生物學界的智庫集思廣益，在這個過程中，美籍華人科學家丁盛做出了突出的貢獻。

和一般的生物學家不同，丁盛有著很扎實的化學研究功底。2008 年，丁盛及其團隊發現，透過添加兩個小分子化合物，可以將誘導細胞重新編製需要的轉錄因子，其個數從四個降到兩個，這從某種程度上降低了 iPS 細胞的致癌性〔8〕。

2009 年他們又發現，不需要使用病毒將外源基因導入體細胞，可以先把轉錄因子表達成蛋白，然後再把蛋白導入到體細胞中，因為蛋白不會改變基因序列，而且幾天後就會被降解，不會對細胞造成永久性傷害，進入體細胞的蛋白就這樣把體細胞變成了多能幹細胞，透過這種方法得到的細胞叫做**蛋白誘導性多能幹細胞**（protein-induced pluripotent stem cells，簡稱 piPSC）〔9〕。

不過美中不足的是，這個方法目前只在小鼠細胞中起作用，還不足以把人的體細胞誘導成多能幹細胞。同年，丁盛團隊又發現了一種化學方法，可以將人類細胞重新編製的效率提高 200 倍〔10〕。

丁盛的工作引起格拉德斯通心血管病研究所的重視，2011 年，丁盛接受該研究所的邀請，將實驗室從聖地牙哥搬到了矽谷，繼續從事用化學方法，誘導細胞重新編製的工作。

2013 年，北京大學的鄧宏魁教授及其團隊，發現不需要任何基因上的改變，只須添加七種小分子化合物，就可以將小鼠的體細胞誘導成多能幹細胞[11]，這無疑是一項重大技術突破，可惜的是這七種小分子組合，在人的細胞中依然不起作用。

就在大家熱切盼望有人可以用化學、蛋白、RNA，或任何一種不需改變人類基因，就可以將人類體細胞誘導成多能幹細胞時，2014 年，年輕的研究員小保方晴子用一種簡單的方法，將人類體細胞重新編製為多能幹細胞，這種方法就是給體細胞一些刺激，例如放到酸性溶液裡泡一泡，然後體細胞就變成多能幹細胞。這個方法發表後引來很多爭議。

酸性溶液這個方法極為簡單，馬上就有幾個實驗室開始重現小保方晴子的實驗，但根本就無法成功，沒過多久小保方晴子的文章被發現數據造假，就像是九年前黃禹錫宣稱複製出人類胚胎幹細胞一樣，結果是空歡喜一場。

幾年前，大部分人放棄了複製人類胚胎的計畫，加入到全民 iPS 的瘋狂時代，仍有一小部分科學家堅守在複製的陣地，他們失去戰友，且研究經費很受限制，即使在這種相對不利的情況下，也做出了歷史性的突破。

美國科學家舒克拉特 • 米塔利波夫（Shoukhrat Mitalipov）在 2013 年發現，用咖啡因處理過的卵細胞，可以高效率完成體細胞重新編製，而且由此得到的人類胚胎看上去非常完美，居然可以被培養成多能性人類胚胎幹細胞[12]。體細胞核轉移技術，在許多人看來已經過時，但到底過不過時還要憑數據說話。某些研究顯示，由體細胞人工誘導得到的 iPS 細胞，並沒有完全回到胚胎幹細胞狀態，而來自於複製人類胚胎的幹細胞，才是貨真價實的胚胎幹細胞。

目前科學家正在著手去比較這兩種不同來源的幹細胞，看它們之間的差別到底有多大。但不管是複製得到的胚胎幹細胞，還是人工誘導得到的 iPS 細胞，我們都希望能利用它們的多能性和可塑性，在體外重建人體的某些組織、器官，以用於醫療。

第 15 章

雞尾酒配方，培養皿裡、豬身上種出人器官

文／李凌宇

早在 iPS 細胞問世前，科學家就已開始使用小鼠或人類的胚胎幹細胞，來研究細胞分化和器官再生的問題。在第 14 章介紹過，人的胚胎幹細胞，來自於體外授精得到的人類早期胚胎，胚胎幹細胞具有多能性，理論上可以分化成為我們全身所有類型的細胞。

透過啟動體細胞裡的某些轉錄因子而得到的 iPS 細胞，具有與胚胎幹細胞類似的多能性。那麼，如何把這些多能幹細胞，變成可以用於臨床醫療的組織或器官？

細胞自我組裝出「迷你器官」

多能性幹細胞就像一顆種子，遇到合適的土壤和環境，它就會長成一棵參天大樹。那麼，**有沒有可能在細胞培養皿裡種上幾顆多能幹細胞，然後收穫一個完整的器官？**

理論上這個想法是可行的，科學家已在細胞培養皿裡培育出了類器官（organoid），類器官又叫做「迷你器官」，不過它還算不上是真正的器官。

2012 年，日本科學家笹井芳樹領導的研究小組，將**人類胚胎幹細胞**培養成直徑 500 微米左右的「視杯」（optic cup）[1]。視杯是胚胎發育早期形成的一個圓形杯狀的視網膜初始結構，它可以生成感光細胞、神經節細胞和中間神經元等，最終形成我們視覺器官的重要元件——視網膜。胚胎幹細胞是怎麼變成視杯的？

首先，要給這些細胞一個舒適的生長環境讓它們健康成長，培養液裡含有細胞成長所需的各種營養成分；然後，給這些細胞以合適的刺激和誘導。

想要得到視杯細胞，那就要加入有利於視杯細胞生成的誘導因子，一般情況下，**一種誘導因子是不夠的，需要由多種誘導因子相結合的「雞尾酒」配方，讓胚胎幹細胞迅速分化成他們需要的細胞類型**。之後，要如何把這些細胞有順序的組合在一起，讓它們形成一個三維的、雙層的視杯結構？笹井芳樹給出的答案是：讓細胞們自己去做。

這個過程就叫做細胞的自我組織（self-organization）。笹井芳樹曾戲稱自己是「月老」，負責把一對年輕人撮合一起。培養皿裡的細胞，在沒有任何外力的情況下開始自我組裝。首先，原先分散的胚胎幹細胞，聚合在一起形成小小的聚合體。然後，在「雞尾酒」的作用下，胚胎幹細胞變成神經前體細胞，細胞經過 3、4 天的互相動員，自發組織成中空的球體。

在「雞尾酒」另外幾種成分的作用下，神經前體細胞變成視網膜前體細胞，這些細胞自發的向外凸出，形成泡泡一樣的結構。然後，泡泡的頂端又開始內陷，形成酒杯狀結構，也就是我們說的「視杯」。

與胚胎正常發育過程中產生的視杯一樣，這個源自胚胎幹細胞的視杯也由兩層組成：其中，外圍較薄的一層是視網膜色素上皮（retinal pigment epithelium，簡稱 RPE），靠裡面較厚的一層是神經視網膜（neural retina，簡稱 NR），神經視網膜裡又分了好幾層，其中包含感光細胞、神經節細胞和中間神經元等重要的細胞類型。

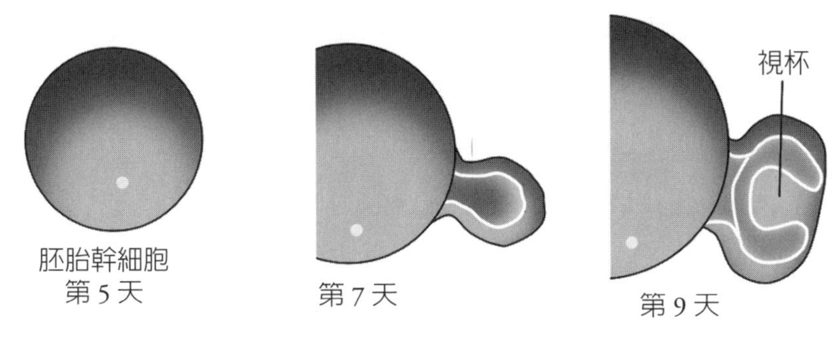

圖1　胚胎幹細胞形成視杯的過程。

這種由細胞自我組織形成的視杯結構，與胚胎正常發育過程中，形成的結構極為相似。細胞好像在某種與生俱來的訊號指揮下，各就各位，組裝成了一個與正常器官類似的結構。

神奇歸神奇，可是這個迷你視杯有什麼用？雖然我們無法培育出一隻完整的眼睛，但我們可以**用這種方法製造人工視網膜**。很多眼疾患者的病灶都是在視網膜上，即所謂的視網膜退化性疾病。

黃斑部病變是一種常見的視網膜退化性疾病，在西方國家，黃斑部病變是造成 50 歲以上人群失明的主要原因，在中國黃斑部病變發病率也不低，60 ～ 69 歲發病率為 6.04%～ 11.19%（數據來自於百度）。

黃斑部病變通常是高齡退化的結果，視網膜組織退化變薄，引起黃斑功能下降，造成視物扭曲和視力的不可逆下降。現在，我們一手掌握了 iPS 技術，一手又掌握了用幹細胞培育視網膜的方法，這兩個技術是否可以**結合在一起用於黃斑部病變的治療**？在 2012 年笹井芳樹曾這樣預言：體外培養的類器官，在十年內就有可能進入手術室。但現實情況是，十年太久，只爭朝夕。

2014 年 9 月 12 日，笹井芳樹所在的日本理化研究所（RIKEN）與當地醫院合作，將 iPS 細胞製成的視網膜細胞，成功移植到一名黃斑部病變患者的右眼中，這是世界首例利用 iPS 細胞完成的移植手術。這名患者是一位 70 歲的老人，她之前一直採用藥物注射治療，不過效果不佳，症狀仍日趨惡化，無奈之下，老太太決定自擔風險，加入 iPS 臨床試驗。當然在這之前，研究者們已在老鼠和猴子身上做了安全性研究。

手術前，研究小組**採集了老人的皮膚細胞，將其誘導成 iPS 細胞，然後再將 iPS 細胞，培育成視網膜色素上皮細胞來用於移植**。手術順利完成，研究者們還要繼續跟蹤觀察，看移植進去的細胞是否保持功能，以及是否會發生癌變。雖然我們還不知道最終結果如何，但毫無疑問的是，我們已向著 iPS 細胞引領的再生醫學，邁出重要一步。

該手術的負責人對發明 iPS 技術的山中伸彌，和改進視網膜分化方法的笹井芳樹表示感謝，可惜的是，後者已聽不到了。上一章提到小保方晴子學術造假事件，由於該事件的牽連，笹井芳樹於 2014 年 8 月在理化研究所自殺身亡。笹井芳樹的逝世，對幹細胞和發育生物學界無疑是一個沉重的打擊。

斯人已去，科學還在前進的路上。透過外界訊號調節和細胞自組裝相結合的方法，科學家又培育出了各種迷你器官。奧地利科學家將人類胚胎幹細胞和 iPS 細胞，分化成神經幹細胞，在培養皿裡培育出了「迷你大腦」[2]。

「迷你大腦」是一個直徑 4 毫米左右的不規則球體，這個球體由各種不同類型的神經細胞組成，球體裡有一部分組織像大腦皮層一樣呈分層式排列。在這裡，我們不得不再次讚歎細胞的自我組裝能力，在沒有外力作用的情況下，它們可以依照細胞種類的不同分層排列，就像真的大腦皮層一樣。

「迷你大腦」裡不同區域的細胞，可以表達胎兒時期不同腦區的標記基因，然而這些區域是不連續的，而且結構上非常不完整，因此，「迷你大腦」在很多方面與真實的人類大腦有很大的差別。由於沒有血液供應，當它們長到蘋果核大小時就會停止發育，位於內部的細胞也會因為缺氧而壞死。其實製作「迷你大腦」的主要目的不是器官移植，而是用於研究人類大腦發育過程、疾病發生機制，及進行藥物篩選。

近兩年來，科學家還培育出「迷你胃」[3]、「迷你腎臟」[4]和「迷你肝臟」[5]。2015 年 7 月，加州大學柏克萊分校、格拉德斯通心血管病研究所的科學家共同合作，用從病人皮膚細胞誘導得來的 iPS 細胞，培育出可以跳動的「迷你心室」[6]。

迷你器官雖然精巧，有些甚至還能模擬器官的部分功能，但大部分的**迷你器官，都只相當於胚胎時期器官發育的初始階段**，跟真實的器官還有很大差別，所以還不能用於人類器官移植。

目前，迷你器官主要用於研究器官發育、疾病發生機制和藥物篩選。隨著技術的進步及對器官發育過程了解的深化，相信我們會研究出更複雜、更成熟、與真實器官更接近的類器官。

科學怪人成真——體外培養出鬼心臟

1818 年，英國女作家瑪麗 · 雪萊（Mary Shelley），出版了科幻小說《科學怪人》（*Frankenstein*），這部作品讓瑪麗聲名大噪，甚至一度超過了她的丈夫——英國詩人雪萊。

在這部小說裡，法蘭克斯坦是一個癡迷於科學的年輕人，在強烈好奇心的驅使下，他從停屍房取得不同的人體器官，縫合成一個人體，並利用雷電使這個人體擁有了生命，然而這個用屍體拼成的新生命相貌奇醜，被人們視為怪物，在外經歷各種挫折之後，變成殺害法蘭克斯坦未婚妻和親人的魔鬼，法蘭克斯坦為了彌補過錯，下定決心親手毀掉自己的作品……。

《科學怪人》在西方國家可謂家喻戶曉。如今，一位出生於舊金山的女科學家桃瑞絲 · 泰勒（Doris Taylor），被稱為現實版的「法蘭克斯坦」。泰勒很喜歡這個綽號，希望透過自己的努力，真正再現小說中科幻理想的情景。

在她位於休斯頓的實驗室裡，有幾個蒼白的「鬼心臟」（ghost heart）正靜靜飄蕩在透明的生物反應器裡，等待實驗室的研究人員替它們重新注入活力，讓它們重新跳動起來。

現在，科學家已可以透過使用不同的「雞尾酒」配方，把多能幹細胞（包括胚胎幹細胞和 iPS 細胞），培養成不同的細胞類型，這些從幹細胞變來的神經細胞、肝臟細胞、心肌細胞等各種細胞，還可以在一定程度上自我組裝成迷你器官，但迷你器官畢竟不是真正的器官，它們體積很小、結構簡單，跟真實器官相差很大，那如何才能用這些細胞材料重塑一個完整的器官？

相信大家都看過建築工地上正在建設的大樓，如果說一個器官是一座大廈，那細胞就相當於一塊塊磚瓦，光有磚瓦還不足以建起一座大廈，需要先有鋼筋混凝土搭起的基本框架，那麼對於建造一個器官來說，要從哪裡找這個基本框架？**最容易的辦法就是利用已死去的器官**。

2008 年，Taylor 和她的研究小組，利用死去的大鼠心臟作為框架，重建了一顆新的跳動的心臟[7]。方法看起來很簡單：**先用相關製劑，洗掉心臟中所有的細胞成分**，諸如脂肪、DNA、可溶性蛋白和糖類，**只留下包括膠原蛋白、層黏連蛋白，和其他一些結構蛋白在內的細胞外基質**。

這些殘留下來的細胞外基質顏色蒼白，摸起來像果凍一樣，這就是我們前面所說的「鬼心臟」，這些由細胞外基質構成的框架也就是心臟的基本框架。然後，科學家將「鬼心臟」放置到生物反應器中，重新注

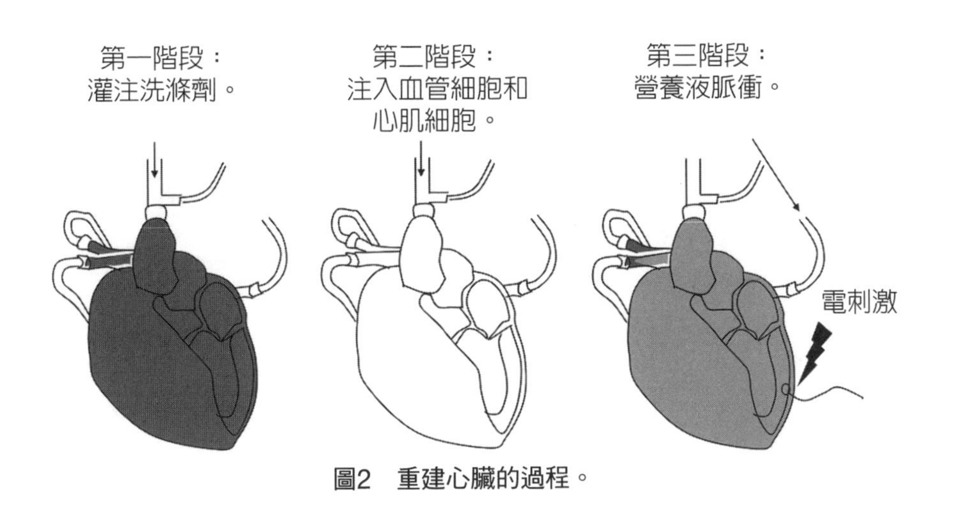

圖2　重建心臟的過程。

射入鮮活的血管細胞和心肌細胞，這些細胞黏附到框架上，形成了新的血管和心肌組織。幾天以後，在電流的刺激下，這顆重建的大鼠心臟又跳動起來了。

雖然重建的心臟跳動非常微弱，收縮功能遠不如正常心臟那麼強勁，但這次嘗試起碼告訴我們，用多能幹細胞重建心臟這條路，很可能是行得通的。因為「鬼心臟」只保留了細胞外基質成分，所以，在使用它們時，不需要特別考慮免疫排斥的問題，甚至用來自於豬的心臟都可以。因為豬的心臟跟人的心臟大小和結構都差不多，在人類心臟奇缺的情況下，就可以用豬的心臟來做框架。

把豬的細胞成分都洗去，只留下細胞外基質構成的框架，然後把來自於病人的 iPS 細胞培養成心臟細胞，再填補到基本框架裡去，這樣就可以得到一個跟病人的基因型一致，不會產生免疫排斥的心臟了。

這個想法自然很棒，但用「借屍還魂」的方法，重建心臟還有很多困難有待解決，例如如何在最短時間內，得到製作一個人類心臟需要的幾十億個細胞，用哪一個發育階段的細胞效果最理想，如何用生物反應器，模擬體內不停變化的生理環境，怎樣讓心肌細胞保持一定頻率收縮和強勁的泵血功能。在這些問題得到解決前，談臨床應用還為時太早。

不可否認，泰勒在心臟再生方面，已取得了一個階段性成功，這吸引更多的科學家，加入利用舊器官製作新器官的隊伍中。目前，科學家已把研究範圍拓展到肝臟、腎臟和肺。但總體而言，這個領域離實際應用還有很遠的距離。也有部分科學家不追求重建整個器官，而是專注於研究器官某個零件的再生，例如動脈管、心臟瓣膜等，這些功能和結構較為簡單的「小零件」，倒是離臨床應用更近一些。

還有的科學家在尋找，可以取代細胞外基質的人工合成材料，當我們對器官的結構和功能足夠了解，就可以透過 3D 列印技術，製作出精細的器官框架，然後把所需細胞填充進去。相信不久的將來，這些人工培育得到的組織或器官，會出現在手術室裡用來救人，造福社會。

偷梁換柱——用豬孕育人的胰島

科學發展至今，我們已揭開了生命的好多奧祕，並學會在一定程度上操縱生命，但不得不承認，我們所探知到的奧祕還只是冰山一角。我們已可以用不同的「雞尾酒」配方，將多能幹細胞培養成不同類型的細胞，且靠細胞的自我組裝功能得到迷你器官，還可以製作生物反應器，模擬體內的溫度、氧氣濃度和營養環境，利用死去器官的框架培育出新的器官。

可惜的是，所有這些科學研究成果，跟自然生成的精巧絕倫的器官相比，都是初級「山寨」水準。自然界經過幾十億年進化得到的成果，不是我們短時間就能模仿，這就是為什麼迷你器官很難做到跟真的器官一樣，由「鬼心臟」復活而來的人工心臟，也難以跟天然的心臟比較。

在我們還沒有搞清楚器官再生所需的理想條件前，**是否可以把病人的 iPS 細胞，種到一個天然的「生物反應器」裡，培育出病人所需的器官？**那麼，什麼是天然的生物反應器？你是，我是，我們每個人都是。

但這一回，我們盯上了豬。豬在所有家畜裡和人最接近，器官的結構、大小都跟人的差不多。史丹佛大學教授中內啟光，就策畫用豬來培育人的器官，這個項目要分好幾步來完成。由於豬體型龐大，飼養起來占地方又花錢，不適合大量拿來做沒把握的實驗。

所以，一開始要先使用體型較小、易養殖、繁殖週期短的小鼠和大鼠來做實驗。如果能用小鼠當「生物反應器」培育出大鼠的器官，那就證明了利用 A 物種來培育 B 物種的器官是可行的。這裡要說明一下，小鼠（mouse）和大鼠（rat）是兩個完全不同的物種，千萬不要以為小鼠就是小老鼠，大鼠就是大老鼠，當然，在體型上小鼠確實比大鼠要小得多。

2010 年，還在東京大學做教授的中內啟光和他的研究小組，成功用小鼠來培育大鼠的胰臟[8]。為了檢測小鼠和大鼠兩個系統是否相容，中內啟光把大鼠的 iPS 細胞，注射到普通小鼠的囊胚（blastula）中。囊胚是哺乳動物胚胎發育過程中，特別早的一個階段，這時的胚胎就像一個泡泡，裡面包了一小團細胞，這團細胞具有多能性，它們在發育過程中，會逐步分化成不同的組織和器官，最後發育成一個胎兒。

在囊胚時期，這團細胞還沒有開始發育，所以當大鼠的 iPS 細胞被注射到小鼠的囊胚中後，這兩種細胞就像兩種顏色的黏土一樣，被捏成一團，不分彼此，共同擔當起發育成一個胎兒的任務，由此而誕生的小鼠，便攜帶了大量來自於大鼠的細胞。

這種由兩個或多個物種的細胞，鑲嵌在一起發育而成的生物體，叫做嵌合體，嵌合體的英文是 Chimera，這個單詞來自於古希臘神話中的怪獸喀邁拉，喀邁拉擁有三種野獸的特徵，上半身像獅子，中間像山羊，下半身則像毒蛇。

然而嵌合了大鼠細胞的小鼠並不像喀邁拉那樣，一半長得像小鼠、一半長得像大鼠，大鼠的細胞幾乎均勻分布在小鼠的所有組織和器官裡。在胰臟中，大約有 20%的細胞來自於大鼠、80%來自於小鼠。

看到這裡，你也許會有疑問，前面一直在強調，用病人自己的 iPS 細胞製作器官，可以避免免疫排斥的問題，那麼，嵌合體裡來自於兩個物種的細胞，難道不會互相排斥嗎？大鼠的 iPS 細胞，是在小鼠胚胎發育到囊胚期時，注射到胚胎裡，那時候小鼠的免疫系統還不存在，**等到免疫系統開始形成時，大鼠細胞會被識別成「自己人」**，不會遭到免疫系統的攻擊。

回到主線，嵌合體小鼠的胰臟中有 20%的細胞來自於大鼠，這樣就算培育出大鼠的胰臟了嗎？當然不是，我們想要一個 100%的大鼠胰臟。為了達到這個目的，中內啟光剔除了小鼠的一個基因，這個基因對胰臟發育至關重要，失去了這個基因的小鼠，沒辦法長出胰臟。

大鼠的 iPS 細胞，被注射到剔除此基因的小鼠囊胚裡，由於大鼠細胞基因正常，可以發育成胰臟，這樣在有缺陷的小鼠的身體裡，就形成了一個完全由大鼠細胞發育而成的胰臟。這個「偷梁換柱」的計謀是不是很「狡猾」？

既然實現了用小鼠培育大鼠的胰臟，接下來就要用豬來培育人的胰臟。2013 年，中內啟光的研究小組透過轉基因技術，創造出一種自身無法發育出胰臟的豬[9]，這種可憐的無胰臟豬，就是培育其他大型哺乳動物胰臟的最佳生物反應器了。跟用小鼠培育大鼠胰臟一樣的道理，科學家把人的 iPS 細胞，注射到無胰臟豬的囊胚裡，然後等這個囊胚在代孕母豬的子宮裡發育完全，生出來的小豬就帶有人的胰臟了。

但 iPS 細胞可是多能幹細胞，它們不光可以生成胰臟，還會跟豬的其他細胞混合在一起生成心臟、皮膚、大腦，甚至生殖細胞。如果是這樣，這頭生下來的小豬到底是豬還是人？也許牠看起來是頭豬，但有人的大腦，那該怎麼辦？關於這個問題，大家吵來吵去，身體裡超過百分之幾的細胞是人的細胞才能算是人？

在這種很不明朗的情勢下，科學家不會貿然把人的多能幹細胞，注射到豬的胚胎裡並讓其出生。況且，還有其他技術障礙沒有解決，例如人的胚胎幹細胞或 iPS 細胞，即使被注射到豬的囊胚中也可能無法形成嵌合體，畢竟高等動物的細胞，不像小鼠和大鼠的那麼容易被欺騙。

所以，要實現用豬來培育人的器官，還要解決下面兩個問題：第一，要建立可以跟豬的囊胚形成嵌合體的人類多能幹細胞；第二，這些來自於人的多能幹細胞，不能參與到大腦和生殖細胞的建構中。

其實關於第二個問題還是很有爭議，沒有一個標準規定百分之幾的嵌合才算適度。不過有一點是大家達成共識的：因為移植了豬的器官的病人還是人，那麼反過來，身體裡有人的器官的豬還是豬。有了這點共識，用豬培育一個胰臟、心臟或腎臟，應該是能被社會倫理接受。

瞞天過海——皮膚直接變神經

跟大家講個故事放鬆一下。某天，在平靜的皮皮國出現三個不速之客。他們不是本地居民，沒有人知道他們是誰，而這三位初來乍到也有些摸不著頭緒，他們本來是鎮守神神國的三員虎將，但不知道發生了車禍還是電擊，被穿越到這個地方。

皮皮國的風土人情跟神神國有很大的不同，但社會制度倒是相仿。慢慢的，三員大將適應這裡的環境，而且還發現一些熟悉的面孔，這些人在神神國時，曾是他們的得力部下，結果在這裡淪落為流匪或乞丐，三員大將把這些舊部屬重新收入麾下並委以重任。

他們還在皮皮國的核心地堡裡，發現一些神神國重臣，但在這個奇怪的地方，他們都被關押起來，完全施展不了威力。在這三員虎將的幫助下，這些被關押的重臣們紛紛被解救出來，然後一同帶領皮皮國上下發動起義，把那些跟他們對抗的皮皮國兵將們關押或流放。就這樣，短短十幾天後，皮皮國變成了神神國。

其實這就是皮膚變成神經的過程，皮皮國就是皮膚細胞，神神國就是神經細胞，而這三員大將的名字相當洋氣，他們是 Ascl1、Brn2 和 Mytl1，這三個基因在神經細胞中非常活躍，對神經系統發育起著重要作用。

2010 年，史丹佛大學教授馬呂斯 ‧ 沃尼格（Marius Wernig），將這三個基因轉到小鼠的成纖維細胞（皮膚細胞的一種）中，發現成纖維細胞從形態到基因表達，乃至在功能上都發生了巨大改變，它們完全變成了神經細胞〔10〕。

透過這種方法得到的神經細胞，叫做**誘導性神經細胞**（induced neuronal cell，**簡稱 iN**）。後來，沃尼格進一步證明，人的皮膚細胞也可以變成 iN 細胞，而且只需要轉入 Ascl1 這一個基因就足夠了。再後來，科學家又發現**不需要轉基因，只需要添加幾種小分子化合物，就可以把小鼠的成纖維細胞，變成有功能的神經細胞**〔11〕。

其實，iN 和在上篇介紹過的 iPS 有著異曲同工之妙，都是人為向皮膚細胞中轉入相應的基因，從而迫使皮膚細胞變成其他種類的細胞。只不過，iN 是讓皮膚細胞變成了另外一種成熟的細胞——神經，這個過程有個很學術的名字叫「轉分化」，就是讓細胞轉行的意思；iPS 則是讓成熟的皮膚細胞變回到發育的起點——多能幹細胞，這個過程也有個很學術的名字叫「去分化」，就好比工作了幾年後發現沒有興趣，又回到學校學習新東西，以備將來有更多的選擇。

轉分化、去分化都改變了細胞原來的命運，所以統稱為「細胞重新編製」。山中伸彌與約翰 · 格登，就是因為發現細胞重新編製，而獲得 2012 年的諾貝爾醫學獎。

那為什麼「轉分化」和「去分化」總是利用皮膚細胞研究？首先，皮膚組織比較容易獲取；其次，皮膚裡的成纖維細胞有較強的增殖性，容易培養和冷凍儲存。科學家還在考慮利用其他的細胞來源重新編製，例如尿液中的腎小管上皮細胞、髮根上的角質形成細胞，它們都可用作細胞重新編製的起始細胞，而且對人體幾乎不會造成任何損傷。

獲取 iN 細胞的方法發表後，科學家又找到更多的方法，可以把皮膚細胞直接變成血細胞、心肌細胞、分泌胰島素的 β 細胞等。iN 技術比 iPS 技術有優勢的是節省時間，例如需要用神經細胞為病人做治療，如果用 iPS 技術，那就要把病人的皮膚細胞先變成多能幹細胞，然後再把多能幹細胞分化成神經細胞，而 iN 技術可以一步到位，皮膚細胞直接變成神經細胞。

基於這一點，**人們對使用 iN 細胞治療神經退化性疾病（如阿茲海默症、帕金森氏症等）抱有極大的希望**。在臨床應用上，未分化完全的神經幹細胞，可能比成熟的神經細胞更有價值，因為神經幹細胞有更強的增殖性和可塑性。

很快的，科學家便找到把皮膚細胞變成神經幹細胞的方法，由此得到的神經幹細胞叫做 iNSC（induced neural stem cells，誘導性神經幹細胞）。還有一些腦部疾病，需要透過移植少突膠質祖細胞來治療，因此又有科學家發明了把皮膚細胞變成少突膠質祖細胞的方法，由此得到的細胞叫做 iOPC（induced oligodendroglial progenitor cells，誘導性少突膠質祖細胞）。

透過細胞重新編製得到的神經細胞類型，還不只上述這些，在這裡，我們將這些細胞統稱為 iX 細胞，iX 家族更新換代的速度可是比 iPhone 快得多。

那麼，iX 細胞如何用於臨床治療？在細胞重新編製技術出現前，臨床上就嘗試把流產胎兒的中腦組織，移植到帕金森氏症患者大腦的紋狀體中，進行替代治療，因為帕金森氏症患者腦中缺乏多巴胺神經元，而胎兒的中腦組織中富含這種神經元，正好可以起到替代作用。

這種細胞替代治療，確實可以減輕患者的症狀，但由於缺乏可供移植的胎兒腦組織，並且涉及倫理問題，使得應用這種治療方法，受到極大的限制。現在我們可以把病人自己的皮膚細胞，變成神經細胞或神經幹細胞，就不需考慮倫理問題。不過新的問題是，「iX」雖然在一定程度上可以以假亂真，但還做不到完全模擬。

iX 細胞跟真實的神經細胞，在基因表達和功能上還有較大差別，而且純度不夠高。細胞性質不確定是臨床應用的大忌，所以，要把「iX」家族推向臨床應用，科學家還必須精益求精。

目前看來，iX 細胞在臨床上的應用前景，主要是用於細胞替代治療，而不是重新造一個大腦。就好比你有一件衣服破了個洞，補了還可以繼續穿，不用買匹新布重新做件衣服出來。況且，換腦子可比換衣服複雜多了。不光是大腦，還有很多器官發生損傷後，並不需要把整個器官換掉，只要修補一下即可。

iX 細胞，或由 iPS 細胞分化得到的各種細胞類型，都是未來實現器官再生，或器官修補的主要細胞來源，其中某些細胞類型，已開始進入臨床試驗階段，但絕大多數細胞離臨床應用，還有相當遠的距離。

在這篇文章裡，我們主要介紹多能幹細胞在再生醫學中的應用，其實，還有另外一大類細胞不容忽視，它們是成體幹細胞。顧名思義，成體幹細胞就是成熟的生物個體裡存在的幹細胞，例如皮膚幹細胞、間充質幹細胞、脂肪幹細胞、血液幹細胞等。

成體幹細胞不像多能幹細胞那樣「多能」，但作為幹細胞家族的成員，它們有較強的增殖性，而且有能力分化成某些特定的細胞類型。成體幹細胞可以直接從人體中獲得，不需要經過轉基因或小分子化合物處理，在安全性上更勝一籌。

第 16 章

幹細胞修復受損器官

文／楊文婷

癌症已成為當今人類健康的最大威脅，人體的很多器官都有可能罹患癌症，我們聽說過腦癌、喉癌、食道癌、胃癌、肝癌、胰腺癌，但好像從來沒有聽說過心癌，難道心臟就不得癌症？

結構「特立獨行」的心臟

癌症是惡性腫瘤（Malignant tumor）的一類統稱，是一類生長異常、能浸入（invade）或擴散（spread）到身體其他組織的細胞，所引起的疾病。人們常說的腫瘤其實並不等於癌症。

良性腫瘤細胞與身體其他正常組織有明確的界限，不會擴散到身體其他部位，生長繁殖速度相對於惡性腫瘤更慢，細胞的分化程度（differentiation）也更高，比較**接近正常的細胞。但這並不代表良性腫瘤是無害的**，這類細胞仍然會釋出對身體其他組織（例如內分泌組織腫瘤可能會分泌過量激素），或對神經系統有損害的物質。

同時，腫瘤組織本身對身體其他組織也有壓迫作用，可能引起組織的缺血壞死和器質性損傷。很多種良性腫瘤非常有可能發展成為惡性腫瘤，所以醫生通常建議手術切除良性腫瘤。

惡性腫瘤等於癌症。由於惡性腫瘤細胞自帶生長因子，功能性受體和增殖基因表達增高，因此惡性腫瘤細胞具備幹細胞特性的潛能，由於幹細胞可以「製造」細胞，因此這一特性使得惡性腫瘤細胞，也可以源源不斷製造出更多的腫瘤細胞。另一方面，惡性腫瘤細胞與周圍的組織，沒有明顯的界線，很容易入侵或擴散到其他組織。因此不論是手術或化療，都很難去除這些癌細胞，即使切除也很難徹底清除，極易復發。

為什麼很少聽說心臟會得癌症？一是因為心肌細胞是一種「終末分化細胞」（terminal differentiated），人出生後就不再分裂增殖。二是因為心臟中的血流速度非常快，身體其他部位有入侵性或擴散性的癌細胞，很少能轉移到心臟中。

不過這並不代表心臟不會罹患癌症，雖然心臟的主要組成細胞是心肌細胞，但心臟中有很多血管，血管容易受癌細胞入侵，血管肉瘤是心臟惡性腫瘤（癌症）中常見的一種，還有一種橫紋肌肉瘤多發在嬰幼兒身上。

總體來說，心臟的惡性腫瘤（癌症）發病率比例還是非常低，但心肌梗塞的發病率在全球持續增長，是危及人類健康的一大疾病。

2011 年世界衛生組織統計顯示，每年因心肌梗塞死亡的人數超過 900 萬人，位居全球十大死因榜單第二。目前，美國每年心肌梗塞的發病人數在 150 萬人左右。

像心肌梗塞（Myocardial infarction）或是急性心肌梗塞（Acute myocardial infarction），俗稱心臟病（Heart Disease），是由於部分心臟組織無法得到足夠的血液供給，導致不可逆的心肌損傷而引起。人體的很多其他細胞，例如皮膚、肝臟等，都可以持續分裂，但心肌細胞在人出生後就停止分裂增殖，也就是說，人一生的心肌細胞數目是一定的，因此無法再分裂增殖的心肌細胞，不會受到癌細胞的影響，這使得心臟發生癌症的機率非常小；另一方面，由於心肌細胞不再分裂增殖，一旦心肌受損就是件要命的事。

3D列印腎臟，但造心尚未成功

隨著醫學的進步，心臟病患者可以透過急救度過危險期，但度過危險期不等於萬事大吉，至少有三分之一度過危險期的患者，心臟會越來越虛弱，這在醫學上稱作「心力衰竭」。心力衰竭患者，可以透過藥物、心律調節器或植入型去顫器等治療；但嚴重心力衰竭者，在這些治療方法效果不佳的情況下，最後的方法只有心臟移植或人工心臟移植。

2014 年，全球心臟移植總共才 2,174 例，遠遠無法滿足患者需求。而人工心臟真的就是心力衰竭患者的救星了嗎？ 1982 年，西雅圖的一位心衰患者巴尼 · 克拉克（Barney Clark）第一次接受了人工心臟移植，存活了 112 天。1985 年，美國印第安那州一位名叫比爾 · 施勒德（Bill Schroeder）的患者，在接受人工心臟移植後存活了 620 天，於 1986 年死亡，創下手術後存活時間最長的紀錄。

他們移植的名為「賈維克 -7」（Javik-7）的人工心臟，它極其複雜，需要在體內植入裝置，用導線、管子與體外笨重的設備相連，患者只能躺在床上。而且，這類人工心臟只能暫時使用，病人仍需要進行心臟移植手術。

2013 年 12 月，世界首例由 Carmat 研發的永久性人工心臟移植手術，在法國喬治蓬皮杜醫院進行。這是世界首例具備可以避免人體排斥、以電池為動力、可人工智慧調節供血節奏和遠端監測的人工心臟，理論上使用可長達 5 年。

然而 2014 年 3 月，喬治蓬皮杜醫院通報了首例心臟移植手術患者去世的消息。患者依靠這顆人工心臟僅存活了 75 天。人工心臟最大隱患就是腦血管阻塞，並由此引發中風癱瘓，「長期性的成功」還有待進一步驗證。一些科學家認為沒有必要完全用儀器代替心臟，應該將重點放在研究如何幫助患病的心臟恢復功能。

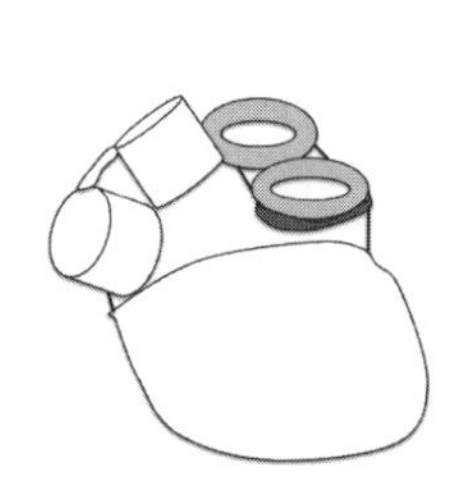
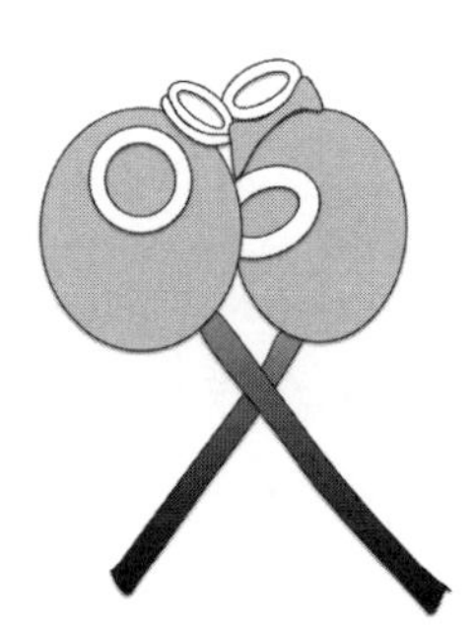

圖1　左：賈維克7人工心臟；右：Carmat人工心臟。

修復一顆能跳動的心臟需要做哪些事情？首先要解決的是材料。用豬器官代替人器官進行移植的研究甚囂塵上，且不說人們思想上，能否接受自己的胸腔裡跳動的是一顆豬心，單看不同物種器官差異之大，還是同源性材料更合理，例如自體幹細胞。

科學飛速發展的今天，我們已能從人體獲得一定數量的幹細胞，自體幹細胞的優點是來源廣泛，且容易獲得（抽血、抽骨髓分離後都可以獲得），並且不會產生自身排斥反應。但它依舊有缺點和局限性：數量有限、非常脆弱、增殖能力極強、易引發癌症。

目前體外培養心肌細胞也是完全可行的，可是並非培養出健康的心肌細胞，就可以擁有健康的心臟，心臟是一個有著精密細胞結構，和複雜血管分布的器官，心肌細胞除了需要有規則的排列生長成特定的精密結構，細胞之間還需要建立起物理性和神經性的聯繫，有了這種聯繫，細胞之間才可以傳導電信號，心肌才能收縮。

如果沒有這種聯繫，那些細胞並不能被稱為心臟，就像有些實驗室聲稱可以在實驗室製造大腦，其實不過是培養出一堆神經細胞。

有了合適的材料，就要考慮如何將其移植到需要被移植的部位，理想的情況是，修補的部分與周圍健康組織建立連接，傳導電信號，協調心肌細胞同步收縮。

但現實中，被移植的幹細胞，往往無法與周圍的健康組織「搞好關係」，移植的幹細胞並沒有分化為心肌細胞，去修補日漸變薄的心室，反倒是周圍不具收縮能力的纖維細胞拚命修補梗塞部位，修成一道不具備搏動（beating）能力的疤痕，讓心肌梗塞更加嚴重。

科學家嘗試各種方法，來幫助細胞形成期望的器官。例如利用生物 3D 列印技術製造器官，這聽起來很科幻，但其實從 1990 年代起科學家就開始實驗了。最初是一些結構和功能都較為簡單的器官，例如膀胱和氣管，而腎臟和心臟這樣複雜的器官還有待研究。

2014 年，美國威克森林大學再生醫學研究所的安東尼 • 阿塔拉（Anthony Atala），透過 3D 列印技術，**直接用活細胞列印出腎臟**。但這種方法列印的腎臟，缺少血管和腎小管這樣的內部通道，無法真正用於移植。

接著，針對這個問題，美國賓夕法尼亞大學的喬丹 · 米勒（Jordan Miller）和他的團隊，及麻省理工學院的研究團隊提出一項解決方案，米勒先用可溶性的糖，列印出「糖血管和糖腎小管」，然後把整個血管外包上細胞外間質和可以形成血管的內皮細胞，最後沖洗掉糖。

之後細胞開始生長，形成強而有力的血管，甚至在一些大血管周圍，自發的長出完美的微血管。**這個發育接近成熟的器官能被身體接受，自發進行細節的調整**，具備完整的功能。

但是 3D 列印心臟，目前來說還是相當有難度，現有的技術列印出的最小物體，只能達到毫米級別，而心臟中最細的血管寬度，僅為微米級別（約 10^{-3} 毫米）。心臟中那些錯綜複雜的微小血管，正是確保器官健康的關鍵。

脂肪有大用！成體幹細胞

2001 年，科學家將兩種幹細胞應用到研究：胚胎幹細胞和成體幹細胞。胚胎幹細胞的優點在於，可以根據需要改造成任何一類細胞，用於器官或是組織的再生，例如肝細胞、神經元或是心肌細胞。過去使用的人類胚胎幹細胞，通常取自生殖中心的剩餘受精卵，但胚胎幹細胞的使用在美國一直伴隨倫理爭議，甚至有宗教組織認為這是謀殺。

作為回應，美國政府 2001 年 8 月，對人類胚胎幹細胞的使用進行了限制，目前只有幾種已在實驗室培養的胚胎幹細胞，仍可以在研究中使用。

胚胎幹細胞可以無限擴增，是因為含有一種抗衰老蛋白端粒酶，癌細胞也擁有這樣的端粒酶，因而可以不斷增殖，獲得永生。雖然胚胎幹細胞分化為成熟細胞後，就不再含有這種端粒酶，失去了永生的能力，但難免有那麼一小部分，仍具備永生能力的胚胎幹細胞，有形成腫瘤細胞的可能。而且，所有從胚胎幹細胞獲得的用於重塑的細胞，都含有原來受精卵的遺傳物質，因此接受由人類胚胎幹細胞改造的組織或器官的病人，可能也需要接受免疫抑制治療來防止排斥，而感染的風險也隨之增加。

既然**胚胎幹細胞的研究難以開展，科學家轉而把重點放到成體幹細胞**上。成體幹細胞優點是它們不具備永生的能力，因此不太可能形成腫瘤；它們不是從胚胎獲得的，所以也不受倫理束縛；並且可以從病人本身獲得，降低了免疫排斥風險。

但成體幹細胞也並非完美。與胚胎幹細胞相比，它們更成熟，因此在可定向誘導分化的細胞種類上有一定限制。例如，取自骨髓的血液成體幹細胞，可以分化出紅細胞和白細胞，但不能分化成心肌細胞。舉例來說，間充質幹細胞是從骨髓中找到的另外一種成體幹細胞，這類幹細胞可以分化成骨、脂肪和軟骨，但沒有證據顯示可分化成為心肌細胞。

另外，成體幹細胞治療還有一個重要的限制，就是我們的身體只有有限的成體幹細胞，如果每次我們都取一些成體幹細胞用於治療，將面臨影響它們本職工作的風險。例如，即使來自於骨髓的幹細胞，可以分化成心肌細胞，但**如果從骨髓中，分離出大量幹細胞用於治療心臟病，可能會影響到骨髓的首要工作**——製造血細胞，這樣做顯然得不償失。

有科學家大膽提出：為什麼不用脂肪？ 2001 年，加州大學洛杉磯分校的細胞生物學家，發表關於脂肪幹細胞的文章。整形外科醫生和科學家，分析從抽脂手術中獲得的脂肪，並從中獲得大量的成體幹細胞。

這是一個非常重大的發現，畢竟缺乏成體幹細胞，是阻礙器官再生影響力的重要原因。如果真的有那麼一種簡單的方法，從脂肪中就可以獲得成體幹細胞，就不需要冒著損耗珍貴的骨髓，或損耗更稀少的其他成體幹細胞資源的危險。因為獲取脂肪幹細胞聽起來相對簡單，脂肪就分布在我們的皮膚下面，然而真的如此簡單嗎？

脂肪幹細胞從間充質幹細胞分化而來，進一步可以分化成脂肪細胞。脂肪細胞主要分為給身體儲存營養物質的白色脂肪細胞（white adipocyte）和給身體供暖的棕色脂肪細胞（brown adipocyte）兩類，另外還有一類叫做米色脂肪（beige adipocyte）。

要如何從一團脂肪中獲得幹細胞？科學研究人員透過抽脂手術取得病人的白色脂肪，除去成熟的脂肪細胞，這一步非常簡單，因為脂肪的密度比水小，會懸浮在培養液上被過濾。初步處理後的脂肪細胞，包含了未成熟脂肪細胞、內皮細胞，還有疤痕組織脂肪細胞。而脂肪幹細胞很可能就隱藏在這些未成熟的脂肪細胞裡。

為了驗證這一猜想，研究人員先嘗試用脂肪造骨和軟骨。將初步處理後的脂肪，置於模擬的體內環境中，也就是說**用和體內同樣的生長因子和蛋白，來誘導骨髓中間充質幹細胞分化為骨和軟骨**。這一策略成功了，初步處理過的脂肪細胞在與體內相同的生長因子刺激下，分化成為骨和軟骨細胞。

與一般成體細胞不同，這些初步處理後的脂肪細胞，幾週內數量就可以從一百萬擴增為幾千萬，遠遠超過修補組織的需求[1]。因此僅一次抽脂手術獲得的脂肪細胞，就足夠製造出幾層骨和軟骨，這對廣大骨折、骨質疏鬆和慢性關節炎的患者來說，是一個絕好的福音。

將脂肪變成骨或軟骨的「魔術」非常成功，但如何把脂肪變成修復心臟可用的細胞？例如心肌細胞，或形成血管內壁的內皮細胞。在正常成年哺乳動物的心臟中，主要有心肌細胞、內皮細胞，及其他極少的一些輔助性功能細胞。

內皮細胞是心血管系統的主要結構組成，是血管張力和附近細胞生長的動態調節器。內皮細胞可以為心肌細胞提供血氧和營養物質，還可以引導和促進心肌細胞發育、收縮、損傷後再生。各細胞間的相互協調作用，對心臟的發育至關重要。

如何用脂肪修復一顆受損心臟？首先，將抽脂手術分離得到的脂肪，經過初步處理，去除成熟脂肪；接著調一杯「雞尾酒」，類似於脂肪幹細胞分化成為脂肪細胞一樣，心肌幹細胞分化成心肌細胞，也需要多種生長因子和蛋白質的參與，幸運的是，心血管領域的研究人員已揭示了這一「雞尾酒」配方。

但這些因子用於脂肪變心肌還是第一次，因此需要科學家不斷測試配方的濃度、成分比例和處理時間的長短等。最終，把脂肪細胞變成能有節奏收縮的心肌細胞，就像真正的心肌細胞一樣。

前面提到，目前的 3D 列印還不能用來製造心臟，因為心臟不是一個簡單的中空結構的器官，其中有錯綜複雜的血管網路，而脂肪細胞除了可以被誘導生成心肌細胞，還可以生成血管的內皮細胞，用於修復心臟病造成的心臟損傷，簡直是為了修補心臟而生的。

但科學家並不滿足，不斷探索更簡單的方法。2003 年，印第安納大學的研究人員，設計了一個巧妙的實驗，將抽脂手術獲得的脂肪細胞，經過初步處理後，加到在特殊介質上培養的內皮細胞中，進一步共同培養。結果血管樣細管（blood-vessel-like tubes）的生長增加了好幾倍。而且，與內皮細胞單獨形成的極細的細管不同，這些初步處理後的脂肪細胞，生成一種與血管非常相似的粗結構〔2〕。

這類初步處理後的脂肪細胞中，有多種與促進血管存活、再生、生長相關的因子。多種因子協同作用，不但啟動了內皮細胞，也使得內皮細胞更具抗壓能力。為突出這些脂肪細胞對於血管生成的「基質」，或滋養功能的表現，研究人員正式命名這些細胞為「**脂肪基質細胞**」（adipose stromal/Stem cells，簡稱 ASCs）。

ASCs 有著應用於心臟疾病治療的天然優勢，非常不可思議。它並不盲目供給生長因子，而是透過細胞對於體內氧氣量的探測，來精確調控製造生長因子。心臟受血栓困擾的病人，遭受著心臟和四肢肌肉組織缺氧，而在低氧環境中，ASCs 能為血管生成，提供雙倍甚至是三倍的必須因子，這一功能簡直是為了心臟病人量身打造。

研究人員在小鼠上手術實驗，首先阻斷小鼠腿部末端的血液供給，然後隨機選擇其中一半數量小鼠，接受人類 ASCs 腿部肌肉注射。與未接受 ASCs 注射的小鼠相比，接受注射的小鼠更迅速透過新生血管恢復了供血。

「逆生長」

科學家除了摸索出用 ASCs 治療心臟疾病，勤奮的他們透過不斷探索，想要用成熟脂肪「製造」脂肪幹細胞。還記得前面提到抽脂手術獲得的脂肪，需要去除掉大量的成熟脂肪細胞嗎？科學家覺得這些成熟的脂肪細胞，就這麼被廢棄很可惜，於是期望透過「去分化」（dedifferentiation）的手段變廢為寶。

「去分化」是一個相對於「分化」（differentiation）的過程，「分化」簡單來說就是幹細胞（以造血幹細胞為例）變成特定細胞（例如血小板、T 細胞、巨噬細胞等）的過程；**「去分化」指特定功能的細胞退回接近幹細胞的狀態**。

再舉個類似的例子，「分化」就好比是小蝌蚪變成青蛙，「去分化」就好比是青蛙變回小蝌蚪。在生物界存在的組織再生現象，很多都需要「去分化」參與。

例如斷成兩截的蚯蚓，可以生長成兩條獨立的蚯蚓個體，又如蠑螈在原器官受損或斷失的情況下，可以重新長出新的尾巴、四肢。「去分化」這一機制允許大量分化後的細胞，在受到外界刺激的情況下，回到接近幹細胞的狀態，重獲繁殖和分化的能力，根據機體需要，生產大量的具特定功能的細胞，從而長出新器官。

科學家發現，脂肪細胞就具備「去分化」的能力。他們透過一種特殊的「天花板」體外培養方法，可以誘導成熟的脂肪細胞，退回纖維細胞狀的細胞狀態，這類細胞表達幹細胞特異性基因，弱表達或不再表達成熟脂肪細胞的特性基因。

「天花板」培養法利用成熟脂肪細胞會懸浮在培養液上層的特點，如上一節中所述，從脂肪組織中分離得到成熟脂肪細胞，置於細胞培養瓶內，裝滿培養液，脂肪細胞被送到靠近培養瓶「天花板」的位置，貼著培養瓶上壁生長。一段時間後，成熟的脂肪細胞開始貼壁生長，慢慢展現出纖維細胞的結構。

經過分析，這些細胞開始表達脂肪幹細胞特異性基因，包括Yamanaka轉錄因子。2012年諾貝爾獎得主山中伸彌，憑藉表皮細胞誘導出多能幹細胞，轟動了整個科學研究界。

他帶領團隊，從胚胎幹細胞特異性表達的基因中，篩選出24個代表，對表皮細胞進行基因工程改造，使其可以表達這些基因。透過細胞學實驗選擇出改造後，具有幹細胞特性的表皮細胞，再篩選得到4個基因，能夠誘導表皮細胞成為多能性幹細胞，之後被稱為Yamanaka因子。而與成熟脂肪細胞相關的基因開始漸漸下調，甚至不表達。

這一結果預示著「變廢為寶」的推測，擁有極大可能性。最大程度利用分離的脂肪細胞，誘導其成為脂肪幹細胞，進一步應用於心血管細胞的生成，進行血管再生和心肌修復。

臨床試驗和治療：理想和現實

繼2001年加州大學洛杉磯分校的研究人員，發布他們的研究成果後，脂肪幹細胞領域火熱起來。科學家最大的成就，就是這一研究成果被轉化成臨床試驗[3]和治療方法[4]。現階段，心血管疾病的病人可以接受自己的ASCs的移植，希望可以幫助血管再生或是增強心臟功能。

這些治療也有風險，即便是用來自於自身的ASCs注射到心臟中，也始終是「異物」。因此，雖然不會引起一般移植所引發的免疫排斥反應，但如果注射進心臟的細胞沒有找到適合的支架，就可能會死亡，從而引起極具破壞力的炎症反應。另外，ASCs在體內存活時間基本不超過一週，因此需要反覆注射，如此頻繁的注射也會增加風險。

同時科學家也在思索，如果試驗失敗還能得到什麼？關於 ASCs 再生機制的詳細揭示，或許會是最大的收穫，包括：如何找出最有效的 ASCs ？如何實現細胞和需要細胞的心臟區域之間的靶向輸送？怎樣能確保細胞在體內維持和整合組織，從而保證正確蛋白的持續釋放？如果能實現這樣精準的治療，應該能挽救許多由心臟缺血引起的組織損傷。

同時，這一研究給廣大科學研究人員展示了更廣闊的方向：成體幹細胞可以被誘導分化為特定細胞，例如骨細胞和軟骨細胞，**或許可以用於慢性關節痛的治療**。而各種特定基質細胞可以用於血管重建，幫助器官缺血的病人減輕痛苦。

脂肪細胞對於人造器官的研究也有重要幫助，因為血管生成是器官生成的首要保證，而脂肪細胞具有血管生成的能力，使其在人造器官研究中占據重要地位。

第 3 部

畫出大腦神經元圖譜，奈米藥直搗病灶，最後，天網出現

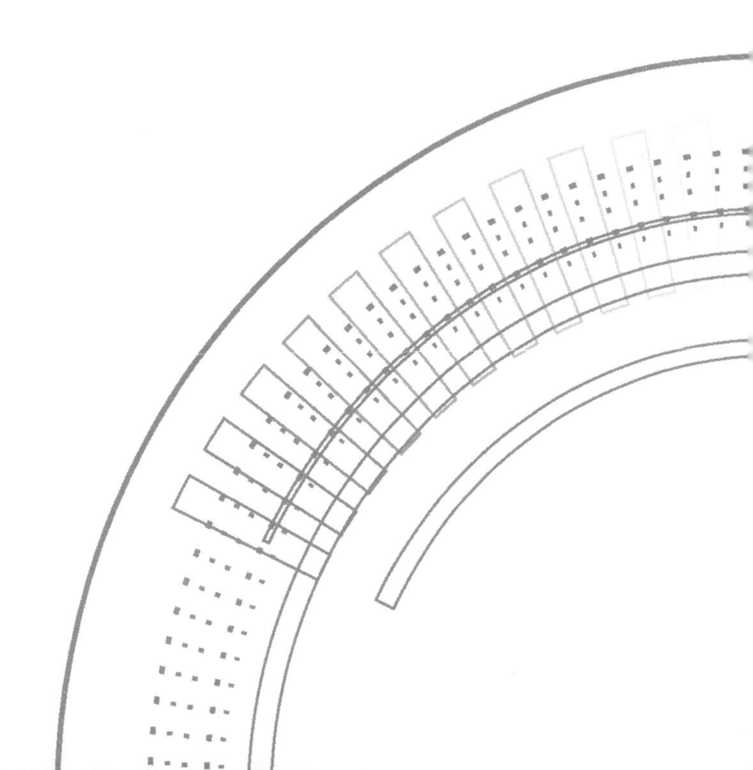

第 17 章
神經科學：透視大腦結構和如何運作

文／劉蜀西

阿爾伯特 ‧ 愛因斯坦（Albert Einstein）是全世界人眼中「天才」的代名詞。關於愛因斯坦的 IQ，連帶他童年的各類傳說，在坊間為人津津樂道。一時之間，早期教育方面也在「如何培養出下一個愛因斯坦」上大做文章。但毫無疑問，人們有一個共識：「愛因斯坦之所以比普通人聰明，是因為他的大腦和我們不一樣。」

很顯然，他的醫生也是「愛因斯坦大腦」的狂熱粉絲。1955 年，當愛因斯坦在美國普林斯頓大學醫院去世後，病理醫生湯瑪斯 ‧ 哈威（Thomas Stdtz Harvey）在 75 小時內，「偷走」了愛因斯坦的大腦，在腦動脈中注入防腐劑，請一位朋友切成 240 片並保存在福馬林溶液中。當哈威醫生帶著這顆大腦橫越美國大陸旅行時，可是被 FBI 特勤跟蹤保護 4,000 公里。

儘管哈威醫生為了科學研究的「偷天換日」，後來得到愛因斯坦兒子漢斯的諒解，但漢斯提出了嚴格的條件：對其父親大腦的研究，必須發表於高水準的科學刊物上。幾十年過去了，哈威也沒什麼像樣的相關科學研究成果發表。

令人尷尬的是，愛因斯坦的大腦重量只有 1,230 克，不如普通人平均重量 1,400 克的大腦，跟海豚、大象的巨腦比起來，更是相距甚遠。雖然從腦切片上觀察到，頂葉部位有許多山脊狀和凹槽狀結構，也就是傳說中的「腦溝和腦迴比較多」，但這和天才的智商之間，依然缺乏直接聯繫。

1980 年，背負巨大壓力的哈威，開始把腦切片分發給世界各地的研究者。很快的，加州大學柏克萊分校的瑪麗安 ‧ 戴蒙（1985 年）和哈威（1999 年）分別撰文說：愛因斯坦腦中的膠質細胞（尤其是星形膠質細胞）比常人多，而不是負責計算和記憶的神經元細胞〔1〕〔2〕〔3〕。

根據當時學術界的共識，膠質細胞只不過對神經元細胞起輔助作用，難當大任。於是，眾人對哈威他們的「膠質說」嗤之以鼻。後來，他和加拿大科學家又共同宣稱：愛因斯坦的「腦洞」大（大腦的島葉頂蓋和外側溝是空的）〔4〕。這與不明真相的群眾所做的猜測在一定程度上吻合，可是由於「腦洞說」缺乏功能性研究支持，也遭到其他科學家的質疑。

中國科學家在這場科學運動中也不甘於人後。2013 年，華東師範大學相關研究成果稱：連接愛因斯坦兩個大腦半球的結構——胼胝體厚於常人，因此左右半腦的交流可能更高效〔5〕。

此外，關於愛因斯坦大腦不同腦區，尤其是關於數學、語言和計算腦區的研究成果也層出不窮。然而，若要就「我們和愛因斯坦的大腦有多遠的距離？」給一個標準答案，神經科學家大概爭論三天三夜也不會有結果。甚至有人認為這是個偽命題：「愛因斯坦的大腦和我們只是不同，未必更好。」畢竟，即使個人的成就可以量化，大腦的功能卻極其複雜、缺乏單一量化標準。否則現代社會就不會在IQ（智商）的基礎上，延伸出 EQ（情商）、SQ（靈感智商）等一系列衡量大腦功能的參數。

那麼正確的問題似乎是：完美的大腦長什麼樣子？是如何工作的？

揭開大腦神祕面紗的先驅

如16世紀的文藝復興一般，現代神經科學也發源於地中海國家。解剖學把大腦和人的思想、行為聯繫在一起後，1873年，義大利細胞學家卡米洛・高基（Camillo Golgi）首次透過腦切片加鉻酸鹽—硝酸銀染色法，描述了腦中兩種形態截然不同的細胞：神經元（Neuron）和膠質（Glia）細胞。大家才注意到，原來煮在火鍋裡的豬腦花，不是僅由一種細胞組成的。

這種利用重金屬滲透顯示腦細胞的染色法幾經改進，便形成了在學界歷久不衰的「高基染色法」，並獲得了1906年的諾貝爾生理學和醫學獎。即使現在已有更快速觀察各種神經元和膠質細胞形態，甚至直接觀察動物腦中活動的神經元的影像學方法，但延續了一個多世紀的高基染色，依然是顯示神經元外形最經濟、便捷的方式。

在高基染色的啟發下，西班牙解剖學教授桑地牙哥・拉蒙卡哈（Ramón y Cajal）確立了更靈敏的還原硝酸銀染色法，並發現神經纖維精細結構（軸突和樹突）和神經末梢之間的物理接觸（即神經元間的「突觸」結構）。因此與高基共同榮獲1906年的諾貝爾生理學和醫學獎。

拉蒙卡哈酷愛繪畫，卻在父親壓力下進入醫學院，在切腦片（貓腦和雞腦）與染色中，找回了青年時期的愛好。在實驗室小小一隅，拉蒙卡哈把染色的腦切片，放在用自己私房錢買來的老式顯微鏡下，一邊哼著歌、一邊畫出了不同腦區的神經元和它們組成的網路。

諾貝爾獎肯定了拉蒙卡哈工作的技術性成果，但拉蒙卡哈對於神經科學的貢獻，卻遠不止於此。才華橫溢的他，不僅是畫家、運動員、科學家，還是一位偉大的思想家。基於他在顯微鏡下觀察到的神經元結構，他首次提出「神經元假說」，大膽挑戰了當時的主流說法「網狀神經假說」。

網狀神經假說認為，神經細胞之間相互貫通形成一張巨大的網路；細胞之間沒有屏障，物質和資訊可以自由傳遞。拉蒙卡哈則認為：每個神經元都是獨立的功能單位；細胞間接觸卻不聯通；並且神經元是有極性的，即資訊是單向傳遞的，由樹突至胞體再到軸突。

在未經功能性實驗證實的當年，僅憑形態學證據（而且還不是特別充分的證據）就做出這樣的假設，雖不是天馬行空也頗需要想像力。在科學界，假說的提出是要講證據的，拉蒙卡哈的離經叛道，惹惱以高基為代表的圈內老大們。兩人在發表諾貝爾獎獲獎演說時，就針鋒相對、各執一詞，讓首次由兩人分享的生理學或醫學獎頒發得異常尷尬。

1894 年，英國生理學家查理斯 · 謝靈頓，透過研究膝跳反射中神經肌接頭的結構，支持了「接觸但不聯通」的觀點，並將神經元之間這種連接結構稱為「突觸」。後來的研究都證明，突觸包含大量蛋白、脂質和「訊號分子」（神經遞質的極其精密複雜的結構）。

謝靈頓膝跳反射實驗還證實：神經元的資訊傳導有特定方向。接著科學家在神經纖維上記錄到電活動，闡釋了神經資訊傳遞方式——電傳導。網狀神經說很快被拋棄，拉蒙卡哈深刻的洞察力再次為世人驚歎。

儘管，神經元間的訊號傳遞由突觸前細胞傳向突觸後細胞已鐵證如山，但是，越來越多的證據也指出：神經細胞間的資訊傳遞並非完全單向，突觸後細胞對突觸前細胞釋放的訊號強弱有調節作用，從而形成回饋環路。

「連接組」學：大腦神經元的連接圖譜

複製技術早已問世，如果撇開倫理問題，複製一個人的全部基因資訊，就能得到完全相同的副本嗎？用純生物學方法，從複製一個擁有相同基因的細胞開始，生長出的兩個人應是高度類似卻不一致的（例如同卵雙胞胎）。一個人不能兩次踏入同一條河流。隨機發生在兩個個體上任何微不足道的不同事件，都足以塑造不同的記憶，乃至於改變他們的人生軌跡。

TED（Technology、 Entertainment、 Design，美國一家私有非營利機構）演講中，麻省理工學院教授承現峻（Sebastian Seung），給出一個更精確的解讀：「我是我的連接組（connectome）。」自「基因組」一詞問世以來，各種「組學」已被好大喜功的科學家「玩壞了」。

單打獨鬥拚智商、能力在現代組學研究中已捉襟見肘，整合人才和資源才是王道。「連接組」早在 2005 年就被提出[6]，意指**描繪腦內神經元間聯繫（全部突觸的集合）的整體圖譜**。這不就是美國在 2013 年提出的「人類腦計畫」的另一個版本嗎？若非歐巴馬傾一國之力整合資源，單個實驗室充其量只能在模式生物上做連接組學。最低等的模式動物——1 毫米長的秀麗隱桿線蟲，根本沒有腦區，然而繪製它區區 302 個神經元的連接組，直到 2012 年才宣告完成[7]。

早在 2002 年，微軟創始人之一的保羅・艾倫（Paul Allen），斥巨資在他的私人研究所，啟動了「艾倫腦圖譜工程」（Allen Brain Atlas），旨在用基因組學、神經解剖學來建立小鼠和人腦中，基因表達的三維圖譜。2006 年，首個小鼠大腦基因表達圖譜公布。截至 2012 年，已有成年小鼠腦、發育中小鼠腦、成年人腦、發育中人腦、靈長類腦、小鼠腦連接圖譜，和小鼠脊椎圖譜 7 種圖譜公布。

更重要的是，它的所有資訊對大眾免費開放。它就像一座公共閱覽室，研究者和醫生可以隨時上網查閱，這一工程為全世界數以萬計的神經科學家，節省了至少十年的單獨探索時間。

神經科學黑科技，指著大腦的方向

以分子水準為基礎，自下而上的還原論方法，在基礎研究中勇往直前，闡釋了神經遞質釋放與神經訊號傳遞的機制、神經可塑性（學習與記憶）的原理，以及阿茲海默症、帕金森氏症為代表的腦疾病，其發病過程中的分子變化，前景看似一片光明。

然而回到整體層面，分子水準的經驗卻常不可重複。許多在培養皿中的細胞，甚至是模式生物上作用顯著的神經類藥物，卻在臨床實驗中紛紛敗陣。這不過是因為管中窺豹，僅見一斑。由於缺乏對神經系統的整體認識，很容易忽略其他重要的影響因素。

大腦仍以一個千絲萬縷打結的線團形式，呈現在研究者面前。每個研究者手執一個線頭、各有獨到見解，然而靠這樣解開線團，無異於緣木求魚。「腦計畫」正是要開啟一種自上而下的整體方法論，讓研究者抽絲剝繭的揭開大腦之謎。

面對這個重約三磅的物體，最大的挑戰來自於：神經細胞種類多樣化；不了解特定功能的神經環路解剖結構，以及細胞組成；不能觀察和控制活腦中神經細胞的活動。

我們需要什麼樣的法寶？專家很快圈定了以下幾個方向：標記——神經細胞種類（**腦虹技術**），示蹤——神經環路（CLARITY），觀察——高解析度、高靈敏度和高通量（簡稱「三高」）成像技術（超解析度顯微技術、冷凍電鏡和雷射片層掃描顯微技術），控制——特定細胞類型神經環路調控（光遺傳學）。

標記：腦虹深處

兩個哈佛大學教授傑夫・里奇曼（Jeff Lichtman）和約書亞・塞恩斯（Joshua Sanes）從 1990 年代，在華盛頓大學聖路易斯校區開始合作一直持續至今。塞恩斯是研究視網膜神經網路的翹楚，但視網膜研究在神經科學領域，已頗為邊緣化。許多人認為，它不過是由視神經連接到大腦上的編外組織，根本算不上腦的一部分。

然而視網膜上，卻集合了多種類型的神經元細胞（視杆細胞、視錐細胞、雙極細胞和神經節細胞），而且是最容易分離的完整局部神經網路。身為神經遺傳學家，長期以來，塞恩斯苦惱於不能同時標記多種類型的神經元。而里奇曼多年專注於神經發育中，突觸形成過程的研究，擅長影像學，被塞恩斯譽為「全世界做突觸形成活體成像最強專家」。兩人一拍即合，開始了漫漫征途。

海洋生物在黑暗中發出螢光的祕密，於 1960 年代被日本人下村脩破解。他從發光水母體內，找到綠色螢光蛋白，此項發現照亮了生物學家研究的征途。研究者很快透過遺傳學手段，將螢光蛋白的基因導入動物體內表達，就能輕鬆定位、觀察目標細胞。

里奇曼就是這方面的專家，但這次他挑戰的是區分腦中密麻的不同神經元的胞體，了解它們伸出的糾纏不清的線頭（軸突和樹突）。一種顏色明顯不夠用了。不過這時螢光蛋白家族已新添好幾位成員，紅色、橙色、黃色與青色螢光蛋白。

他們把紅、黃、青色的螢光蛋白基因，像珠子一樣連成一串，每個基因之間加一個遺傳重組位點，和一個表達終止元件，這一串導入小鼠腦細胞中的螢光蛋白基因組合中，只有排在第一個的基因能表達。

體內一個叫 Cre 的重組蛋白酶隨機選擇兩個重組元件，剪去中間片段，這樣就得到不同的螢光蛋白組合：不發生重組時只有第一個紅色螢光蛋白表達，細胞標記為紅色；發生重組 1 時紅色螢光蛋白基因遺失，暴露出的黃色螢光蛋白表達，細胞顯示為黃色；發生重組 2 時，只剩青色螢光蛋白表達，細胞為青色。

在基因「珠串」前加上細胞特異的基因表達開關（啟動子），就可以標記特定的神經細胞。另外，還可以給「珠串」加上亞細胞定位的 GPS 系統，選擇讓螢光蛋白表達在胞體內（實心圓圈）或是只表達在細胞膜上（空心圓圈）或細胞核內（圈內有點）。緊接著里奇曼和塞恩斯給珠串打了個「補丁」，加上橙色螢光蛋白，升級為 1.1 版本。這樣就可以得到四種顏色的細胞了。

但腦虹 2.0 版幾乎同時推出：將四個不同顏色的螢光蛋白基因，方向兩兩相對的串起來，基因對之間加入重組位點。要知道基因的表達和閱讀文字一樣是單方向的，方向相對的紅、青基因對中，只有第一個正向紅色蛋白可以被讀出。

發生一次重組，基因對的方向就顛倒一下，原本反向的青色基因就會被讀出。當綠黃、紅青四色蛋白基因配對串起後，同樣有 4 種不同重組方式帶來 4 種顏色的細胞。那麼當把這些基因「珠串」扔到神經細胞中表達，可以得到多少種顏色的細胞？

從一顆受精卵開始發育成的大腦，經歷了無數次有絲分裂，每一次分裂都可能發生一次重組，每一次重組都會表達一種不同顏色的螢光蛋白。所以轉基因鼠成年腦中每個神經元顯示的顏色，都是四種螢光蛋白顏色的疊加，有的紅色多些、有些偏綠一點、有的看上去是紫色（紅青色疊加後效果），**理論上可產生的顏色有無數種**。但由於顯微鏡波長和肉眼分辨的極限，我們能觀察並區分只有近一百多種顏色。

2007 年，英國《自然》雜誌重磅推出名為《腦虹深處》的報導。在里奇曼和塞恩斯合作的這項技術中，科學家終於突破了「高基染色」顏色單一、著色細胞少的瓶頸。在螢光顯微鏡下，小鼠腦中的神經元能像電視顯像管一樣，呈現出五彩繽紛的顏色。[8]

「腦虹」技術不僅在於炫麗，它的問世使科學家能標記，並長距離追蹤動物的神經迴路，而不再限於某個腦區，還能觀察神經元如何連接到神經網路中。除了基因轉殖鼠，低等模式生物——果蠅在這些實驗上的遺傳學操作，使「腦虹」的應用更加便捷。

後來里奇曼研究組改進了方法，用病毒感染模式研究生物大腦，並提高螢光蛋白表達效率，這樣一來，我們在普通動物的腦中，也可以看到炫麗的「腦虹」了。

雖然「腦虹」使得神經迴路標記和區分不同細胞的局面大大改觀，然而它的局限性也顯而易見：僅限於研究表達了螢光蛋白的神經細胞，轉基因動物或病毒感染率等，客觀條件至關重要；需要將許多腦切片疊加起來，才能得到完整的神經網路圖像，而這本身就是一個難題。

借我一雙慧眼——CLARITY技術

如果說「人類腦計畫」和「腦虹」都來自於美國東部，下面要介紹的技術，可是由矽谷製造。史丹佛大學教授卡爾・戴瑟羅斯（Karl Deisseroth），大概算是新世紀神經生物學界，最炙手可熱的人物。戴瑟羅斯恰好是著名華裔神經學家——錢永佑門下高足，而錢永佑早在弟弟錢永健集齊紅、橙、黃、綠、青、藍、紫七色螢光蛋白，得到諾貝爾獎前就已功成名就。他在細胞膜上的鈣離子通道研究領域叱吒風雲，在細胞訊號轉導領域也頗有建樹。

一開始，戴瑟羅斯只是一個安靜會寫詩的精神科醫生，然而不想改變歷史的博士，都算不上好科學家。戴瑟羅斯就企圖以一己之力，攻克腦科學中最大的挑戰——繪出大腦的連接組。

可是，被脂質雙分子層和水分子包裹的大腦，對一切外來的窺探都保持著「寧為玉碎、不為瓦全」的姿態。可見光和普通螢光激發器，都無法透過多層細胞到達腦深處，只能觀察大腦淺表皮層。更強的 X 光在脂質和水分中卻又發生散射，幾乎得不到可用圖像。

功能性核磁共振（fMRI）讓我們能看到人在思考活動時，腦區的活躍程度，但其解析度「僅是有點東西可看」而已。要觀察神經細胞之間的連接，只能將大腦進行固定的切片、標記染色，然後將每張腦切片上的資訊疊加，進行三維重組。

但對神經纖維和突觸等超微結構的重組，簡直是強迫症患者的剋星，為了避免遺失細節資訊，「腦虹」發明者里奇曼，試圖用電鏡照片重組神經環路。他們將腦組織切成30奈米厚度的薄片，一張張用電鏡掃描成像，再將圖片疊加。但一天下來，只能收集一萬張薄片的資訊，相當於重構0.3平方毫米的腦組織結構。

而人腦組織結構平均有1,200立方公分，重建完整大腦資訊，需要機器不眠不休工作1,000億年。即便電腦的運算能力，在未來幾年有飛躍式發展，這也是個非常耗時耗力的辦法。

對戴瑟羅斯來說，一切阻擋前進的石頭都要搬走。我們要觀察的是神經元中，以蛋白質為代表的生物大分子，既然脂質和水擋住了光線，那就去掉它們。

可是脂質是支撐細胞形態的支架，許多重要的蛋白都鑲嵌其中。去掉脂質會流失大量蛋白，水分子就更不用提了，人體組成的70%是水。水是細胞內和胞間最重要的介質，抽乾了水分，神經元甚至腦子還能不癟掉？

對於聰明人來說，這都不是問題，支架換一種就是，順便把原本水占的空間也填上。愛因斯坦的大腦從前是被封在「果凍」中，這次，科學家要把腦本身變為透明的「果凍」。

戴瑟羅斯找來了韓國化學工程師Kwanghun Chung。他們瞄準了生物化學實驗室中，最受歡迎的一種分子——丙烯醯胺。它的聚合體——聚丙烯醯胺透過交聯劑，N，N－亞甲基雙丙烯醯胺和催化劑、促凝劑會變成一張透明的大網。

改變聚丙烯醯胺濃度，就可以調節網格的大小，使得不同的蛋白質在透過網格時，由於分子大小不同形成速度差。他們把小鼠腦浸泡在4℃的福馬林、丙烯醯胺和甲基雙丙烯醯胺單體溶液中三天三夜，丙烯醯胺分子透過滲透作用緩緩進入，從表層到達最深處的腦細胞，把多餘的水分擠出腦子。福馬林則將蛋白、核酸和其他胞內小分子與丙烯醯胺連接起來。

第 4 天將鼠腦升溫到 37 度，此時充盈每個細胞中的丙烯醯胺和雙丙烯醯胺，就形成一個巨大的凝膠立體支架，蛋白、DNA 等大分子，及包裹神經遞質的囊泡和內質網等亞細胞結構，都被固定在這個支架上。而脂質等與凝膠支架沒有偶連的分子，則處於游離狀態。

接著戴瑟羅斯和 Chuang 在鼠腦上施以微弱的電流，模擬蛋白、核酸電泳。只是現在蛋白質和核酸都被牢牢固定在凝膠支架上，而游離的脂肪酸是極性帶電荷分子，在電極召喚下「游出」了大腦。沒有了脂質的大腦，就一點點在我們眼前隱身了。

然而，一個肉眼看不見的鼠腦，對科幻的意義遠大於對科學研究本身。為了觀察神經迴路，他們將透明「腦凍」，泡在多種螢光標記的抗體混合溶液中，除了要考慮抗體的交叉免疫原性，基本上需要染幾種分子／細胞就加幾種抗體。然後用去垢劑洗去沒有結合的抗體，這個「腦凍」就可以放到雷射片層掃描顯微鏡下觀察了。

戴瑟羅斯將這項技術命名為「清澈」（Clear, Lipid-exchanged, Anatomically Rigid, Imaging/Immunostaining compatible, Tissue Hydrogel，簡稱 CLARITY）。

2013年4月，又是《自然》雜誌搶到這項劃時代技術的最新報導。[9]《自然》在其網站上，還發布了名為「看穿大腦」的影片，顯示了一個透明後螢光標記的小鼠大腦內，神經纖維交錯叢生的立體圖景。[10]

CLARITY 技術，宣告了必須切片才能研究大腦的時代成為歷史。**神經科學家第一次可以看到完整的腦中神經細胞分布**、投射乃至異常。CLARITY 技術檢測到一個去世的自閉症患者大腦中神經元的樹突，在大腦皮層特定區域形成異常的「梯子結構」，與自閉症動物模型上觀察到的現象一致。

CLARITY 的橫空出世，無異於給此時啟動的美國「腦計畫」打了一支強心針。國立健康研究院院長法蘭西斯 ‧ 柯林斯（Francis Collins）評價道：「CLARITY 十分強大。它讓研究者在研究神經系統疾病時，既能深入病變損傷的腦區，又不會失去全域觀。這是我們在三維層面從未企及的能力。」

強大並不等於完美，CLARITY 也不例外。儘管大部分生物大分子都被連結到凝膠支架上，得以被抗體識別、顯示，電泳去脂過程中仍會帶走大約 8%的蛋白，其中不乏重要的蛋白分子。對同一樣本進行重複成像，反而會放大資訊的遺失。另外，這技術花的時間之長，也是常規染色難望其項背的。單是免疫組織化學染色就要 6 週。

外接一條光纖控制大腦——光遺傳學

然而，真正讓戴瑟羅斯聲名大噪的，卻是另一項技術——被譽為**一百多年來神經科學界最偉大的發明：光遺傳學**。

2013 年，麻省理工學院的利根川進（沒錯，就是那個靠免疫學成就獲諾貝爾生理學和醫學獎，而後轉攻神經生物學並得到重大成果的利根川進）實驗室就**利用光遺傳學手段，成功的修改了小鼠的恐懼記憶**。

動物行為學中，有一個著名的「條件恐懼實驗」。它的一個版本是：在特定空間，給予小鼠一個中等程度的電擊，小鼠會把這個特定空間的資訊和不愉快的經歷聯繫起來，再回到這個地點時，牠們會嚇得一動也不動，準備迎接下一次突如其來的電擊。

這就和顧客在火鍋店用餐時，遭遇了熱水淋浴待遇，以後再走過這家店，都會氣得渾身發抖一樣，啟動的是同一個神經迴路。利根川進小組透過標記這個恐懼記憶迴路，並用接在小鼠頭頂的一根光纖，啟動恐懼記憶迴路，給小鼠植入了虛假的記憶。原本在甲處被電擊的小鼠，到了乙處卻嚇得發抖[11]。這就好比在火鍋店受的氣，卻在走進電影院時想起來了。這是如何做到的？

時間退回到 2004 年，戴瑟羅斯在史丹佛大學的研究組剛剛成立，然而一個念頭在他腦中徘徊已久：如何快速精確控制一群特定神經元的活性？大家對帕金森氏症應該不陌生，它和阿茲海默症一起，常年穩坐神經退化性疾病流行榜，鄧小平、陳景潤、拳王阿里等名人也難以倖免。

有一種「變態」的「深部腦刺激」療法，是將一根電極植入人的中腦，發病時，通電刺激位於病人中腦黑質的多巴胺能神經元，以減輕震顫麻痺和運動障礙等症狀。因其刺激位置比大腦皮層深，故稱為深部腦刺激。

大腦神經元除了以錐體神經元為代表，控制興奮的神經元，還有數量眾多的抑制過度興奮的中間神經元。深部腦刺激是用高頻電，刺激抑制有異常電活動的神經細胞，雖然頗具奇效，卻對不同類型神經元一點針對性都沒有。

就好像一間房子（大腦）裝滿了電腦、音響、冰箱、電燈等許多電器（各司其職的各種神經細胞），然而只有一道電閘（深部腦刺激的電極）控制它們，只想用電腦（某種神經元）時，卻不得不把所有電器都打開。戴瑟羅斯要挑戰的是，**只控制一群中腦特定類型的細胞**——控制運動、情緒和成癮的多巴胺能神經元，**為它們裝上開關，而不干擾其他種類的神經細胞**。

在一次腦力激盪中，戴瑟羅斯遇到了研究生愛德華・波伊頓（Edward Boyden），兩個天才年輕人找到共同的方向。波伊頓加入了戴瑟羅斯小組，戴瑟羅斯又找來另一個基因編輯天才——研究生張鋒（1982年生於石家莊，如今是麻省理工學院教授、擁有CRISPR技術專利最多的人）。

這三個諸葛亮的靈感，來自於低等生物：綠藻。深海中的藻類需要光合作用的能量，天然具有趨光性。綠藻細胞膜上，有一類光敏性紫紅質通道蛋白（channelrhodopsins），特定波長光照射打開通道，細胞外帶正電的鈉離子流入胞內，使得帶電的細胞膜去極化，啟動綠藻的鞭毛擺動，游向光源。

在神經元中，鈉離子流入正好能引起神經衝動，也就是能啟動神經元。於是戴瑟羅斯和波伊頓，用生物工程學手段，把綠藻的紫紅質通道蛋白ChR2，表達到小鼠神經元細胞膜上，然後用高強度藍光照射這些神經元。

奇蹟發生了，當藍光照射時，波伊頓在神經元上記錄到了電流，並且電流的流向和神經元去極化（Depolarization）時一致。這標誌著神經元被藍光啟動了。一般而言，神經元的電活動意味著思考以及運動，而它居然被光控了。

然而顱骨是不透光的，腦子裡如何發出藍光？戴瑟羅斯在表達視紫紅質通道蛋白 ChR2 的小鼠顱骨上開一個小孔，模仿深部腦刺激，在腦子上接入一根光纖，發光端埋入控制運動的腦區，另一端則接在雷射發射器上，由電腦控制。

在最初流出的影片中，一隻頭頂光纖帽子的小鼠在籠中悠閒散步，然而光纖中一道藍光亮起，小鼠敏捷的左轉開始跑起來。藍光消失後，小鼠停下腳步。無論照射幾次、多長時間，**這道神奇的藍光對小鼠如同跑步的軍令一樣，屢試不爽，完全不聽從小鼠的意志**。可以看到，通常需要思維來控制的行動，在科學家手中，成為了可以被他人隨意操控的任務。

戴瑟羅斯並沒有在得到這個聽話的「寵物」後停下研究。下一個問題是：光可以打開神經元活性，那能不能關掉？單細胞生物的答案是：能。因為自然界還有另一種感光蛋白通道：嗜鹽菌紫質（NpHR）。在黃光照射時，氯離子透過 NpHR 流入細胞，使細胞膜超極化。而神經元超極化會抑制動作電位產生，因此神經元活性被關閉。

「基因駭客」張鋒改進了視紫紅質（開）和嗜鹽菌紫質（關）蛋白，將它們表達在小鼠需要的腦區，給不同種類神經元裝上了開關。戴上了光纖帽的小鼠在他們手中招之即來、揮之即去，非常聽話。

DNA 雙螺旋之父法蘭西斯 • 克裡克（Francis Crick），關於獨立控制一群神經元活動，而不干擾相鄰的其他細胞的夙願，終於實現了。這項偉大的發明，很快成為神經生物學界最耀眼的明星，世界各地的研究者蜂擁而至，希望得到神經元開關蛋白和促成專案合作。戴瑟羅斯則成了科學界的超級偶像。

不過，光遺傳學的貢獻還遠不止於此。對於已知功能的腦區和神經元，用光纖可以輕鬆控制，得到想要的動物行為。對於未知功能的腦區和神經元種類，給神經元裝上光敏通道，在一開一關之間探明神經元在腦中的實際功能，甚至深入研究神經網路控制的原理。

在更鼓舞人心的一項研究中，為視網膜細胞失去感光能力的小鼠裝上光敏開關，失明的小鼠重新獲得了視力。光遺傳學是一場革命，它改變了人類在腦部神經前被動觀察的局面。

超解析度！光學顯微技術及
雷射片層掃描顯微技術

2014 年 9 月，史蒂芬 · 赫爾（Stefan Hell）、威廉 · 莫納（William Moerner），以及艾力克 · 貝齊格（Eric Betzig）因對超分辨顯微技術（Super-resolution microscopy）的貢獻，分享了諾貝爾化學獎。嚴格說來，**超解析度顯微鏡的誕生，雖然不是腦科學的進展，卻值得每個細胞生物學家擊掌相慶**。在它誕生前，在分子和細胞生物學層面的研究都遊刃有餘的神經科學，到了亞細胞和單分子層面就有些捉襟見肘了。

觀察活細胞內的生物大分子，現在主流的方法是用螢光蛋白標記該分子，以特定波長的光束激發螢光，然後在顯微鏡下觀察。比起只有黑白兩色圖片的電鏡來說，螢光顯微鏡圖片不僅五顏六色，還可以觀察活的樣本。不過它也有個致命缺陷——阿貝繞射極限。

基於波性，光在傳播中會發生衍射。透過光學元件（透鏡）成像也是圓孔衍射的光斑，而不是無限小的一點。因此傳統的光學顯微鏡解析度有一個物理極限，即所用光波波長的一半（約 200 奈米）。

如果兩個分子靠得太近，小於 200 奈米，那麼在顯微鏡下觀察到的，就成了一塊光斑而非兩個光點。突觸膜上的蛋白質約 10 奈米大小，僅為解析度極限的 1 ／ 20。用螢光顯微鏡觀察神經元中單個生物大分子，簡直和用大炮打蚊子差不多。靠這樣區分兩個物理距離小於 200 奈米的分子，無異於痴人說夢。

向物理規律發起挑戰的，是德國馬克斯普朗克研究所的赫爾研究員。介紹他發明的 STED（stimulated emission depletion，受激發射損耗）螢光成像技術前，先解釋一下單分子成像。在螢光分子被發現後相當長一段時間內，人們透過顯微鏡觀察到的螢光分子，就有成千上萬個之多，而成像解析度取決於多點光源時，受限在阿貝極限難以精確定位。

STED 顯微鏡在激發螢光的雷射光束周圍，加上一圈不同波長的雷射光束，剛好可以漂白照射區周圍的分子，只留下圈中間奈米級大小的區域發出螢光。激發光啟動螢光分子發光的過程，在數飛秒（1 飛秒 ＝ 10^{-15} 秒）內完成，而螢光產生自發輻射，則需要數十納秒（1 納秒＝ 10^{-9} 秒），是激發光產生耗時的幾千萬倍。

STED 技術恰好利用了這個時間差，在激發光產生後、自發螢光產生前，使用 STED 光束改變螢光分子狀態，使之不能自發螢光。這樣激發光聚焦成實心光斑，STED 光則聚焦成甜甜圈形的空心光斑，兩者重合即準確得到螢光分子的中心位置。就像在被激發的螢光分子身上套了個游泳圈，遮住它身上的贅肉（自發光衍射光波），顯出它姣好的身段。據報導，STED 技術可達到橫向 2.4 奈米、軸向 2 奈米的最高解析度，遠小於蛋白質的平均直徑。

艾力克・貝齊格是一個有才任性的富二代，在著名的貝爾實驗室，研究了幾年近場光學顯微鏡後，又去一個諮詢公司鍛鍊了一陣子，還到他老爸的公司當過副總裁。混跡工業界7年後，終於不想辜負大好才華，回到科學界，這一轉身等著他的就是諾貝爾獎。

如果說貝齊格站在巨人的肩膀上，發明了超解析度顯微鏡，這個巨人就是史丹佛化學教授莫納（William E. Moerner）。莫納是世界上第一個能探測單個螢光分子的人。1997 年他與錢永佑共事於加州大學聖地牙哥分校時，跟風研究綠色螢光蛋白，無意中發現了一種螢光蛋白突變體，可以像燈泡一樣被控制「開關」。

它像一位高冷女神，遇見心儀對象（波長 488 奈米的雷射照射）時就會發光，不久激情褪去便會淬滅。之後無論前男友（488 奈米雷射）如何狂轟濫炸，也再無反應。但新出現的高富帥（波長 405 奈米的雷射），卻能重新點亮這個蛋白。這就是為貝齊格，打下理論基礎的「光啟動」效應。

賦閒在家的貝齊格，看到莫納的成果靈光一現，想到了發明高精確度定位大量分子的顯微鏡。但做最前沿的生物學研究需要經費、技術和設備等各種資源。在自己家的車庫裡，可研究不出超解析度顯微鏡，這時他離開學術界已好幾年。一般研究組都會擔心這個富二代，不是搞科學研究的料。

但國立健康研究院的李賓科特－施瓦茨（Lippincott Schwartz）研究員卻慧眼如炬，看出貝齊格是塊還未發光的金子，慷慨提供實驗室資源，共同開發新式顯微鏡。

2006 年 9 月，貝齊格和李賓科特－施瓦茨首次闡釋了光啟動定位顯微技術（Photo Activated Localization Microscopy，簡稱 PALM）的工作原理：先用低能量 405 奈米波長雷射照射細胞，只有少量被螢光分子標記的蛋白，被隨機照到而發光，形成星星點點的圖像。因為光量極低，光子數目少，不會產生相鄰分子同時被激發而形成的光斑疊加。然後用 488 奈米光照射，透過高斯擬合精確定位單個的蛋白。接著用高強度 488 奈米光漂白所有螢光分子，關閉螢光。

下一個循環又用 405 奈米光，隨機啟動另一群螢光分子並定位。再以 488 奈米光關閉螢光。如此反覆上百次，就能得到細胞中所有螢光分子的位置資訊。PALM 技術把光學顯微鏡解析度提高了十倍以上，好像高度近視的人戴上了眼鏡——世界瞬間清晰了。

值得一提的是，中國科技大學少年班出身的神童莊小威教授，與

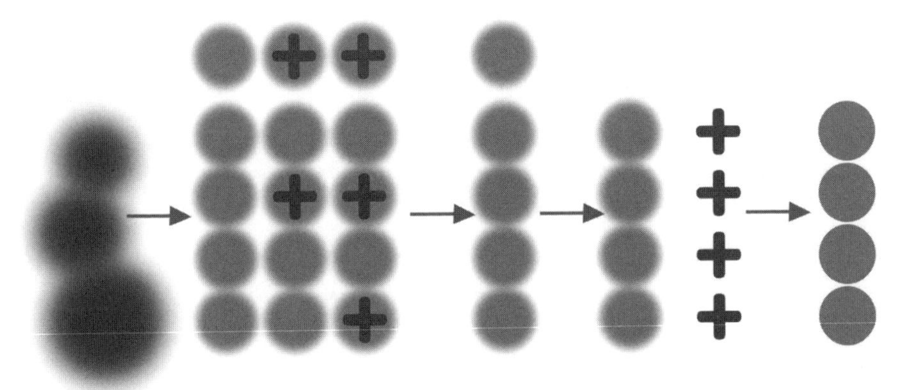

圖1　看清腦細胞！PALM超解析度顯微鏡示意圖。

貝齊格於同一年，獨立研究發表了另一種超分表率顯微技術 STORM。STORM 與 PALM 原理類似（都是透過反覆啟動——淬滅螢光分子，使顯微鏡每次只捕捉到相距遠的少量螢光分子），效果接近，卻與諾獎失之交臂，可謂憾事。

在 PALM 顯微技術獲諾獎僅數週後，貝齊格又發明出可以 3D 成像的晶格片層顯微技術（Lattice Light Sheet Microscopy）。貝齊格認為自己這項得意之作，對科學界的貢獻遠超過他獲獎的 PALM 技術。**這個精密的觀察活細胞微觀機器的運作，就像觀看一場精彩紛呈的足球賽**。

普通顯微鏡能為我們展示照相機時代的一組「足球賽」的花絮，可以捕捉到「過人」、「傳球」和「射門」的精彩一瞬間。三維晶格片層顯微鏡卻帶領無法親臨現場的我們，昂首走進錄影時代，輕鬆為觀眾呈現一場完整的「球賽」。要生成高解析度的三維樣品圖像，須先將樣品按軸向（Z 軸）分成許多極薄的平面二維成像，再將高清晰度的二維圖片，一層層疊加起來得到三維圖景，相鄰二維圖像之間，距離越小得到的三維圖景越清晰，資訊越豐富。也就是說二維圖片越多越好。

以前觀察活細胞最好的方法是雷射共聚焦顯微鏡，雷射光源照射在細胞樣本的一個層面上，光束穿透細胞再反射回來被顯微鏡捕捉成像。這個技術有著天然缺陷。科學家只能對焦在樣本上，很小一塊被雷射光束照射的區域內觀察。

雷射穿過樣本時在細胞內發生漫反射，一來在觀察區域持續照射會加速螢光分子淬滅，不利於長時間觀察；二來高強度雷射對所照射到的細胞產生光毒性，引起細胞死亡。

即使是 PALM 顯微鏡，提高清晰度也是靠長時間大量成像；STED

稍微好些，但同樣要犧牲時間和樣品活性換取高解析度。這樣「為得到清晰圖像的精雕細琢」與「獲得活細胞圖像就要跟時間賽跑」，成為了三維活細胞成像的不可調和的矛盾。

貝齊格小組巧妙利用了貝索光束。與傳統的高斯光束不同的是，它是一束環狀的光，一百多道光束經過設計好的光罩，相互衍射形成極薄的光陣，以每秒 1,000 個平面的速度，同時讀取細胞中螢光分子的位置資訊。

相對普通共聚焦顯微鏡，晶格片層顯微鏡不僅掃描速度提高了 20 倍，還將軸向解析度提高 2 倍。並且這樣的光束能量更分散，光毒性和光漂白減少了 10 倍到 20 倍。這臺神器一出，觀察神經末梢的精細結構，乃至活細胞的動態，都變得輕而易舉了。

美歐日中展開腦計畫科技競爭

繼美國啟動「腦計畫」後，世界其他經濟體也紛紛回應，各路高手卯足全力想要拔得頭籌。

美國斥資 10 億美元率先發起「腦計畫」（BRAIN INITIATIVE），主要目標：

1. 標明腦中不同神經元種類，確定它們在健康狀態和疾病狀態下的作用。

2. 繪製腦中從最簡單神經網路到涵蓋全腦神經網路的圖譜。

3. 發展用以生成更清晰、包含更多細節腦圖片的新技術。用電學、光學、遺傳學手段以及微探測器，全面記錄神經元活動。

4. 透過開關某個腦區，將特定腦活動與行為相聯繫。
5. 拓展新理論，用數據揭示腦功能。
6. 研究者和醫生合作，利用最新神經科技治療精神疾病。
7. 運用一切新技術，揭示人類思考、感知和理解的過程。

儘管先發制人，美國「腦計畫」的第一個目標——不同種類神經元就陷入身分危機。參與計畫的塞恩斯（「腦虹」發明者之一）就提出，神經元種類遠比已知的多，根據現有的技術根本無法標記所有神經元種類。要完成最終目標似乎需要修改計畫。

歐盟家底深厚，瑞士洛桑理工學院早在 2005 年就開始了由亨利・馬克拉姆（Henry Markram）領銜主持、IBM 參與的「藍腦計畫」（Blue Brain Project）。在 2013 年藍腦工程獲得歐盟首肯，注資 13 億美元，華麗變身為「人類腦計畫」（The Human Brain Project），並吸收了英國、德國、以色列、西班牙等國的頂尖研究機構加盟，成為多國合作的專案。

患有自閉症的兒子，是神經科學家 Markram 窮盡一生揭祕大腦的動力來源。信心滿滿的他，期望將科學家對大腦和神經系統的現有知識，用來建構一個模擬 86 億個神經元、100 兆個突觸的超級電腦。這樣他就可以走入人腦中，看看自閉症患者的世界。不過人類腦計畫進行了一年多，就收到了 800 多位科學家的聯名抵制信，抗議由於行政干預造成的專案管理混亂、透明度低、資源利用低效。

所幸這些批評，與研究的科學方向和水準並不相關。儘管 Markram 失去項目負責人一職，歐洲「人類腦計畫」的初步成果卻發表在 2015

年美國《細胞》雜誌上。Markram 等研究者已用電腦建構了一隻大鼠的感覺皮層，重現解剖學和電生理的指徵並且能完成給定的視覺任務[12]。

日本儘管經濟低迷，也在同年啟動「腦與意識計畫」（Brain Mind Project）。不過它劍走偏鋒，沒有燒錢式的直接研究人腦，而是試圖透過研究進化上與人類親緣較近的狨猴腦，用最少的投資（大約 2,700 萬美元，僅為歐盟投資的 2%）達到同樣的目的：了解人腦和神經網路結構，揭示癡呆、抑鬱等腦疾病的發病原因，推動基礎腦科學與臨床研究的合作。

儘管狨猴腦比起鼠腦更接近人腦，也可以繞開人體實驗的倫理學問題，可算是快又省，但日本政府顯然在財政方面略顯捉襟見肘，所以只能走務實路線，迄今尚未湧現出驚世駭俗的新技術新成果。

中國雖然現代科學起步晚，但經二、三十年技術反哺，歸國人才濟濟。2014 年中國基礎科學研究經費投入已超過美國，成為世界第一。在這一輪國際科技競爭中，中國提出的「腦科學與類腦智慧技術研究」（Brain Science and Brain-like Intelligence Technology）針對大腦三個層面的認知問題，提出了更宏大的目標：

1. 理解腦：闡明腦功能的神經基礎和工作原理。
2. 模擬腦：研發類腦計算方法和人工智慧系統。
3. 保護腦：促進智力發展，防治腦疾病。

簡單說來，以治療疾病為目的的研究，只是整個計畫的一部分，而透過研究物質載體，解密意識和認知才是背後更大的藍圖。不過，由於中國版腦計畫尚在熱議中，政府主導的專案未能立刻實行。

第 18 章

奈米要想直攻病變細胞，但此刻有點迷路

文／王雅琦・圖／許田恬

感冒發燒，吃過藥後燒退了，卻又拉肚子了。這就是常見的藥物不良反應（Adverse Drug Reaction，簡稱 ADR），是患者在服用藥物時，身體產生與治療無關、甚至有害的作用。「是藥三分毒」，完全沒有不良反應的藥物是不存在的。

但同一種藥，不是所有人都會有同樣的不良反應。更進一步說，即使在出現反應的人群中，個體和個體之間的反應差異也很大。醫學上大致將不良反應歸為六類：副作用、毒性反應、變態反應、繼發反應、後遺效應和致畸作用[1]。

是藥也是毒

副作用（side effect）是指對治療無關的不適應反應，一般比較輕微。例如，吃了治病毒性感冒的抗生素，感冒症狀減輕了，但引起耳鳴的不適反應。

毒性反應（toxic action）是指大量或長期用藥，對中樞神經、消化系統、循環系統及肝功能、腎功能產生的損害。有些病人長期需要服用

藥物來抑制癌細胞，這些藥物往往對病人的肝臟造成不小的損傷。

變態反應（allergic reaction）即過敏反應，指人體受到藥物刺激後，產生異常的免疫反應，從而導致生理功能障礙或組織損傷。經常聽到醫生會詢問：「對抗生素過敏嗎？對某藥物有過敏史嗎？」常見的就是有些人服用抗生素後身上長紅斑。這就是典型的過敏反應。過敏反應與服藥者的體質有關，具體的反應類型和嚴重程度因人而異，很難預知。

繼發反應（secondary reaction）是由於藥物治療作用引起的不良後果。維基百科上舉的例子，是「長期使用四環素類廣譜抗生素，會導致腸道內的菌群平衡遭到破壞，以致於一些耐藥性的葡萄球菌大量繁殖，而引起葡萄球菌假性腸炎。這樣的繼發性感染也稱為二重感染」。

後遺效應（residual effect）是指停藥後，血液中殘存的藥物成分產生的不良影響。有點像常說的「宿醉」，酒醉後，第二天醒來殘留的酒精，還是會讓人頭暈、想睡和沒力氣等不良反應。

致畸作用（teratogeneisis）顧名思義，指的是有些藥物影響嬰兒正常發育造成畸形，所以孕婦服藥要謹慎小心。

舉一個比較有名的藥物不良反應事故為例，2014 年麻薩諸塞州劍橋（Cambridge, MA）的明星藥廠 Biogen，其最暢銷的多發性硬化症（Multiple sclerosis，簡稱 MS）的治療藥物 Tecfidera，一名患者服用該藥物後，身上出現罕見但致命的進行性多灶性白質腦病（PML）。這名患者最後也死於 PML。此前，Biogen 可是股價節節攀升，這個事件導致 Biogen 的股票一夜狂跌 22%，從此一蹶不振。

另外一起引起轟動的藥物不良反應事件，也發生在 2014 年。醫藥巨頭 Novartis 公開申明，承認其日本分部隱瞞白血病新藥臨床實驗中，患者出現不良反應的報告。新聞界發現足夠的證據，證明 Novartis 日本分部，刪除了記錄病人對新藥產生不良反應的檔案。即使面對外界輿論壓力，Novartis 也沒有公開出現不良反應患者的具體人數。一些日本媒體猜測，早期的臨床實驗中，至少有 30 名患者出現不同症狀。

Novartis 發言人同時也承認，在過去幾年對 10 種新藥的開發中，至少有 1 萬個對藥物出現不良反應的案例，被隱瞞或從未公布。其中包括兩種白血病藥物 Gleevec 和 Tasigna、氣喘病藥物 Xolair、帕金森氏症藥物 Exelon，和用於防止器官移植排斥的藥物 Neoral。美國食品藥品監督管理局明文規定，藥廠必須在發現藥物不良反應的 15 天內上報案例。但根據對 2004 至 2014 年上報的 160 萬個案例的分析顯示，如果患者對藥物的反應不是致命的，製藥商往往選擇隱瞞數據。

我需要你：奈米顆粒智能新藥

傳統的製藥行業在過去的一百多年內快速發展，無數藥物問世，提高疾病的治癒率。但如前文所說的，與藥效相伴相生的不良反應，引起科學家和普通民眾的深憂。有幸的是，人類擁有追求完美的天性。科學界的金頭腦，早已著手開發智慧新藥，來解決藥物的不良反應。學術界達成共識的方法有：

1. 提高藥物的溶解性：延長藥物在血液中的循環時間，從而提高藥效和減低用藥量。

2. 選擇性釋藥：讓藥物長在茫茫細胞的海洋中，**準確識別出病變細**

胞。病變細胞就像靶心一樣，藥物猶如飛鏢，準確射中靶心，進入病變細胞內部，一舉清除病變細胞。

3. 熱療法：這是一個新的概念，和傳統分子藥物不同，熱療法局部提高病變組織和細胞的溫度殺死細胞。正常細胞和組織的微環境溫度保持不變，不會受到影響。

那麼，怎麼做才能把智慧新藥從理論變為現實？關鍵很可能就是奈米顆粒（Nanoparticles）。

奈米顆粒是一種新型的微觀材料，通常在奈米尺度。一個奈米是多少？舉例來說，一個水分子是 1 ／ 10 奈米，乳糖分子是 1 奈米，癌細胞是 1 萬到 10 萬個奈米，一個網球的大小是 1 億奈米。大多數奈米顆粒的粒徑，在 1 到 100 個奈米之間。

奈米材料是連接宏觀材料和原子結構之間的橋梁。在宏觀世界，材料的性質是均一的，不會隨著材料尺寸的改變而改變。但當材料的尺寸

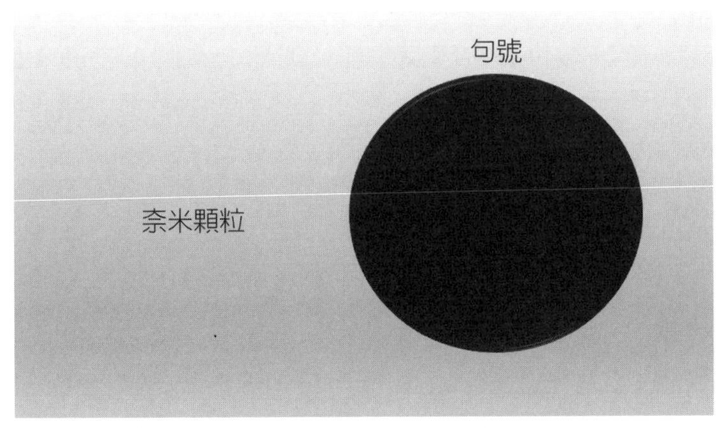

圖1　奈米顆粒與句號，兩者大小對比圖。

降到奈米級別後，材料表面的原子數量增長了幾個數量級，因此材料的表面積也增長幾個數量級，隨之帶來許多性質的改變。

例如，黃金以宏觀材料的形式存在時是金光閃閃的色澤。但當金以奈米材料形式存在時，隨著粒徑大小的改變，金奈米顆粒溶液就呈現出紅、深藍和紫等不同顏色。

奈米顆粒憑著它微小的體積和可調控修飾的表面性質，在智慧新藥開發領域大顯神通。首先來談談奈米顆粒怎麼提高藥效，延長藥物在血液中的循環時間，達到減低用藥量。學術界有一個專有名詞「藥物輸遞」（Drug delivery），是利用高分子或脂質體奈米顆粒作為藥物的載體和運輸工具，有效增加藥物的溶解度，延長循環時間和提高最終進入細胞內的藥物含量[2]。

在過去的十幾年裡，奈米顆粒的釋藥體系獲得巨大的成功，已有不少應用於臨床，例如說位於舊金山半島福特斯城的明星藥廠 Gilead，其開發用於治療黴菌感染的脂質體奈米顆粒藥物 Ambisom。

高分子奈米顆粒，主要是指具有抗菌或抗癌功效的高分子膠束（Micelle）。藥物被包裹在膠束內部，或配合在膠束表面。最廣泛應用的高分子之一是聚乙二醇（PEG）。PEG 有非常好的水溶性和生物相容性。PEG 膠束奈米顆粒可以提高藥物在人體內的溶解性，降低腎臟對藥物的清除率，增強由細胞表面受體引導的藥物，進入細胞內部的過程。PEG 膠束奈米顆粒在整體上，可以提高藥物在體內的循環週期，並降低用藥量[3]。

脂質體膠束是由包裹液體的磷脂雙分子層形成，磷脂雙分子層結構和體內細胞膜很相似，因此具有很好的生物相容性和降解性。另一類磷脂奈米顆粒藥物是實心固體的脂質體。固態磷脂被融化後和藥物分子均勻混合，透過乳化反應，冷卻後形成載有藥物成分的實心奈米顆粒。

高分子或磷脂奈米顆粒已在多種疾病的治療中大展身手。舉一個癌症治療的例子。紫杉醇（Paclitaxel）是獲得 FDA 批准，第一個來自天然植物的化學抗癌藥，用於子宮癌、皮膚癌、肺癌的治療。

1960 年，美國國家癌症研究所（NCI）和農業部合作成立了一個專案：採集和篩選植物樣品，從中找到可能有醫用價值的天然化合物。植物學家亞瑟 ‧ 巴克雷（Arthur Barclay）跑到華盛頓州的一個森林裡，採集了 7,000 公克的紫杉枝葉和果實帶回研究所。紫杉樹貌不驚人，通常生長在溪流岸邊、深谷或潮溼的山溝中。

紫杉的材質很重，沒有什麼太大的用途，所以伐木工人都把它叫做「垃圾樹」，一般都是當柴火，或砍了當籬笆樁子用。但美國三角研究所（RTI）的化學家門羅 ‧ 沃爾（Monroe Wall），和同事們偶然發現從紫杉原料中，可以提取出一種活性物質。這種活性物質在腫瘤細胞測試中顯示出了活性，「垃圾樹」中竟然可以提取出抗癌藥物。

在此後，掀起了一場關於紫杉樹中，這種活性抗癌物質的學術研究熱潮。科學家開始對這種物質進行提純、結構研究及化學合成的一系列實驗。最終在 1993 年，醫用紫杉醇由大名鼎鼎的美國百時美施貴寶（Bristol-Myers Squibb）公司開發上市。當年就獲得了超過 9 億美元的銷售利潤。

紫杉醇的抗癌原理是阻礙癌細胞的微管穩定，從而導致癌細胞死亡。可惜的是紫杉醇的水溶性很差，通常需要先溶解在醫用乙醇中（Taxol ®）中，然後和聚氧乙烯蓖麻油（Cremophor® EL）混合靜脈注射進人體，來提高藥物的溶解性。

使用聚氧乙烯蓖麻油的最大弊端就是會誘發過敏反應。**患者通常要提前服用抗過敏藥物，來預防因為注射紫杉醇帶來的不良反應**。2005年，科學家研發出包裹紫杉醇的天然高分子奈米顆粒藥物 Abraxane®。這種**奈米新藥提高了紫杉醇的溶解性**，患者不再需要注射聚氧乙烯蓖麻油。同時，奈米顆粒載體**也提高了藥物從血液到癌症組織處的傳輸效率**，大大提高了紫杉醇的藥效。

奈米顆粒在對神經性疾病的治療中也是功績顯赫。長久以來怎麼使藥物有效到達中樞神經系統，一直是個難題。血腦屏障（blood brain barrier），俗稱 BBB 效應，是造成這個問題的重要原因[4]。人體自發精心的設立了這個機能，防止大腦受到體外異物和血液中攜帶的傳染物入侵。可是，這個機能無法將藥物從異物和傳染物中辨別出來，使得絕大部分藥物也被擋，無法直達患處。

為了達到治療效果，必須加大用藥劑量，才能使一部分的藥物輸送到大腦，這就增大了患者產生不良反應的風險。高分子和脂質體奈米顆

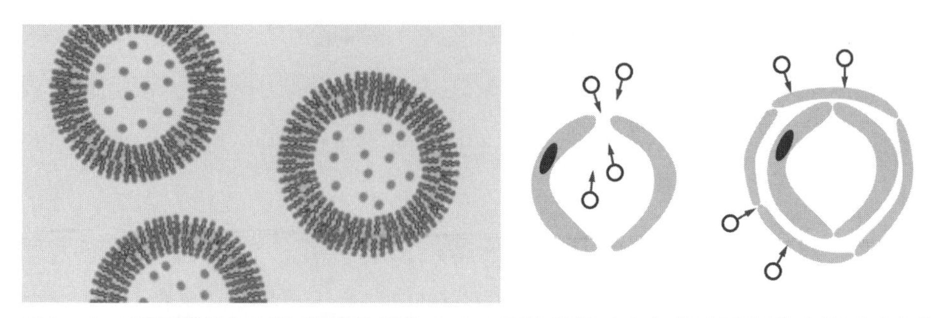

圖2　左：磷脂雙分子層奈米顆粒藥物；右：正常細胞（左）和大腦細胞血管（右）對比，正常細胞分子流通自由，大腦血管封閉體系，分子流通受阻。

粒，能有效幫助藥物穿過血腦屏障，使其能進入大腦和中樞神經組織，從而發揮作用。美國俄亥俄州醫學院的研究員曾發表的論文中，展示他們用外表包裹氨基酸的奈米顆粒，成功將抗癌藥物阿黴素，輸送到腦部中樞神經系統的研究成果。

在醫用的其他領域，例如說在對愛滋病的治療中，高分子奈米顆粒也被證實，可以提高 HIV-1 病毒蛋白酶抑制劑藥物的溶解性。

在眼科疾病的治療中，多數藥物是透過眼藥水滴液的方式作用於眼球。但人總是不停的眨眼，在眨眼的過程中，眼內黏液也在不停移動，藥物在進入角膜前就大量損失，所以病人要隔幾個小時就需要滴點新藥水。**奈米顆粒能將藥物陷入眼黏液膜層中**，延長藥物在眼球中的停留時間，進而減少滴眼藥水的次數和提高藥效。

科學家已研發出幾種方法，來賦予藥物一雙識別病變細胞的慧眼，實現奈米顆粒藥物的選擇性釋藥。最常見和最早使用的方法是配體和受體識別法。一把鑰匙開一把鎖，病變細胞上有「鎖孔」，奈米顆粒藥物就是那把配合的「鑰匙」。正常的細胞上沒有那個「鎖孔」，奈米顆粒藥物就不碰觸正常細胞。

具體來說，就是病變細胞表面會大量表達和正常細胞不一樣的物質。奈米顆粒的表面，**可以透過化學反應和病變細胞表面的物質發生作用**，這樣奈米顆粒從正常細胞和病變細胞的茫茫細胞海洋中，就能一眼識別出病變細胞〔5〕。

奈米顆粒從此一眼就能識別出病變細胞，並結合富集在病變細胞表面。科學家在設計奈米顆粒時，已在其內部設定了「程式」，奈米顆粒在接收到訊號後，就啟動自我分解的模式，把藥物準確靶向釋放到病變細胞內部。

這個「程式」就是設計和調控高分子內部的化學鍵。這些化學鍵被「編製」後，能被病變細胞分泌的酶降解，或能進入細胞內部，隨著細胞內部溶液酸性的增強而降解，從而釋放出來發揮藥效。

另外一種選擇性釋藥，是利用癌細胞血管的滲透現象（blood vessel leakiness in cancer）。癌細胞附近的血管和正常細胞相比，空隙更大，組織結構無序。科學家可以透過控制奈米顆粒大小，**讓奈米顆粒的尺寸剛好能自由穿過癌細胞附近的血管，而無法進入和穿過正常細胞附近的血管**[6]。根據這種對血管壁孔徑的選擇，奈米顆粒繞過正常細胞，只在病變細胞和病變組織附近集合。下面的章節也會說到，運用這個原理實現靶向釋藥的真實例子。

最後提到的奈米顆粒「熱療法」也很有趣。大多數的研究焦點，集中在對金奈米顆粒和磁性奈米顆粒上。原理其實不複雜，高溫會引起酶的滅活、類脂質破壞、核分裂的破壞、產生凝固酶使細胞發生凝固，另外使細胞蛋白質變性。人體正常細胞能存活的溫度在 37℃～38℃之間。細胞在 39℃～40℃培養 1 小時會受到一定損傷，但仍有可能恢復。如果在 41℃～42℃中培養 1 小時，細胞損傷嚴重，溫度升至 43℃以上時細胞就無法存活了。

那麼奈米顆粒怎麼實現「熱療法」？貴金屬，例如說金、銀和鉑，有一種特殊的表面等離子共振現象（Surface Plasmon Resonance, SPR），SPR 現象使光子禁閉在奈米顆粒的小尺寸上，奈米顆粒表面因此產生很強的電磁場，從而增強奈米顆粒的輻射性能（包括吸收和散射在內）。金奈米顆粒得益於 SPR，可以大量吸收光能，並且把光能透過非輻射過程轉化成熱能。

如果把金奈米顆粒召集到病變細胞和組織處，照射可吸收的光源，金奈米顆粒就能把光能量有效轉換成熱能，提升病變細胞附近的溫度。透過調整照射的光源能量，可以**把病變細胞微環境的溫度升高到 43℃以上，讓他們無法存活**[7]。

同樣的，磁性奈米顆粒，例如說鐵，當處於交流磁場（alternating magnetic fields）下，會將磁場能轉換成熱能。類似金奈米顆粒的療法，把磁性奈米顆粒聚集在病變組織處，在患者體外加上交換磁場，也會達到對病變細胞的熱療效果。

江湖上的新傳說

美國的波士頓，是著名學府哈佛大學、麻省理工學院的所在地。有玩笑說走在波士頓，天上下冰雹，砸到的路人一半以上都是博士。波士頓聚集了一批世界上最聰明的大腦和最優秀的創業者。

麻省理工學院有一個神一樣的人物，被尊稱為波士頓最聰明的人。此人叫羅伯特 · 蘭格（Robert Langer），是麻省理工學院生物醫學工程系的教授，囊括除諾貝爾獎以外的其他所有科學大獎。蘭格創辦了 40 多個初創企業，其中一個和奈米顆粒新藥有關的叫 Bind Bioscience。蘭格和他的博士後研究員們懷著用奈米科技，發起一場疾病治療領域革命的理想，在 2007 年創立了 Bind Bioscience。

Bind Bioscience 打造的奈米新藥 Accurins，是內載藥物成分的高分子奈米顆粒。Accurins 志在實現奈米顆粒新藥的三個業界共識目標：**體**

內的長期循環、靶向進攻癌細胞和可控性釋藥。

Bind Bioscience 的可控性釋藥技術是個聰明的想法。病變細胞會分泌特定的酶，將 Accurins 奈米顆粒的高分子外殼降解成乳糖，包裹的藥物成分便能成功進入病變細胞內部，然後大顯神通。Accurins 奈米顆粒，會根據設定的速率和劑量釋放藥物。高分子降解後的產物——乳糖，是人體內的一種天然化合物，因此降解後的奈米顆粒對人體危害應該不大。當然，實驗數據說明一切。Bind Bioscience 目前正在進行一系列的實驗來證明他們的想法。

Bind Bioscience 最初靠天使和風投的資金營運。透過幾年的研發，開發出兩種候選新藥 BIND-014 和 BIND-510。BIND-014 主要針對非小細胞性肺癌（non-small cell lung cancer）已進入了二期實驗階段。BIND-510 主要針對實體腫瘤和血液腫瘤，目前在一期實驗的初級階段。

2013 年 Bind Bioscience 改名為 Bind Therapeutics。2015 年 Bind Therapeutics 成功上市。**也許在不久的未來，美國市面上就會有第一批 Accurins 的奈米顆粒藥物出售。**

另外一個富有潛力的奈米醫藥公司也在波士頓的劍橋區。公司有個美麗的名字叫天空藍（Cerulean）。也許公司創立者希望奈米科技，就像天空一樣廣闊無垠、蔚藍深邃，讓人無限遐想吧。

Cerulean 開發的奈米顆粒藥物配合物 Nanoparticle Drug Conjugates（NDCs），應用癌症的脈管系統來實現靶向釋藥（這個原理在上個章節也介紹過）。在癌症腫瘤的快速長大階段，貪婪的腫瘤需要更多的氧氣，供應其瘋狂的生長，它創造出一大批圍繞腫瘤附近未「發育成熟」的血管。這些早熟的血管組織結構上無序，並且有許多大的、可滲漏的孔洞。NDCs 可以很輕鬆從這些大孔洞中穿行。正常組織周圍的血管有序、孔徑小，NDCs 就無法跨越。

除了癌症腫瘤微環境血管的變化，腫瘤也從周圍環境中搜刮磷脂和蛋白等養分。這個吸取養分的過程，學術上稱作「巨胞飲」（macropinocytosis）。Cerulean 有非臨床的數據，證明 NDCs 奈米顆粒，能透過腫瘤細胞的巨胞飲作用進入癌細胞內部，然後在一定時間內釋放出有效藥物，殺滅癌細胞。

關於前文提到目前癌症藥物的不良作用，主要是因為**正常細胞和組織也接觸到了高劑量的抗癌藥物**。這些抗癌藥物是雙刃劍，消滅了癌細胞的同時也重創了正常細胞。

Cerulean 的 NDCs 奈米顆粒在血液循環中，**繞過了正常的組織和細胞，選擇性的富集於癌症腫瘤處**。癌細胞種類非常多，並且狡猾聰明，能在短時間內透過對自身適應途徑的調節，對單一藥物產生抗藥性。所以很難只使用一種藥物就能治癒癌症。如果同時採用多種藥物治療，就可以更大程度上阻攔癌細胞的自我適應途徑，從而更可能治癒癌症。

Cerulean 也投入了大量精力，開發多種 NDCs 奈米顆粒，致力於同時作用於癌症，起到增效作用。Cerulean 目前已開發出兩種 NDCs 奈米藥物候選物 CRLX101 和 CRLX103。令人興奮的是，這兩種藥物目前都已進入臨床實驗階段。CRLX101 含有喜樹鹼（Camptothecin）藥物成分。喜樹鹼能有效抑制腫瘤細胞中的某種蛋白，使癌細胞 DNA 無法正常複製。但喜樹鹼的毒副作用也非常大，很難在人體內使用。Cerulean 相信 NDCs 奈米顆粒藥物，可以有效增強喜樹鹼在癌細胞內的含量，同時使正常細胞免受摧殘。

另外，癌細胞在面對藥物的進攻時，會處於一種缺氧狀態。癌細胞在這種不舒適的狀態下會啟動 HIF-1 α（缺氧誘導因子），來開通多種適應途徑，讓自己能在缺氧的狀態下生存下來，企圖打贏和藥物的戰爭。CRLX101 NDCs 奈米顆粒藥物可以抑制 HIF-1 α，幫助傳統抗癌藥物更有效的殺死癌細胞。

根據 Cerulean 的官方網站數據顯示，他們曾在 250 個直腸癌、子宮癌和腎細胞癌患者上進行臨床實驗。CRLX301 裝備了主要用於對抗乳腺癌、肺癌、前列腺癌、胃癌和頭頸癌的奈米藥物子彈——歐洲紫杉醇（Docetaxel）。但歐洲紫杉醇的安全性也令人擔憂，因此限制了它的臨床應用。和傳統的歐洲紫杉醇藥物最大不同是，CRLX301 只在腫瘤處富集，對正常細胞毫無損傷。固體腫瘤的初期動物實驗數據顯示，CRLX301 相對傳統的歐洲紫杉醇，藥效提高了 10 倍，實驗動物的存活率提高很多，不良藥物作用也顯著降低。Cerulean 公司在 2014 年 4 月成功融資上市。

另外有一個奈米公司叫 Nanospectra。Nanospectra 開發的奈米藥物原理，是前文提到的「熱療法」。金子在過去一直是美麗昂貴的飾品，現代科技點金成藥，開拓金奈米顆粒在醫藥領域的用武之地。

Nanospectra 也給開發出的金奈米顆粒療法取了一個有詩意的名字——極光束療法（AuroLase Therapy）。極光束療法具有奈米顆粒藥物所共有的特性，選擇性進攻病變細胞，減少對正常細胞的損害。同時，極光束療法也可以在一定程度上提高化療的功效。

極光束療法有三個組成部分：近紅外光源，用於把雷射能量傳遞到腫瘤附近或內部的光纖探針——金奈米顆粒 AuroShell。AuroShell 奈米顆粒由金外殼和非傳導性的矽內核組成。AuroShell 顆粒主要吸收由探針傳導的雷射能量，然後把其轉化成熱能。和 Cerulean 的 NDCs 奈米顆粒相似，AuroShell 顆粒也是利用腫瘤附近血管上大孔徑的通透性，來選擇性進入並富集在腫瘤內部。近紅外雷射被調節到能有效穿透皮膚的特定波長。聚集在腫瘤區的金奈米顆粒吸收雷射能量並轉化成熱能。癌細胞微環境的溫度被升高到 43℃以上，最終被一舉殺死。

Nanospetra 也是潛力無限。2002 年年初成立；2003 年首次成功展示了其奈米藥物在動物體內的藥效；2004 年公司獲得 200 萬美元的先進技術資金；2006 年獲得德克薩斯州 125 萬美元的科技資金；2007 年完成了藥物毒性和安全測試的動物實驗；2008 年獲得 FDA 通行綠燈美國試驗用醫療器械的豁免制度（Investigational Device Exemption，簡稱 IDE），用 AuroLase 療法對復發性頭頸癌症進行人體臨床實驗。

經過兩年的努力，至 2010 年完成了 8 個人體臨床實驗；2011 年開始在墨西哥進行 AuroLase 療法對前列腺癌的初步人體實驗；2012 年再次獲得 FDA 許可，進行對原發肝癌和轉移肝癌的臨床實驗。也許不久的將來，奈米顆粒熱療法就可以和傳統藥物並駕齊驅，在對抗疾病的戰場上立下赫赫戰功。

前路雖有荊棘，但未來不是夢

奈米顆粒新藥是現代科技創造的新生事物，完成提高藥效、降低藥物劑量、實現靶向進攻和降低不良反應的使命。不過奈米顆粒智能新藥作為新生兒，也非盡善盡美。學術界一直研究和實驗，以期更了解和完善奈米顆粒藥物，解決關於奈米顆粒藥物的疑慮。最後這節來談談奈米顆粒智慧新藥需要克服的一些問題。

第一個問題是奈米顆粒藥物在進入人體後的分布問題。科學家開發和設計奈米顆粒新藥的初衷，是讓所有的奈米顆粒藥物都能準確到達病變處。**但目前存在的問題是，奈米顆粒藥物在進入人體這個龐大複雜的系統以後，有些迷路。**

奈米顆粒可以成功穿越很多人體設置的生物障礙，例如說本章開頭提到的血腦屏障、還有很多外表皮層的結締組織[8]。正因為奈米顆粒有這個特殊的穿越本領，它除了如科學家期望的到達病變組織外，還分布到人體的其他器官。

由此帶來的問題，一是兵力的分散，本來應該是全部的奈米顆粒軍團與病變細胞作戰，現在有一部分戰士跑去了沒有敵人的陣營。二是奈米顆粒藥物很有可能對正常器官產生影響。

已有許多文獻顯示，奈米顆粒除了很大一部分集中在癌症或病變組織以外，**在人體的過濾器肺臟，人體解毒器腎臟，還有人體最大的免疫器官脾臟裡都有大量分布**。這不難理解，這些器官都是人體對抗外界侵犯的防禦體系。當奈米顆粒藥物進入人體後，這些器官會很警覺把奈米顆粒藥物假設為敵人，然後採取誘導圍攻策略，然後試圖防禦。

另外一些報導還發現**奈米顆粒在腦部和心臟處也有少量分布**。怎麼幫助奈米顆粒藥物成功到達戰場，而不被人體的其他防禦器官迷惑和圍困，不少大學和科學研究機構的實驗室，都在進行此方面的科學研究。

第二個問題是奈米顆粒極具活性的表面性質，可能帶來副作用[9]。本章一開頭就介紹過，奈米顆粒和普通的宏觀材料在性能上有很大的不

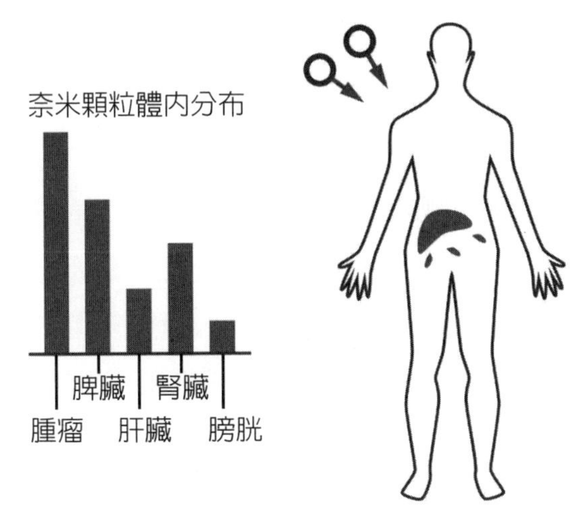

圖3　奈米顆粒進入人體後，在各個器官的分布示意圖。

同。因此，這些奈米材料和組織器官之間的相互作用，也和普通的宏觀材料很不一樣。

目前關於奈米顆粒表面作用，可能對人體帶來的不良反應，現在還沒有特別深入的研究。原因之一是許多正在進行臨床實驗和被 FDA 批准進行實驗的奈米藥物，是可降解和生物相容性好的材料，如前幾章提到的可降解的高分子或脂質體奈米顆粒。但有些研究人員還是擔心奈米顆粒獨特的表面性質，可能會在釋藥的過程中產生一些難以預料的不良反應。

另一個問題是，不能降解的奈米顆粒如何在釋藥後排出體外？FDA 有明文規定，任何注射入人體的診斷試劑，都必須在合理的時間內離開人體。這項規定是為了確保診斷試劑不會過久停留在體內，造成不良反應，或妨礙其他診斷測試。

例如金奈米顆粒的線衰減係數（linear attenuation coefficient）比骨骼要高 150 倍。如果金奈米顆粒長期逗留在人體內，**會使電腦斷層掃描（CT）結果失真，造成錯誤診斷**。

目前有個可能的解決方案，是控制奈米顆粒的粒徑，使其能透過人體的腎過濾（renal filtration）或尿排泄排出體外。這樣就可能解決或大幅降低奈米顆粒藥物在體內停留時間過長，而對人體造成的不良反應。所以設計合適的奈米顆粒尺寸，在完成任務後順利穿越內皮被排出，也至關重要。

有意思的是，奈米顆粒的形狀和外表的化學修飾層，也會對其能否順利被排出體外產生影響。例如，球狀的金奈米顆粒和棒狀的金奈米顆粒，被人體清除的效率就有所不同。對此，科學家無疑需要更多的研究和改善。

第 19 章

奈米技術健康監測，還能戒菸治病

文／王雅琦

隨著現代醫療的發展，收集疾病資訊成為準確診斷和治癒疾病的重要環節。人體的疾病相關的資訊隱藏身體各處。傳統的診斷手段是在體外進行檢測，例如說心電圖掃描。或收集一些體內的樣品血液和尿液，然後進行各種化驗。

要是有各種高科技產品進出人體各個組織器官，聽候醫生差遣，收集各種疾病資訊，即時彙報體內疾病狀況，那真是太妙啦！這是不是天方夜譚？就讓我們來細說一下。

奈米顆粒身分揭祕

上一章介紹過的奈米顆粒有怎樣的十八般武藝，能在身體裡自由穿越和識別收集訊號？前面提到奈米顆粒在智慧新藥開發領域的應用，介紹了奈米顆粒靶向進攻腫瘤細胞，以及可控式釋藥的技能，但奈米顆粒也能在人體內四處巡走和收集關於健康的情報。

奈米顆粒的表面可以透過各種化學修飾，加入不同的化學基團、高分子層、抗體或其他配合體。奈米顆粒透過這種特定的表面功能團，和分子標記物之間的作用，實現靶向選擇識別病變細胞。如前章所描述，最常見的和最早使用的方法是配體和受體識別法，因此奈米顆粒就能識別出病變細胞。

如前章所描述，癌症細胞表面會大量表達和正常細胞不一樣的分子標記物（biomarker），例如說表面抗原、小分子。常見的配體有和抗原特定結合的抗體（antibody）、契合寡聚物（aptamer），或能和小分子形成化學鍵的配合基（ligand）。

奈米顆粒的表面，可透過化學修飾加入各種化學基團。這些化學基團可以和抗體、契合寡聚物、配合基的化學基團反應，形成牢固的化學鍵。這樣，這些能識別癌症細胞表面分子標記物的配體，就分布在奈米顆粒表面。它們能幫助奈米顆粒從茫茫細胞海中識別出病變細胞。當奈米顆粒識別出病變細胞後，便結合並且富集在病變細胞表面。〔1〕

另外一種選擇性識別，是利用癌症細胞血管的滲透現象（blood vessel leakiness in cancer）。科學家可以透過控制奈米顆粒大小，讓奈米顆粒可以自由穿過癌症細胞附近的血管，而無法穿過正常細胞附近的血管。〔2〕

奈米顆粒富集在病變細胞處，透過表面或抓附的某些分子標記物和病變細胞表面結合，使奈米顆粒改變了發射的訊號。這些訊號（通常是磁性訊號和螢光訊號）能被體外的儀器準確探測到，並採集分析，可以隨時監控身體內千變萬化的資訊。

奈米顆粒表面的高分子，**可以防止奈米顆粒在血液循環的過程中黏附在一起**，實現奈米顆粒在人體內長時間的循環，完成收集情報資訊的使命。同時這層高分子「隱形外衣」，也能幫助奈米顆粒逃過人體消化系統或免疫系統的攻擊，以免過早排出體外。〔3〕

谷歌的野心：奈米顆粒「Fitbit」手錶

目前，Fitbit 是在美國很風靡的一款運動手錶品牌，2007 年由詹姆斯 ‧ 朴（James Park）在舊金山市創立。

Fitbit 產品是可穿戴的無線設備運動手錶，可以測量人每天的運動量，例如行走步數、登梯步數和檢測睡眠品質。將收集到的數據，顯示在手錶的電子顯示器上。

Fitbit 將運動量與「測量儀器數字化」、「測量儀器可穿戴化」兩個概念完美結合，獲得了巨大的商業成功。2015 年 6 月 Fitbit 的 IPO 首日，股價一日之內狂增 52%，成為 2015 年美國首日 IPO 漲幅前十大的公司之一。

健康檢測儀器和疾病診斷設備的可穿戴化，是當下矽谷創業者們最推崇的想法之一，和投資者們看好的新金礦。如果你到矽谷，可以聽聽各種創業大賽，關於可穿戴式健康檢測和醫療診斷儀器開發的專案比比皆是。

谷歌聲名享譽世界，總部位於矽谷的山景城（Mountain View），

圖 1　Fitbit 運動手錶。

是無數科技粉絲嚮往的朝聖之地。2010年谷歌旗下成立了一個祕密的部門，名為X，主要致力於開發各種前沿的尖端技術。X位於Google總部半英里外（Google結構重組後，X中的生命科學部門被重組為Verily公司），由Google的創始人之一，現任Alphabet的主席謝爾蓋・布林督導。由身兼科學家和企業家雙重身分的阿斯特羅・特勒（Astro Teller）掌管實驗室的日常業務。

神祕的X研究專案被內部人員稱為「射月計畫」（Moonshots）。這個神祕部門在2014年年底，對外界公布的幾個研究計畫包括：「無人車計畫」（Project Self-Driving Car）；可以用來運輸郵寄物品的飛行儀器「翅膀計畫」（Project Wing，概念有點類似亞馬遜的送貨無人機〔Amazon Prime Air〕）；透過多個熱氣球為指定地區的人，提供快速穩定的Wi-Fi網路連接的「潛鳥計畫」（Project Loon）；擴增實境頭戴式顯示器（augmented reality head-mounted display）的谷歌「眼鏡計畫」（Project Glass）；可以用來檢測血糖的隱形眼鏡的谷歌「隱形眼鏡計畫」（Project Contact Lens）。

X的雄心壯志在於讓科技以10為指數發展，讓科幻小說中的情節變成現實，不得不膜拜這個充滿天才和奇思妙想的實驗室。自2013年起，Google的科技野心也擴張到生命科學領域，在生命科學領域的一系列大動作，讓人們感受到了這個天才公司的魄力。

2014年X對外宣稱的奈米顆粒健康監測手錶計畫，**融入了奈米顆粒診斷和大數據（big data）的新興概念**，卻也不免俗的採用了矽谷創業概念的新寵——「健康監測＋可穿戴式」。Google專案一公布，還是引起了外界極大的關注和不少的爭議。下面就來解說一下X的奈米顆粒手錶，或稱為「奈米顆粒 Fitbit」。

X 生命科學實驗室（2015 年谷歌重組後，X 的生命科學部門單獨成立為 Verily 公司）的負責人安迪 · 康拉德（Andy Conrad），曾在一次新聞採訪中用了一個非常生動的例子：現有的健康和疾病監測手段，就像是一個人想要了解巴黎的文化，卻只坐直升機一年飛到巴黎一次。現行的監測手段都不是即時、持續的，而是間斷、缺乏時效性的。可想而知，很可能遺漏對於早期疾病診斷很重要的資訊。

電影人早在 1960 年代，就描繪出超炫的 21 世紀奈米顆粒手錶的雛形。康拉德把 X 要開發的健康手錶，比作著名科幻電影《星際爭霸戰》（Star Trek）裡，史巴克（Spock）的神器——可攜式科學三度儀（Tricorder）。三度儀方便易攜，時常被史巴克拿在手中，功能強大，具有訊號探測掃描、數據分析和記錄儲存訊號的三重功能。在康拉德的心中，三度儀就是利用功能性奈米顆粒作為感測器，來監測體內細胞發出的訊號，然後由手錶對訊號進行數據分析，最後顯示並儲存健康狀況相關的結果。

康拉德的一生都在從事和健康監測有關的研究，他曾就職於美國最大的實驗檢測公司 LabCorp。一次和 X 創始人布林及他帶領的天才科學家團隊的談話，改變了他的職業軌跡。天才冒險家被 X 的天才雲集和資金雄厚的科學研究環境深深吸引，也決定加入這個神祕的組織，用自己的智慧和科技改變世界，讓《星際爭霸戰》中的神器變為現實。康拉德也進一步解釋奈米顆粒健康監測手錶的技術原理和部分細節。表面功能化的奈米顆粒，可以識別病變細胞表面的分子標記物（biomarker），區分病變細胞和健康細胞。

奈米顆粒主要靶向標記循環腫瘤細胞（Circulating Tumor Cells）[4]。循環腫瘤細胞是從原發腫瘤（Primary Tumor）分離下來，並且進入血液循環的一類癌症細胞。它們是癌症傳播的種子，可以隨著血液的流動，到達人體其他部位和器官，誘發新的腫瘤細胞生長，造成癌症在身體內的轉移和擴散。

循環腫瘤細胞早在1869年，就被湯瑪斯・阿什沃思（Thomas Ashworth）觀察和發現。一個世紀以後的1990年，Liberti和Terstappen證實了循環腫瘤細胞存在於中早期疾病的發展過程，人們才開始意識到這類細胞的重要性。但因為循環腫瘤細胞的數量非常少，而且僅有0.01％的循環腫瘤細胞，能引發癌症轉移和擴散，使得這類細胞非常難被檢測到。

直到最近五年，隨著檢測技術的提高，循環腫瘤細胞逐漸成為研究的熱點。學術界也由此，產生用循環腫瘤細胞作為疾病診斷的新術語「液體切片」（Liquid Biopsy），以和傳統的組織切片技術區別。

康拉德計畫使用的奈米顆粒，是表面功能化的磁性氧化鐵奈米顆粒。選用氧化鐵奈米顆粒的原因之一，是氧化鐵奈米顆粒是FDA批准用於人體內的顯像對比劑。製成口服藥片的奈米顆粒，進入血液循環系統後，隨著血液流動到達各處，捕捉和識別病變細胞。

手腕上佩戴的錶環產生磁場，把奈米顆粒召集到一處。錶環內的分析設備分析出奈米顆粒採集到的情報，得出人體當下的健康狀況報告。接下來，手錶上的磁場被移去，奈米顆粒又重新回到血液中執行下一次任務。

神祕一直是X實驗室的一貫傳統。奈米顆粒「健康監測手錶計畫」

也不例外。康拉德在新聞發布會上，對外界公開這個近似科幻電影情節的研發計畫前，幾乎沒有人知道 X 這個實驗計畫。為了執行這個近似科幻的任務，X 召集了一批在疾病診斷領域聰明卓越的科學家。和其他超現實的前沿想法一樣，奈米顆粒手錶也遭到懷疑。

學術界的一些專家，對 X 能否實現這個科幻計畫持保留意見。凱斯西儲大學（Case Western Reserve）的專家，就認為 X 假想的奈米顆粒藥片，一進入體內就會遇到麻煩。奈米顆粒或是顆粒表面的功能基團，很可能在進入血液循環前，就被胃和胃腸道消滅分解殆盡。

X 的科學家顯然也意識到了這個問題，並且積極尋求解決方案。雖然他們沒有公布具體的計畫，但 X 已祕密和麻薩諸塞州一家創業公司 Entrega 合作。

Entrega 開發了一種含有奈米顆粒的微小貼片，這些小貼片被封裝在膠囊內。膠囊被體內的消化酶分解後，小貼片就會附著在腸壁上，在幾個小時內逐漸釋放出奈米顆粒，使它們能順利進入血液循環。雖然 Entrega 沒有公開配方，但學術界已發表用卡波普（carbopol）、果膠（pectin）和羧甲基纖維素鈉（Carboxymethylcellulose sodium）的混合物製成的可降解膠囊。

膠囊外殼有一層乙基纖維素（ethyl cellulose）保護層，可以防止膠囊和載有奈米顆粒成分的貼片，被消化系統的酶過早分解。Entrega 很可能是使用了相似的技術和配方。

康拉德對外界所描述的可以召集奈米顆粒「密探」的可穿戴式儀器，目前也只是一個構想。但 X 實驗室已在尋求高人指路。加州大學柏克萊分校的教授史蒂文 ‧ 科諾利（Steven Conolly）應邀，在 X 實驗室做了一場關於磁性奈米顆粒在老鼠體內顯像的報告。目前科諾利的實驗室，可以用老鼠身體大小的掃描器探測奈米顆粒，但目前 FDA 還沒有批准在人體內進行磁性奈米顆粒的顯像實驗。

新聞報導，飛利浦公司已在德國漢堡的研發中心，開始進行用於人體的磁性奈米顆粒顯像掃描器的研究。不過科諾利教授也嚴謹提出，即使以後 FDA 批准在人體內使用磁性奈米顆粒，前期還是需要進行大量的實驗，來證實其準確性和可靠性。不過 X 的一位專供奈米顆粒的化學家 Bajaj 宣稱，他的團隊已證明在體外實驗中磁性奈米顆粒，可以準確靶向識別出目標，目前正準備在模擬義肢中實驗。

美國西北大學（Northwestern University）的教授查德・米爾金（Chad Mirkin），也同樣對 X 的雄偉計畫持保留意見。米爾金是奈米生物醫療領域無人不知的人物，也是歐巴馬總統的科學顧問之一。這位教授本人已成立三個奈米科技公司。其中一個公司 Nanosphere 成功商業化，以金奈米顆粒為探針的疾病檢測技術。

金奈米顆粒可從血液、唾液和尿液中，快速檢測出感染物。關於這項技術，米爾金的實驗室已發表了兩千多篇學術論文，且金奈米顆粒探針也實現了產業化，可以隨時為美國上千所的醫院提供貨源。然而，目前有購買意願的醫院少之又少。

米爾金同時也表示，谷歌在超出自己專長外的生命科學領域大力投資，是一個偉大又勇敢的舉動。X 的奈米顆粒 Fitbit 計畫目前看來需要很多年的投入，而且也沒有人能肯定這項計畫最終能實現。奈米顆粒健康手錶不確定的未來，讓人緊張卻又無比憧憬和興奮。

美國國防高等研究計畫署（DARPA）也有和 X 類似的奈米科幻

計畫。DARPA 除了大力支持無人車的開發外，也在近年投入大量資金，支持奈米顆粒探針的即時健康監測儀器的科學研究專案。DARPA 的構想，是透過靜脈注射或藥片服用的形式，使水溶膠顆粒進入士兵體內。水溶膠內載有 5 到 6 種不同的螢光奈米顆粒（fluorescent nanoparticles）。這些奈米顆粒表面已功能化，有不同的配體可以識別體內不同的生物分子標記物。

奈米顆粒同時也和螢光湮滅物（fluorescent quencher）綁定在一起。湮滅物可以吸收螢光分子被激發後釋放的能量，使得螢光無法正常釋放，也就是說當奈米顆粒沒有和疾病相關的標記物結合，它的螢光會被湮滅物湮滅，所以不發光。

然而，當奈米顆粒和相關標記物結合後，螢光湮滅物從奈米顆粒的表面斷開，使得電子激發後的能量正常釋放，產生可以被檢測到的螢光。DARPA 想要靶向監測人體新陳代謝的產物。很多代謝產物是疾病的早期訊號。每種螢光訊號都對應一種特定的代謝物。

透過體外螢光探測器，對士兵身體內的螢光訊號收集和分析，最後得出士兵每天健康狀況的全面分析報告。如果某一種代謝物的含量異常，極有可能是此種疾病的早期訊號，可以採取相應的預防或者治療措施。DARPA 的保密工作可以說是全美第一，目前這個專案的具體進展情況，外界幾乎沒人知曉。

奈米戒菸貼片和奈米針胰島素貼片

另外一項關於奈米顆粒醫療設備的技術是戒菸貼片。這個技術是伊利諾大學香檳分校的麥特 ・ 珀爾（Matt Pharr）研發，目前已完成原型機的開發。戒菸對吸菸者來說是一個痛苦的過程，而且復發率很高。

奈米顆粒水溶膠貼片主要用於醫生對戒菸者服藥的控制。貼片中含有大量載有戒菸藥物的水溶膠奈米顆粒、電路設備和小型機械裝置。電路設備主要用於遠端遙控和數據上傳；小型機械設備主要用於促使藥物從水溶膠奈米顆粒中釋放出來。

患者將戒菸貼片貼在手臂上，貼片內的電路讓醫生可以透過電腦，對貼片進行操作和控制。到了定點的用藥時間，醫生可以遠端操作貼片，使貼片內部的機械裝置作用，擠壓或者定量釋放酶，使水溶膠破裂或分解，**內部的藥物從奈米顆粒內釋放出來，穿透貼片層，滲透進皮膚**。

透過使用戒菸貼片，即使患者忘記用藥，醫生仍可以透過有效的控制和監測，使療程能準確進行。每次的用藥量和用藥時間都可以透過電路設備上傳到控制設備，並且被記錄下來。同時，開發者也在考慮將數據和智慧型手機聯網，讓患者透過手機了解和記錄自己每天的用藥量。

開發這項技術的珀爾教授，在 2015 年 4 月舊金山的一次學術會議上，做了相關的學術報告，並且展示了原型機的圖片。他透露，目前他的團隊正在積極和製造商洽談實現原型機的量產，同時他們也和投資商合作，目標是在未來一、兩年內完成戒菸貼片的商品化。

奈米針胰島素貼片是由北卡羅萊納大學教堂山分校，一名華裔教授顧震（Zhen Gu）和他的實驗室研發。該教授的祖母因糖尿病去世，所以他一直致力開發更有效的胰島素注射技術來對抗糖尿病。[5] 糖尿病病人需要每天監控血糖，且一天注射多次胰島素。是非常麻煩的過程。

顧教授開發的奈米針貼片只有指甲大小，貼片內有超過 100 個奈米針。當患者把貼片貼到皮膚上時，奈米針紮進血管，會產生短暫的刺痛感。奈米針內充滿了載有胰島素和酶的「小口袋」。當血糖濃度高出正常值時，血液中的葡萄糖會透過「小口袋」的細孔滲透進入。「小口袋」內的酶把葡萄糖轉換成酸性物質，使「小口袋」分解，把胰島素透過奈米針注射到血管內。「小口袋」的設計，可以使整個胰島素在一個小時內緩釋完成。

顧教授已在 5 隻老鼠的身上，測試過奈米針胰島素貼片。從數據得知，貼片能成功控制小鼠體內的血糖含量長達 9 個小時。教授目前已開始在豬身上進行實驗，因為豬的皮膚和人的皮膚更加接近。

這位科學家的最終目標，是開發出醫用的貼片，讓糖尿病患者每隔兩、三天更換一次貼片，並且簡單準確的控制和調節他們的血糖含量。因這項發明，2015 年，顧教授也獲得負有盛名的麻省理工學院「35 位年齡不超過 35 歲的創新者」稱號（MIT 35 innovators under 35）。

第 20 章

探索暗物質

文／趙悅

隨著時間的推移及人類科技的高速發展，人類的活動半徑，不再局限於地球或太陽系，而是逐漸拓展到整個宇宙。想要進行星系級別的航行，太空船的推動力是必須解決的問題。學會使用如電影《變形金剛 4》（*Transformers: Age of Extinction*）中，出現的暗物質引擎（Dark Matter Engine）進行星際穿越，或許會成為 22 世紀，人類星際航行的必備技術。

利用暗物質作為動能的飛行器，之所以成為星際穿越的首選，是因為暗物質和反暗物質的湮滅產生高能粒子過程，可以將暗物質粒子的所有質量轉化為能量，這將比核分裂和核融合的能量，要強大數萬倍甚至更多。而且暗物質散布於宇宙，在太空船飛行的過程中，暗物質可以不斷被收集，並被用於飛船的加速或正常運行上。

要了解暗物質，需要先從宇宙說起。宇宙是什麼組成的？我們可以用三個部分來概括宇宙的組成：正常的物質、暗物質，還有暗能量。若按照宇宙所有能量的比率劃分，**正常物質只占宇宙所有能量的 4%**，暗物質占 22%，而餘下 74%左右的宇宙能量，則都為暗能量。

雖然暗能量在整體宇宙能量中，所占的比重巨大，卻不知道它由什麼組成，自然引起眾多理論物理學家的極大興趣。由此也應運而生了相當多的理論模型，來解釋暗能量的性質及由來。有一部分的學者相信，暗能量只是廣義相對論中的宇宙學常數（出現在愛因斯坦重力場方程式中的一個常數），只不過人們還不理解，為什麼宇宙學常數是我們現在所觀測到的值。

如果想要了解暗物質，我們先來看看什麼是正常的物質。正常物質包括中子、質子、電子、中微子及其他粒子。化學家研究分子，原子物理學家研究原子，核子物理學家研究中子和質子，而一部分高能物理學家則在研究組成中子和質子的更微小粒子。人們對這些物質結構，已有非常深刻的理解。但這些都不足以滿足科學家的好奇心，神祕的暗物質便成了熱門的研究方向。

暗物質到底具有什麼樣的屬性？至今仍有太多的未知，它是一種新的、不發光、不在人們現在理解範疇內的物質。目前我們僅知道暗物質參與引力相互作用，**這是暗物質存在的唯一確鑿證據**。

暗物質存在的證據

既然我們對暗物質的了解如此之少，那麼我們為什麼能確定暗物質存在？這要歸功於天文學家。根據牛頓萬有引力定律，我們知道任何兩個有質量的物體之間，都存在著引力作用，物體的質量越大，相互之間的引力就越強；物體之間的距離拉近，引力也會增強。

由於萬有引力存在，銀河系中的恆星均圍繞著銀河系的中心旋轉。根據天文學觀測，人們可以計算銀河系中不同位置恆星的運行速度，物理學家便能以此推測銀河系中的質量分布。天文學家如何測量遙遠恆星的運行速度？他們透過恆星發出光線的紅移（光波的都卜勒效應）進行測量。

都卜勒效應是指波源和觀察者有相對運動時，觀察者接收到波的頻率與波源發出的頻率不相同的現象。光的都卜勒效應是指，當星體遠離地球運動時，它的運動速度越快，在地球上的觀測者看來，它所發出的光線能量就越低。相反的，如果它朝向地球運動，那麼運動速度越快，在地球上觀測到光線的能量就越高。由此，可透過銀河系中恆星的分布，粗略估計銀河的質量分布。

證據1：行星運動速度分布曲線

當天文學家在對銀河系中行星運動的速度分布曲線，及對銀河系總質量的估計進行比較時，他們發現行星圍繞銀河系中心旋轉的速度，比他們預估的要高出許多，**這說明有很多質量來自於一種新的、不發光、不在人們現在所理解範疇內的物質**。而這一部分沒有被觀測到的質量，即被天文物理家稱為暗物質，這一概念最初是在 1932 年由揚 · 歐特（Jan Oort），基於銀河系恆星運行的軌道速度推測出來。

就像行星組成銀河系一樣，星系也可以組成星系團。這些宇宙的大尺度結構都是從宇宙形成之初，分布非常均勻的氣體逐漸由萬有引力聚攏、坍縮形成的，而每一個星系中心都可能存在超大質量黑洞。星系也同樣透過萬有引力圍繞星系團的中心旋轉。正如前面所講到的恆星與銀河系那樣，星系的速度也與星系團的中心質量發生了很大偏差。也就是說，暗物質也廣泛存在於星系團中。

這裡需要強調的是，**暗物質與銀河系中心的超大質量黑洞，並沒有直接的關聯**。暗物質散布在整個銀河系中，而不是像黑洞這樣，集中在銀河系中心的某一點。

證據2：宇宙大尺度結構的形成

有沒有能證明暗物質存在的其他更直接的證據？近年來的天文觀測及理論研究，確實為我們找到了許多證據，其中一個顯著的證據，就是宇宙大尺度結構的形成。

宇宙在最開始形成時，經歷過一次大爆炸。這時整個宇宙的溫度非常高，**甚至高過太陽內部的溫度**，宇宙中充滿了氣體（主要是氫氣和氦氣），這些氣體均勻擴散在整個宇宙。隨著宇宙的膨脹，宇宙中的氣體逐漸冷卻。

由於氣體分布的微小不均勻性，氣體開始在萬有引力的作用下逐漸聚攏成團，逐漸形成了星系團，而在星系團內部，便形成了一個個星系，我們所處的銀河系便是其中一個。

當宇宙逐漸從高溫狀態冷卻下來時，物質分布的微小不均勻性，導致星系的形成。簡單的說，物質分布較多的區域會在引力的幫助下，從附近的區域吸引更多的物質，而不斷累積則形成了宇宙的大尺度結構，如星系團和星系。

在透過一系列精確的數值模擬計算後，人們發現暗物質存在與否，大幅影響了宇宙大尺度結構的形成。由於暗物質占據宇宙能量比率很大的一部分，並且它也像正常物質一樣參與引力作用，如果我們現在的宇宙沒有暗物質或暗能量，而僅存在正常的物質，那麼宇宙大尺度結構，將與觀測結果截然不同。這就是物理學家普遍認為暗物質存在的第二個重要證據。

精確的數值模擬，還可以估算出暗物質的許多性質，其中最重要的一個性質，便是——暗物質是「冷」的。所謂的暗物質的「冷」，主要描述的，是暗物質**在宇宙大尺度結構形成時的速度**。如果此時暗物質的速度，接近光速並做相對論運動，便稱為「熱」；反之若其速度遠小於光速，則被稱為「冷」。

中微子是一種近似沒有質量，與其他粒子幾乎沒有相互作用的特殊粒子。在暗物質模型提出之初，中微子曾是暗物質的最佳候選。然而人們發現，由於中微子的質量極小，在宇宙的演化過程中，很難產生運動較慢的中微子。

假如「熱」的中微子是所謂的暗物質，那麼在宇宙大尺度結構形成時，由於中微子的運動速度接近光速，高速運動的中微子不能輕易聚攏成團，這會改變宇宙的物質分布，與我們實驗觀測到的數據不符。

另一方面，如果暗物質透過引力相互作用，而被束縛在銀河系中，那麼暗物質的速度不應該超過光速的千分之一。如果速度過快，暗物質則會直接飛出銀河系。

證據3：重力透鏡實驗

以上的兩個證據，都是假設「暗物質是均勻分布的穩定引力源」。有些物理學家提出，實驗數據與理論不符，並不是由於暗物質的存在，而是**對於宇宙大尺度結構，牛頓萬有引力不再適用**，有可能需要另外的理論來描述。基於這樣的動機，人們開始修改萬有引力定律。

更具體的說，我們知道牛頓萬有引力是與距離的平方成反比。這個定律**只在太陽系尺度以下的距離**得到驗證，並不知道在銀河系尺度下，此定律是否仍然成立。當物理學家發現，在銀河系尺度下如果不加入暗物質，牛頓萬有引力定律不能做出正確的預測時，便提出修改牛頓萬有引力定律的可能性。然而我們將要說到的第三個證據，在很大程度上，把修改引力模型這種可能性排除在外。

由於重力場的存在，組成光線的光子不再沿直線運動，其運行軌跡變得「彎曲」。若在宇宙中，某一個空間存在暗物質團而沒有正常的物質，那麼這區間內的暗物質也可以透過其引力相互作用將光線彎曲，這便是著名的重力透鏡效應。

在重力透鏡的實驗觀測中，人們發現某些區間幾乎沒有正常物質的存在，然而光線在這些區域仍有很大的彎曲，這就說明這些區間存在正常物質以外的其他物質。也正由於沒有正常物質的存在，即不存在萬有引力定律中可以提供引力源的物質，就使得修改萬有引力定律的嘗試，不再是合理的研究方向。

證據4：子彈星系團

最後，我們再來說說最重要的一個證據——子彈星系團研究。子彈星系團是兩個星系團由於引力相互靠近，並發生撞擊而組成的一個處於非平衡態的星系團。由於正常的物質之間，存在很強的相互作用，當兩個星系團撞在一起時，由正常物質組成的星系團部分將會糾纏在一起。而另一方面，如前面所說，暗物質不與正常的物質相互作用，所以當撞擊發生時，沒有其他相互作用使得暗物質部分減速。

用天文望遠鏡觀測，可以看到這樣一個非常有趣的現象：正常物質由於相互作用幾乎停在星系團中心，而屬於原本星系團中的暗物質，由於不受任何阻礙順利穿過對方，形成了正常物質與暗物質組成部分，互相分離不再重疊的神奇結構。

透過重力透鏡效應的觀測，人們發現，子彈星系團中存在兩個相互不重疊的引力中心，然而這兩個引力中心附近，並沒有可以發光的正常物質。這便說明，星系團中大部分的質量，來自於人們尚未了解的暗物質，這也成為暗物質存在的最直接證據。

研究暗物質的實驗方法

雖然我們對於暗物質的性質有各種推測，但暗物質與正常物質之間，真的沒有任何除引力以外的相互作用嗎？暗物質之間到底又有什麼關係？這些都是近年來高能物理學家研究的熱門話題。可是如何研究暗物質與正常物質的相互關係？

直接觀測法

觀測宇宙背景中，其暗物質與正常粒子相互碰撞的實驗，如果暗物質存在於宇宙背景中，而又與正常物質存在相互關係，那麼理論上，暗物質可以與正常粒子相互碰撞。人們知道，即使暗物質與正常粒子存在相互作用，那也是非常微弱的，因此直接觀測對精準度的要求非常高，要非常有效的控制實驗中可能遇到的背景雜音。

我們會遇到什麼樣的背景雜音？例如，地球表面會接受大量的宇宙射線，如果這些射線進入探測器中，並與探測中的粒子發生相互作用，便很有可能被誤認為是暗物質的訊號，所以這類實驗，都要在與外界盡可能隔絕的封閉空間進行。

例如將探測器埋藏於地下幾百至幾千公尺深的廢棄礦井中，從大氣層來的宇宙射線，就可以被這幾百至幾千公尺深的土壤阻擋，這便形成一個利於暗物質直接探測的環境。

或許你會懷疑這樣的環境，是否能滿足實驗的精準度？目前世界上有過若干暗物質直接探測的實驗（例如在美國 LZ 和 CDMS 實驗，義大利的 XENON 實驗，以及中國的 PandaX 實驗等），這些實驗的精準度已達到極高的水準。

有多高？由於暗物質與正常物質極微弱的相互作用，暗物質能輕易穿過幾百米深的地殼，但即使進入探測器，暗物質與正常物質發生相互作用的機率還是非常小，不過即使一年中，只有一、兩個暗物質與探測器中的正常物質發生作用，我們也可以清晰判斷出哪些是暗物質與正常粒子的相互作用。在不久的將來，這些實驗便會告訴我們暗物質，是否具有與正常物質之間的特定相互關係。

間接探測法

如果宇宙中既存在暗物質又存在暗物質的反粒子，那麼暗物質就能與它的反粒子發生碰撞而相互湮滅，即正反粒子相遇後，透過質量一能量轉換關係，將粒子的質量轉化成如光子這樣的較輕粒子能量的過程。

又如果它們湮滅後產生的粒子為正常物質，我們便可以透過由正常物質組成的高能宇宙射線，來觀察在宇宙中是否存在暗物質與暗物質反粒子的湮滅。當然，正常的天體物理活動也能產生高能的宇宙射線，所以這類間接觀測，就需要我們對宇宙的背景射線有詳細了解，以分辨射線產生的源頭。

由於暗物質湮滅時，產生的宇宙射線很多樣，所以我們會同時研究幾種暗物質間接觀測的訊號通道。例如，若暗物質湮滅產生高能光子，那這些高能光子便可能被伽馬射線望遠鏡衛星觀測到。

由於光子的傳播，幾乎不受宇宙中其他物質干擾，人們便能清晰判斷高能光子的來源，這便能幫助我們判斷，到底高能光子是來自於正常的天體物理活動，還是來自於暗物質的湮滅。

另外，暗物質的湮滅還能產生反物質——質量相同但具有相反量子數的粒子。所有粒子都有自己的反粒子，有些粒子的反粒子就是它們自己，例如光子；有些則是另外的粒子，例如正電子、反質子或反中子。

由於宇宙主要由正物質構成，反物質粒子在宇宙射線中相對少見，所以來自於正常天體物理過程（正常的物質粒子參與的天體過程）中的反粒子，一般會比正粒子少很多，於是宇宙射線中的反粒子，便成為背景較為「乾淨」的、探測暗物質湮滅的主要通道。

當然，這些反粒子也有不完美的地方。例如由於反電子帶有電荷，當它們在宇宙中，尤其是在銀河系中穿行時，它們的軌跡會因為星際磁場的存在而彎曲，這便失去這些反電子來源方向的資訊。

總之，暗物質的間接觀測，可以透過許多訊號通道完成，這些訊號通道之間，可能可以相互驗證或相互證偽。若在幾個不同的訊號通道中，均發現與正常的天體物理過程預測的宇宙射線不符，這些不符便極有可能，來自於暗物質與其反粒子的相互湮滅。

當然並不是只有暗物質的湮滅能產生高能宇宙射線，暗物質也很有可能自己衰變，而產生這種高能宇宙射線。暗物質並不一定是一種穩定的粒子，**它們的壽命要遠遠長於宇宙現在的年齡**。如果暗物質粒子可以衰變，而它的衰變產物，又恰是我們可以觀測到的正常粒子，人們同樣可以透過這種間接觀測來探測暗物質的衰變。但目前還沒有觀測到這樣的衰變產物，相關的研究仍在進行中。

粒子對撞機

最後我們來談另一種很酷的探測方法，即在粒子對撞機中直接產生暗物質。粒子對撞機是目前最直接探索高能物理的手段。它將粒子加速到非常高的能量，並引導它們迎頭相撞，透過觀測碰撞的結果，了解到物質世界更深層的結構。

目前，最大能量的對撞機是在歐洲核子中心（CERN）的大型強子對撞機（LHC），它可以將質子加速到 0.99999999 倍光速。此時質子所具有的能量是其質量的 7,000 倍左右。同樣的能量可使一輛 400 噸重的火車以 150 公里／小時飛速行駛。

大型強子對撞機是人類目前建造最強大的對撞機。它全長大約 27 公里，橫跨法國和瑞士兩個國家。人們花費 10 年的時間，建造這個龐大的實驗儀器，2008 年開始正式啟動。在最初的運行階段，對撞機只按其設計極限的一半能量運轉。雖然只有一半的運行能量，人們已透過 LHC，終於找到了尋找了幾十年的希格斯玻色子（Higgs boson）。直到 2015 年，LHC 開始以它設計的最高能量運行。

如果暗物質與正常物質之間存在相互作用，那麼暗物質便有可能在對撞機中，由正常物質之間的相互作用而直接被產生出來。前面提到，暗物質的壽命要遠遠長於現在的宇宙年齡，那麼一旦暗物質在對撞機中被產生出來，它便是一個穩定的粒子，而不會在對撞機中衰變。

同時，我們又知道暗物質與正常粒子之間的相互作用非常微弱，那麼暗物質便不會與對撞機中的探測器發生任何相互作用，而是在被產生後，直接飛出對撞機而不留下任何訊號，這便在對撞機的實驗中，產生了一個非常奇怪的現象。

當兩個正常的粒子對撞後，探測器無法觀測到這些能量的去向，就像這些能量遺失了一般。然而我們知道能量在自然界是守恆的，那麼就可以推測出這些能量，是被一種正常物質作用極其微弱的物質帶走的。這對於對撞機中能量消失事件的觀測，提供另一種觀測暗物質的方法。

當然也有其他可能的因素，使得對撞機中的探測器找不到最終能量的去向。一種可能是我們的對撞機並不完美，一些在碰撞中產生的正常粒子，被探測器漏掉了；另外也有可能是在碰撞中產生了中微子。

由於中微子與其他粒子的相互作用也極其微弱，當實驗中產生中微子時，它們也將不受探測器的阻礙而直接飛出探測器，從而帶走能量。所以這些可能缺失能量的正常物理過程，都需要在對撞機的實驗中仔細的研究，從而確定哪些能量缺失是由暗物質引起的。

暗物質的探測，還可以透過天體物理進行。如果暗物質與正常的物質直接相互作用，那麼當飄散在星際中的暗物質穿過某些緻密星體時，暗物質粒子便有可能與緻密星體中的正常物質發生碰撞。

這種碰撞有可能使得暗物質的運動速度減慢，從而被緻密星體的重力場捕獲。一旦暗物質被捕獲，它便會落入緻密星體（包括白矮星或中子星，這些星體比地球的密度高出很多，例如白矮星的密度是地球的100 萬倍，中子星則是地球的 10 兆倍）的核心。

在宇宙幾十億年的歲月中，這種暗物質被緻密星體捕獲的過程不斷發生，這便導致暗物質在緻密星體的核心不斷累積。如果暗物質與它的反粒子在宇宙中數量相當，那麼當這些粒子在緻密星體核心相遇時，它們便可以互相湮滅。

在緻密星體的核心，這種湮滅會發生得非常頻繁。如果暗物質互相湮滅的終態是如電子、光子和強子的正常物質粒子，那麼這種頻繁的湮滅過程，便可能會改變緻密星體的熱力學性質。例如，這種湮滅在中子星或白矮星的中心發生得較為頻繁，那麼這些星體就不會隨著時間的推移而逐漸變冷。這是由於暗物質在其核心的湮滅時釋放能量，為其星體提供了額外的熱源。

所以，如果我們觀測那些年老的緻密星體的溫度，便是一種對於暗物質較間接的觀測手段。如果暗物質的湮滅生成能量較高的中微子，而這些中微子與其他粒子的作用極其微弱，那麼這些中微子便很有可能從緻密星體中逃逸出來。

例如太陽，就是一顆很典型的緻密星體。如果暗物質在太陽中心不斷湮滅，並生成高能的中微子，那麼在地球上觀測來自於太陽的中微子，便能探測太陽中心是否存在暗物質，及分析它們可能的分布。

另一方面，如果暗物質不能互相湮滅，例如非對稱暗物質（這類模型中，宇宙存在的暗物質背景具有正的暗物質，而沒有反暗物質），那麼暗物質便會不斷累計。由於暗物質的相互引力作用，這些累計起來的暗物質，便有可能作為強大的引力源，改變整個星體的引力結構，這將在星體動力學中產生顯著的影響。

一個較為極端的例子，便是非對稱暗物質有可能在中子星中不斷累計，由於非對稱暗物質不能相互湮滅，其累計效果就會隨著時間的推移不斷增加。當暗物質累計到一定程度時，這些暗物質很有可能聚集，並形成在中子星中的一個小黑洞。而一旦這個小黑洞形成，它便可以迅速吞噬整個中子星。人們透過觀測中子星的性質，便可能對這類中子星進行研究。

暗物質與暗物質之間

我們對暗物質的了解微乎其微，暗物質粒子之間很有可能存在很強的自相互作用，那麼怎樣才能判斷這種自相互作用確實存在？這便需要依靠天文學的觀測。

在宇宙形成之初，人們透過對宇宙微波背景輻射（存在於宇宙背景中的幾乎各向同性（isotropy）的微波輻射，它的發現奠定了宇宙大爆炸理論的實驗基礎）的觀測可以得知，暗物質幾乎均勻散布在宇宙中。但由於暗物質之間的引力相互作用，暗物質會逐漸聚集成團，並形成宇宙的大尺度結構。

如果暗物質之間存在著一定的相互作用，這便會在宇宙大尺度結構形成時，產生很重要的作用。因此透過研究宇宙大尺度結構，便可能了解暗物質是否有自相互作用。

近年來天文學家在數值模擬方面大幅進步，進一步幫助我們了解暗物質的自相互作用。人們發現，如果不引入暗物質的自相互作用，那麼大尺度結構上，其很多預言與實驗觀測結果並不相符。其中一個最尖銳的問題，被稱為「失蹤的衛星星系」問題。透過數值模擬，人們可以對沒有自相互作用的暗物質模型進行分析。

例如，我們可以預言宇宙中星系的質量與分布。銀河系就是一個很大的星系，而在一個很大的星系內，就應該存在一些質量稍小的衛星星系，例如著名的麥哲倫雲。若暗物質沒有自相互作用，衛星星系的數量應該比我們觀測到的多很多。這就是所謂的「失蹤的衛星星系」問題。

另一方面，在銀河系中心的觀測上，如果暗物質沒有自相互作用，暗物質在銀河系中心的分布，將與我們觀測到的非常不同。在暗物質沒有自相互作用的情況下，越靠近銀河系中心，暗物質密度的上升就越快，而觀測中我們發現，在靠近銀河系中心時，暗物質的分布遵循一個較為平緩的函數。

暗物質模型

除了借助數值模擬技術和天文觀測，物理學家還建構了一系列理論模型，來研究暗物質。第一種是弱相互作用重粒子模型。這類粒子常見於很多理論物理學家的粒子模型，且它預言的暗物質在現有宇宙中所占能量密度分配，與實驗觀測相符。前面我們提到的三種暗物質探測方法，主要是基於這種模型提出。

為什麼在理論物理學家看來，這種模型有如此大的吸引力？因為這種模型中粒子的質量，與電弱對稱性破缺（將電磁相互作用力和弱相互作用力相互統一的一種粒子物理模型，這個模型已得到大量驗證）對應的能標一致。

電弱對稱性破缺的能標，與最近在歐洲核子中心大型強子對撞機上，所發現的希格斯玻色子的質量相近。同時人們也相信，很多有趣的新物理將在此能標附近出現，用來解釋電弱對稱性破缺能標的存在。而這些新物理模型，例如超對稱模型（Supersymmetry model），就非常自然預言了，暗物質的質量與電弱對稱性破缺的能標一致。

由於有這麼好的理論動機，人們對暗物質近幾十年的研究，大部分是基於這種弱相互作用大質量粒子的研究。另一方面，隨著人們近幾年對暗物質探測的發展，將原本有很好理論動機的參數空間逐漸排除，這使得人們開始對這種弱相互作用重粒子模型的假設產生懷疑。更多有趣的模型相繼被提出，人們也開始認真思考其他暗物質模型的可能性。

第二種非對稱暗物質模型：前面說到弱相互作用重粒子模型，可以預言暗物質在現今宇宙中的物質質量比率。而非對稱暗物質模型，則是透過一種截然不同的方法來控制並解釋此比率。因此非對稱暗物質模型也有非常好的理論動機。

這裡的非對稱，指的是宇宙中暗物質的數量，要遠遠多於暗物質的反粒子數目。然而在弱相互作用重粒子模型中，暗物質與暗物質反粒子的數目幾乎相同。那麼我們為什麼會認為暗物質，有可能比其反粒子的數目多出很多？

因為在我們宇宙中的正常物質，就存在這樣奇怪的不對稱性。我們知道正常世界的物質由質子、中子和負電子構成，然而卻幾乎沒有反質子、反中子和正電子的存在。

同樣的，在我們能觀測到的宇宙範圍內，這種正常物質的不對稱性也非常顯著。既然組成正常世界的粒子，可具有這樣的不對稱性，那麼也可推測，這種不對稱性也很可能出現在暗物質中。更有意思的是，正常世界物質組成的不對稱性，很可能與暗物質緊密相關。

舉例來說，質子跟中子都被稱為重子，具有+1 的重子數；反質子和反中子則帶有－1 的重子數。由於我們所處的物質世界是不對稱的，重子數要遠遠大於反重子數。如果宇宙在形成之初的總重子數為 0，那麼那些負重子數都去哪了？其中一種可能，便是那些負的重子數是由暗物質攜帶的。

理論物理學家可以很容易建造出一些粒子物理模型，使得重子數集中在正常物質一端，反重子數在暗物質一端。當然，並沒有人知道宇宙中總重子數是否為 0。也很有可能在宇宙形成之初，重子數就遠遠大於反重子數，那麼暗物質在這種情況下，便很有可能具有重子數，而非反重子數。

對於非對稱暗物質模型，人們可大致估算暗物質的質量範圍，一般情況下，暗物質的質量比質子略重，大約是質子的幾倍。非對稱暗物質模型，在暗物質的探測中有著非常特殊的訊號。

首先，由於它的質量比弱相互作用重粒子中，預言的質量要輕很多，它在暗物質直接探測的實驗訊號中，將呈現在輕質量一端。另外，在宇宙射線的間接暗物質探測中，由於模型提出暗物質遠遠多於反暗物質，那麼暗物質與反暗物質相互湮滅的訊號將非常微弱。然而如果暗物質可以衰變，那麼透過觀測高能射線中物質與反物質的不對稱性，便可能幫助我們識別這種非對稱暗物質模型。

還有非常多的可能性有待人們發掘。人們不禁要問，暗物質的研究對人類社會的發展會有什麼幫助？就算人們了解它的性質又能如何？對於這些問題，物理學家沒有辦法給出非常明確的答案。但人類技術的進步往往與基礎理論的突破息息相關，正是這方面的基礎物理研究導致相對論的誕生，從而得到愛因斯坦的質能等價 $E = mc^2$（能量一質量轉換關係）。

這一基礎理論上的突破，帶來核能技術的發展與應用。而對於暗物質及相關基礎學科的研究，雖然只是出於人們的好奇心，但最終也有可能突破物理基礎理論，從而帶來下一步的技術革新。

第 21 章

天網加地網，和來自太空的基地臺

文／胡延平

在《黑科技》前面二十個篇章裡，技術創新正在締造的世界已浮現眼前，而未來，這一切將如何連接起來？

無論是下一代互聯網、新世代網際網路 NGI（Next Generation Impactor），還是下一代網路，「未來網路」的形態和架構，**不是我們眼前看到的互聯網**，也不是過去較常討論的 NGN（Next Generation Network，又稱為次世代網路）。

未來網路在某種程度上，是多維創新協同作用的結果。能量密度、連接密度、數據密度、材料尺度、感知尺度、網路尺度、計算速度、移動速度、融合速度，這 9 個度在影響網路演進的速度和形態，不同領域和層面的基礎科學、應用科技在 9 個維度的突破創新，使得未來的網路——智慧網路若隱若現。

滿天都是無人機，臉書建構「天網」平臺

未來的智慧網路，從放眼天空、仰望星空開始。空間互聯網、天空互聯網，也就是正在到來的「天網」，是未來智慧網路當中最基礎的「連接」。這注定是一個極富探索性，同時也充滿爭議的話題。

2016 年 6 月 29 日，臉書太陽能無人機 Aquila，在亞利桑那州完成

首次試飛。原計畫飛行 30 分鐘，由於進展順利，最終飛行了 96 分鐘，成功收集與模式、飛機架構有關的飛行數據。

在**以無人機作為網路平臺方面，臉書成功邁出一大步**。臉書在 2 年前收購英國太陽能無人機研發企業 Ascenta 後，成立的 Project Aquila，為臉書的 Internet.org 計畫成功帶來「巨大里程碑」。

Internet.org 是臉書 CEO 馬克 ‧ 祖克柏著力甚多的未來專案，目標是透過網路連接世界上的每個人。尤其是尚未接入網路的 40 億人──貧困、偏遠、網路狀況比較差，甚至不在網路覆蓋範圍的人們。

Internet.org 經多方努力，與手機廠商和營運商合作，Free Basics 專案免費為民眾提供 300 多項簡化的互聯網服務。名為「ConnectivityLab」的部門也因 Internet.org 而成立，專門負責尋找雷射、無人機等網路通訊新方法，包括結合人工智慧與上網服務，並最大程度的推進上網技術的開源、開放與共用。Internet.org 的目標是將全球網路使用率增加 10 倍，將上網價格降到目前的 1 ／ 10。

有人說，臉書的雷射網路連線，要變成可以規模化應用的商業專案需要 10 年，但臉書還是開始研究了。成功首飛的 Aquila，有和波音 737 一樣長的 43 公尺的翼展，機身重量約 454 公斤，相當於載人客機的百分之一；由氦氣球提升至氣候環境穩定的平流層。Aquila 白天飛行於 27,432 公尺左右高空，避開飛機航線高度，吸收和儲存太陽能；晚上飛行於 18,288 公尺高空以節約電能。

臉書的目標是用 Aquila 太陽能，一次可以在高空自行飛行 90 天。90 天？這個數字聽起來挺嚇人，但未來是可行的。

臉書未來有意在全球各地的天空，部署 1,000 架、甚至 10,000 架

這樣的無人機，每架無人機在直徑 60 英里（按：約 96 公里）範圍內來回轉圈。這麼多無人機在天上轉來轉去，是為了提供普遍的上網服務。

這個時候雷射通訊技術就派上用場了，「Connectivity Lab」的負責人表示，他們的雷射通訊數據傳輸速率能達到 10Gbps，近乎地面光纖水準，約是標準雷射訊號的 10 倍。其過程是地面母基地臺與無人機之間進行雷射與電磁通訊，無人機也可將訊號透過雷射，發送到其他無人機。機群將雷射光束向下發送到地面子基地臺的收發器，以收發器為圓心，網路訊號可以覆蓋半徑 30 英里（按：約 48 公里）的地區以便上網。系統會將訊號轉化為 Wi-Fi 或 4G、5G 網路。

這個時候問題來了，Project Aquila 還是需要地面子基地臺，無人機只是發揮類似傳統電信網路骨幹網的作用，這就還不如傳統衛星通訊服務商 Iridium 的老思路，後者至少全程都是在空中，以每個人都可以使用衛星手機為目標。

Iridium 的衛星在太空，Aquila 無人機在大氣層內距地面 20 公里左右的平流層，電離層之下，理論上 Aquila 是可以直接做空中基地臺，但重量僅 454 公斤的 Aquila，無法承受重量遠在自身之上的收發設備，也不能僅靠太陽能飛行 90 天不掉下來，還進行能源巨大的天地通訊，而地面上網設備例如手機的天線等，也要跟著制定相關標準。

Free Basics 已為地球不同角落的上千萬民眾提供上網服務，但如同在印度、埃及等國家，遭到一些政府和民間組織的強烈反對一樣，Project Aquila 在全球各地面臨的阻力，不會比空氣的飛行阻力小。在印度，Free Basics 甚至被禁止。

那些援引既有法律、拿網路中立原則或稅收問題當藉口的反對理由，也許沒有一項站得住腳，但觸及傳統利益，就會遭到反對，更何況這次無人機要飛臨的是傳統主權國家的邊界。

在**太陽能無人機天空互聯技術的探索者中，還有波音公司、英特爾、空中巴士公司等大大小小的企業和團隊。谷歌也沒有落後**，在美國新墨西哥州的美國太空港，逾 15,000 平方英尺的機坪上，谷歌正進行著一項名為 Project SkyBender 的新計畫，同樣是採用無人機作為網路平臺，不同的是谷歌採用毫米波通訊技術，號稱比 4G LTE 傳送速率快 40 倍，甚至可能成為 5G 網路通訊骨幹，Project SkyBender 因此讓人聯想到空中 5G 網路平臺。

氣球的可靠性雖然有待觀察，但也已被作為空中網路平臺的探索方向之一。谷歌在進行的 Project Loon 和 Project SkyBender 屬同一個項目，它將高空聚乙烯氦氣球送入平流層作為基地臺，將互聯網帶到地球各個角落。Project Loon 的氣球高度約為商務飛機的 2 倍，已進行的實驗能在高空停留 180 天以上。

谷歌也有在嘗試 Wi-Fi 飛艇。中國的北京航空航太大學，正在實驗臨近空間飛艇，以此實現無線網路覆蓋。中國深圳的光啟公司（投資入股研發個人飛行器的紐西蘭 Martin 公司）號稱「雲端號」Wi-Fi 飛艇已進行初步測試。

智慧寬頻衛星網路更貼近「天網」未來？

無論叫 Sky-Fi 還是天空互聯網、空間互聯網都不重要，重要的是**未來的網路訊號，必然先來自於天空、星空。**

衛星比無人機更遙遠，但從技術成本效率來看，反倒更貼近未來。技術在六個方面的快速進化，是「天空互聯網」越來越真實的關鍵：發射成本大幅度降低、軌道近地化、波段高頻化、衛星智慧化和小型化、天線與終端小型化與低功耗、天地一體組網技術等。

衛星製造成本、發射成本不斷降低，頻寬、可支援用戶量不斷提高，智慧寬頻衛星網路日趨可行。

美國太空探索技術公司 SpaceX、Google、臉書是這場未來網路遊戲的大玩家。SpaceX 一開始計畫發射七百多顆低成本的低軌道衛星，為地面提供上網服務。不過根據 SpaceX 在 2016 年，向聯邦通訊委員會提交的最新報告，這項向全球提供衛星寬頻網路服務的計畫，將發射 4,425 顆衛星。

迄今為止著重的依然是發射服務，以及不斷提高自己的火箭回收重複利用技術，為了降低將航太發射成本而努力，甚至在此基礎上，宣布了雄心勃勃的火星計畫。

SpaceX 同時也為臉書，和法國衛星營運商 Eutelsat 合作的寬頻衛星上網專案提供衛星發射服務。遺憾的是，2016 年 9 月第一顆衛星，就被 SpaceX 失敗的獵鷹火箭發射送到火焰裡。以色列公司製造的這顆 5 噸重、造價 2 億美元的 Amos-6 衛星化為灰燼，原本它要為撒哈拉沙漠以南的非洲地區，提供互聯網服務。

這場未來網路空間競賽遊戲裡，也有創業公司的身影，一家以色列公司，乾脆把自己公司的命名為 SkyFi，且對外宣布，計畫向太空發射 60 顆微型衛星。SkyFi 的微型衛星天線有著自己的獨到技術，引來多個買家與其接觸。

美國衛星網路公司 **OneWeb** 比 SpaceX 低調得多，但股東背景一樣來頭不小，站在**後面的是維珍銀河**（Virgin Galactic）、高通等。OneWeb 的訊號處理晶片就來自於高通，後者利用其終端與基地臺之間的切換技術，幫助建立衛星通訊網路，解決諸多衛星在掠過一個個地面基地臺過程中的交接、切換問題。

和 SpaceX 一樣，OneWeb 要用小型低軌道衛星網路覆蓋地球，計畫發射 648 個小型衛星到近地軌道，終端接入速率約為 50Mb ／ s，每顆衛星的製造費用在 35 萬美元左右，該計畫總成本約 20 億美元。

OneWeb 為航空公司、災難救援組織、個人家庭客戶、偏遠山區的學校和村落提供服務。不過，儘管是近地軌道，OneWeb 的天線和功耗技術似乎很普通，設備小型化程度還是不夠高。地面基地臺的設備尺寸依然不小，雖然可以用太陽能電池板供電，但未來還是需要縮小體積。

美國 MDIF 公司在 2014 年，發布的 Outnet 外聯網計畫是個插曲，MDIF 向近地軌道發射數百顆衛星，以實現全球免費 Wi-Fi。這聽起來很吸引人，但 Outnet 的技術思路顯然有問題，終端使用者只能單向接收挑選過的網路內容，不能互動，僅只是單向廣播。

OneWeb 透過 O3b 獲得資源，而 O3b 是這個領域另一個重要角色，可以稱之為中軌道玩家。起步不晚，不過現階段有些問題。O3b 的成立之意，在於解決地球上 other 3 billion── 也就是另外 30 億人無法上網的問題。

谷歌、滙豐銀行等不同行業巨頭，是其重要投資人。和位於三萬五千多公里高度的地球同步軌道通訊衛星，其存在的時延問題相比，處於 8,000 公里中軌道的 O3b 衛星，網路時延低於 150 毫秒，且中繼頻寬達到一般光纖水準，這意味著網路品質可以規模化商用。

O3b 在 2013 年和 2014 年透過亞利安火箭，已分別發射兩個批次的 Ka 波段衛星，順利讓 8 顆在軌運行。O3b 衛星網路計畫達到 12 至 16 顆衛星，利用這些成本比過往地球同步軌道衛星低廉的衛星，覆蓋非洲、中東、亞洲、拉丁美洲等區域，提供最快可達 10Gbps 的速度和總容量 84Gbps 的網路服務，給這些區域的發展中國家。

此前，儘管已有號稱 140Gbps，全球最高容量的寬頻通訊衛星 ViaSat1 在軌，而且同為 Ka 波段，但 ViaSat 公司是高軌道玩家，其成本極為高昂。ViaSat1 的地面系統包括衛星使用者終端——Ka 波段蝶形天線和衛星數據機，閘道衛星地面站及網路操作中心，對企業、家庭使用者的服務能力相對較強。

相較之下，O3b 的天網定位於骨幹網路，而不是最終使用者接入，O3b 採取一顆衛星下降到地平線後，由另一顆衛星接力的網路策略，使得製造、發射成本大幅降低。O3b 自己的數據，是有希望讓非洲等地區的上網成本降低 95%以上。太平洋島國、非洲、美洲等區域的四十多家 3G 和 LTE 移動營運商、上網服務商已成為客戶。

ViaSat 公司也不滿足於現狀，隨後的 Viasat2 衛星頻寬會是 Viasat 1 的 2 倍、容量 2.5 倍，為 250 萬使用者提供服務，寬頻互聯網服務下載速度從 Viasat 1 的 12 ／ 15Mbps 提升到 25Mbps。

重組後的谷歌在天空互聯網方向越來越沒感覺，先是從 O3b 退股，後來又取消 10 億美元打造 180 顆高性能繞地衛星網路的計畫。但在關乎未來的重大方向上，谷歌不會一去不回。谷歌在衛星影像方面已有多起投資，間接擁有多顆在軌衛星。

三星儘管沒有行動，但在口頭上也表示自己是一家世界級的、關注全球網路問題的大公司。三星聲稱，未來要發射 4,600 顆微型衛星，為用戶提供低成本的上網服務。

中國企業和相關機構儘管技術實力、所處發展階段不太一樣，但在高中低不同軌道的發展方向，與前述大致相同。中國航太科技集團在進行高通量寬頻衛星計畫，2016 年發射第一顆地球同步軌道移動通訊衛星——天通一號 01 星，為船舶、飛機、車輛等大眾運輸工具乘客，及手持終端提供通訊、簡訊、語音和數據傳輸服務。中國衛通也在實施 Ka 頻段寬頻衛星計畫。

十幾年前，前北電網絡（Nortel Networks）CEO 歐文斯，曾提出和華為合作做低軌道衛星，類似今天臉書和谷歌的方案，但相關討論未能繼續。不過在低軌道方面，2014 年中國清華大學與信威集團，聯合研製的首顆靈巧通訊試驗衛星，完成發射並進行在軌測試。衛星重量約 130 公斤，運行高度約 800 公里，通訊覆蓋直徑約 2,400 公里。

測試驗證了星載智慧天線、星上處理與交換、天地一體化組網、小衛星一體化集成設計等多項技術，實現手持衛星終端通話、手持衛星終端與手機通話、互聯網數據傳輸等業務。

信威集團則透過其子公司盧森堡空天通訊公司，向以色列 Space-Com 發出收購邀約，被 Space X 的獵鷹火箭，送到火焰裡的那顆 2 億多美元的寬頻衛星 Amos-6，就是 Space-Com 做的。

香港上市企業中國趨勢控股有限公司，與美國休斯飛機公司（Hughes Aircraft）合作，計畫透過最新的大容量 Ka 波段寬頻衛星資源，在亞太地區打造免費衛星移動互聯網，使用者可使用指定終端實現衛星上網、撥打衛星電話、收看衛星電視。

手機打衛星電話？我們的野心沒那麼簡單

未來人人都會透過天空互聯網上網嗎？現在這個當下，包括一部分電信通訊，甚至衛星通訊從業者在內，恐怕許多人會這麼說：手持設備怎麼可能衛星上網？

打衛星電話還行，但上網尤其是寬頻上網，還是算了吧！發射功率太小，天線體積太大，上行速率難以提高，所以用衛星網路作為骨幹網，為移動營運商，或接入服務提供者的地面基地臺，提供網路中繼服務，還勉強可以，但直接向個人用戶提供大規模上網服務，很難。

摩托羅拉（Motorola）耗資數十億美元的銥星計畫不就這麼破產的？ 1996 年開始發射，1998 年開始提供服務，到 1999 年 3 月破產時，衛星電話在全球才發展了五萬五千多用戶；而此時世界各地的電信營運商，已把更便宜、更方便、通訊性能更好的手機送到千百萬用戶手上。

和銥星計畫同時代的 Globalstar 也死得很難看，Teledesic 儘管有比爾・蓋茨甚至沙特王室出手資助，卻連計畫成型的那一天都沒有等到。

但技術驅動的創新進化，就是這樣一個不斷前仆後繼、生生死死、死而復生的過程。私募基金後來接手銥星計畫，蟄伏數年後，甚至成為 8 億美元市值的美股上市公司銥星通訊（IridiumCommunications），儘管這只是銥星計畫當時龐大投資的一個零頭。

2014 年，銥星通訊推出全球覆蓋衛星 Wi-Fi 熱點服務 IridiumGO，而這個時候，已是 OneWeb、SpaceX、臉書甚至 Sky-Fi 們，真正的天空互聯網開始風起雲湧的日子。無論怎麼應景和努力，銥星通訊都只是明日黃花，因為從技術層次和通訊體制的角度看，銥星通訊都是一個衛星電話網路，而新生力量們所要實現的，**是真正以數據通訊為基礎的天空互聯網，不是電話或 GPS 網路**。

這個階段，火箭重複利用等技術，使得衛星發射成本大幅降低，而近地軌道衛星組網不僅能有效解決時延問題，訊號品質也遠比地球同步軌道好，因此也有助於更小的天線工作；波段高頻化，尤其是 Ka 波段的大規模深度開發利用成為現實，為大量使用者提供寬頻服務的技術障礙已掃除；衛星的智慧化和小型化、天線與終端小型化與低功耗及天地一體組網技術，這些也都成為不僅看得見也能落實的技術趨勢。

天空互聯網領域，已不僅是休斯、蘿拉（Loral）、波音等傳統衛星製造商和衛星通訊營運商的天空，IT 企業、互聯網巨頭、新創企業、新生力量們已當仁不讓。

站在技術角度，微型天線技術、小型手持設備、衛星手機、手機衛星上網方面的產品動向，尤其值得注意。未來最鼓舞人心的變化，也會發生在這個部分。看過國際海事衛星組織（Inmarsat，英國的衛星通訊公司）的衛星熱點設備 ISatHub 就知道，地球同步軌道衛星的地面設備，**已可以小型化到半個筆記型電腦大小**，這還是天線和數據機（Modem）等不同部分共同加起來的體積。它很容易讓你想起 20 年前電腦撥接上網用的數據機，它們有同樣的體積。

在一些國家，兼備 X 波段、Ku 波段和 Ka 波段移動衛星通訊的設備，已應用在車載、背負甚至單人手持，而過去沒有一口如同大鍋的衛星天線，和工作站級別的沉重設備，是無法想像的。至於中、低軌道尤其近地軌道衛星的地面終端設備，普遍可以手持。從國際海事衛星組織到銥星、全球星、亞星電話等衛星電話，最突出的是粗壯的通訊天線，以及主流衛星電話的體積，已遠小於最初的全球行動通訊系統（GSM）的蜂巢式行動電話。

而下一步，隨著天線、電池技術的進一步提升，以及衛星的規模化、高頻寬網路服務能力的提升，有希望逐步創造與普通智慧型手機相近的衛星上網體驗。

總部位於杜拜的衛星營運商蕯拉亞，其智慧型手機衛星轉換器是個有趣的方向。即使沒有衛星電話，使用者的蘋果或安卓手機只要套上 SatSleeve 轉換器，免費下載安裝 SatSleeve 的應用程式，智慧型手機即可與轉換器有效連接，然後使用者就可以在衛星網路模式下撥打電話、收發簡訊和電子郵件，使用一些社交、即時通訊軟體也沒問題。

蕯拉亞的 SatSleeve 轉換器，樣子和厚一點的手機保護殼看上去沒有太大的不同，除了粗壯的天線，其他方面是一眼看不出來，它竟然能讓智慧型手機秒變衛星電話。

未來地網與天網形成自聯網？

理想而言，所有設備都可以透過天空互聯網連接起來，但天地一體、多網混合等，將是未來最廣泛的應用形態，各種不同特性的網路在不同場景各自發揮所長。

近距離通訊過去是紫蜂、ZWave、AllSeen、藍牙的專長，但 Wi-Fi 正在快速切入，中近距離是 Wi-Fi、超級 Wi-Fi 和移動營運商的基地臺的空間，骨幹網**在天空有衛星、在地面有光纖**，有些場所的固網接入依然是光纖，而雷射在骨幹網和接入網之間發揮中繼作用。

在局部，越來越強大的 Wi-Fi，正在部分取代原來必須由移動通訊基地臺發揮的作用，超低功耗 Wi-Fi 則在充分替代藍牙。這裡的超級 Wi-Fi 是指訊號距離遠、穿透力強、超高頻寬、多路的 Wi-Fi 網路。而物聯網、車聯網，既是融合傳感，網路環境必然是衛星、基地臺、Wi-Fi 和紫蜂的融合應用。

天網最值得關注的，是規模化面向最終使用者的低軌道智慧寬頻衛星網路，地網最值得關注的，當然是 Wi-Fi 以及 Wi-Fi 互聯。更高、更快、更強，Wi-Fi 的發展並非同一維度的漸進，而是有望在全新維度創造的網路環境。

這是一場正在地球表面進行的無線革命。沒有所謂的基地臺，每一個熱點都是一個微基地臺，無數強而有力的 Wi-Fi 熱點，彼此互聯且與低軌道衛星網路即時互聯，包括手機在內的每一部稍具能力的智慧設備，也都是一個 Wi-Fi 熱點、中繼點、微基地臺，這就是未來最具效率，且分布最為廣泛的網路環境，未來的網路、網路的未來已若隱若現。

六個方面的技術突破，正在驅動 Wi-Fi 創造未來的網路：傳輸距離、穿透能力、超低功耗、頻寬容量、多使用者、不是 Mesh（網狀網路）的 Mesh 互聯。速度方面，Wi-Fi 的 5GHz 頻帶輸送量，預計可達 10Gbps，60GHz 可以達到 20Gbps，理論上端到端、點對點突破 100Gbps 不是問題。

不過印象最深刻的技術突破，是華盛頓大學研究人員利用電磁後向反射技術，研製出的全新超低功耗 Wi-Fi 技術，也被稱為**無源 Wi-Fi**，發射功率僅 10 ～ 50 微瓦，是傳統 Wi-Fi 路由器的萬分之一；更重要的是，可以進行 Wi-Fi 充電。而 Wi-Fi 充電，是前景廣闊的無線充電領域非常有趣的方向之一，Wi-Fi 充電技術的研究，在美、日、中、歐等世界主要創新經濟體都已不乏其人。

六種技術當中最具生態影響力的是：不是 Mesh 的 Mesh，**將驅動網路、設備之間透過協定實現互聯，形成移動自組網**，稱之為自聯網並不為過。Mesh 無線網格網路由 ad hoc 網路發展而來，可以與其他網路協同通訊。它有六個特點：自我組織、無中心、無邊界、動態擴展、任意設備均可互聯、每個設備都可中繼。

二十年前有這麼一句話：「全世界 PC 連接起來，internet 一定會實現。」今天，我們要說的是：「全地球 thing 連接起來，自聯網一定會實現。」這裡說的不是物聯網，而是由設備和設備、設備和人自由連接起來的自我組織網路。第一個階段的 OTT（Over the Top）是在電信網路之上的虛擬業務，也是數據業務對語音業務的壓迫，而第二個階段的 OTT，則意味著用戶可以脫離甚至完全拋棄電信網，用戶彼此之間自己連接起來。

驅動自聯網成為可能的四種力量：首先是基於 ID 的開放協定、演算法撮合等智慧結合；其次是 Wi-Fi 技術的演進，正在極大程度上解決端到端的通訊距離、頻寬以及多用戶多通道能力的提升問題；第三個動力，設備密度和大量非電信網路，使得有效的網路連接獲得必要的（不是基地臺的）微基地臺密度和網路補充；而第四個也是最關鍵的一個動力，則是天空互聯網，也就是自聯網最強有力的那個「轉接」網路，使用者隨時可以經由這裡連接到別處，且路徑最短。

傳統通訊產業和電信業者深知，電信網路資源在很大程度上，耗費在大量的路由轉接上，一個用戶到達另一個使用者，一個終端連接另一個服務，往往要經過大量的轉接過程，造成堵塞，這也是妨礙提高頻寬的重要原因。而任何兩個點經過一個轉接點就能接通，減少網內轉發量和轉發次數，必然有助於降低成本，提高用戶能實際體驗到的頻寬。

自聯網的網路原理恰恰基於不是 Mesh 的 Mesh，一說到 Mesh，容易讓人聯想到令人提心吊膽的 FireChat、MeshMe 等。FireChat 通訊應用基於 Mesh 思想的自組網，依靠藍牙或 Wi-Fi 訊號在附近的使用者之間傳輸消息，只要有安裝 FireChat 的設備充當節點，FireChat 的網路就不存在地域限制。

但我們所說的自聯網不是 FireChat，自聯網是密度、尺度、路徑最為優化的那個網路之上的網路，是基於軟體、數據、傳感的多方協定體系。每一個智慧設備都是一個熱點、基地臺甚至路由，自聯網的網路形態首先是 P2P（peer-to-peer，對等式網路，又稱點對點技術）。

還記得無尺度網路嗎？大量數據、使用者、服務集中在極少數重大節點上，網路巨頭們的這個狀況並非沒有它的對立面，自聯網在一定程度上，有助於消解無尺度網路。

星際互聯網是未來網路的終極邊界嗎？

星際網際網路（Inter Planetary Internet，簡稱 IPN，美國在外太空建立資訊網路的長期構想）當中，DTN（Disruption-Tolerant Networking）是重要試驗內容。互聯網之父文頓 ・ 瑟夫（Vint Cerf）早在最初架構互聯網時，就已有建立星際網路的構想。

短期而言，地球與飛向火星等外太空的飛行器失去聯繫、數據傳輸速率極低、遺失數據、時延較大等問題，是星際互聯網誕生的問題根由。前蘇聯發射的火星探測器絕大多數以失聯收場。數據從火星傳到地球需要 6 至 20 分鐘，而地球與冥王星之間的通訊時延高達數小時。

長期而言，星際互聯網將把各種相關軌道飛行器、探測器、登陸車、航太發射裝置、太空人通訊裝置、衛星等發射接收和通訊中繼設備，全部連接起來，甚至將分布在太陽系的所有裝置互聯起來，形成一個巨大的接收器。IPN 的體系結構設計在很多方面，都參考了 Internet 的體系結構，其中可以看到衛星、雷射、閘道、中繼、儲存、分布、轉發等熟悉的字眼。基地臺與航天器之間也可以用雷射來通訊，**地球與月球之間的雷射通訊已測試成功**，速率達到 600Mbps。

2020 年，以生命探測為主要目的的下一代火星車將飛往火星，歐巴馬聲稱 2030 年將第一次送人類到火星，而 SpaceX 公布的計畫如果一切就緒，2022 年就可準備載人前往火星；波音 CEO 也表示，波音用於火星載人飛行的太空發射系統 SLS 計畫，於 2019 年首飛，首個踏上火星的人將坐波音火箭。

通訊如何先行？目前在火星表面活動的火星車「好奇號」，與地球之間採取其他方式通訊。「好奇號」與發射到火星軌道的火星衛星通訊，然後衛星與地球進行接力通訊。「好奇號」與衛星之間在波長很短的 X 頻段，以 UHF（超高頻）每天進行最多 8 分鐘的通訊，速率 2MB 及 256KB 不等，也就是窄帶互聯網的速率水準。

作者介紹

趙悅

「物理基礎理論的突破是下一步技術革新的基石，追求真理，永無止境。」

北京大學物理系學士、羅格斯大學物理學博士、史丹佛大學高能理論物理博士後研究員，主攻撞機物理、暗物質模型及引力、規範場對偶性。研究課題包括如何以新方法，探測質量較輕的暗物質；正反暗物質束縛態，在對撞機上的產生與湮滅；暗光子的實驗探測；暗物質引發的核子衰變模型與訊號等。已在國際期刊上發表論文二十餘篇。

劉蜀西

「志在破譯成癮之謎，讓毒販都失業。」

中國科學院神經科學研究所博士、美國約翰霍普金斯大學醫學院、美國國立衛生研究院院博士後研究員，長期從事神經發育及神經可塑性、動物行為學研究。目前供職於美國頂尖基因診斷機構，致力於精準醫療中的神經性疾病遺傳學診斷研究。

楊文婷

「在未知中探索真相，用科學為健康帶來希望。」

Genenexus CEO、矽谷科技創業講座「Big Bang Talk」發起人、史丹佛大學系統生物學博士後研究員，上海某精準醫學健康公司聯合創始人、向日葵兒童癌症公益組織志願者。致力於研究腫瘤的精準診斷和治療，希望能讓更多患者受益於科技和醫學的發展。

李凌宇

「將最前沿的生物學研究轉化為守護人類健康的基石，器官再生不是夢。」

中國清華大學生物系學士、中國科學院上海生命科學研究院博士、史丹佛大學醫學院發育生物學博士後研究員，主攻幹細胞與發育生物學。目前專注於胰腺發育、胰島細胞再生及糖尿病機制研究。

王雅琦

「科學即哲學，從最微觀的角度，領悟生命最根本的意義。」

布朗大學化學系博士、前 Bio Rad 數字生物中心高級科學家。目前致力於次世代定序和數字 PCR 的研究。曾長期從事奈米顆粒在生物醫療領域的產品開發；也曾經參與由美國國防高等研究計畫署支持，用於士兵體內的奈米健康感測器的研發。外表是現實主義理工女子，骨子裡是個不折不扣的文藝女文青。自認為是嚴謹務實，及激情浪漫的矛盾結合體。

時珍

「如果因為畏懼新生生物科技可能導致的問題而囿於當下，就難有醫療的發展進步。只有聯合所有社會力量，用理性、包容的態度評判，用嚴格、有效的法律規範管理，才能推動新科技造福人類。」

中國清華大學生物系學士、哈佛大學遺傳和分子生物學博士。鍾情於基因組神祕的「暗物質」——非編碼小 RNA 的研究。如今是史丹佛大學博士後研究員，熱愛上神奇的蛋白質翻譯機——核糖體。對黑科技情有獨鍾，對偽科學嫉惡如仇。

王輝亮

「把柔性材料鋪滿世界的每個角落。」

牛津大學材料系學士、史丹佛大學材料系博士、生物工程系博士後研究員，主攻奈米碳管、柔性材料、三維電子和神經刺激技術，在相關頂尖期刊，發表了二十餘篇學術論文。曾在歐洲夏普實驗室，和荷蘭霍爾斯特中心研發柔性電子學。是學霸，也是薩克斯風手和野外遠足愛好者。

張曉

「我選擇了人跡稀少的那條路，而它改變了我的一生。」

谷歌研究院軟體工程師、中國清華大學和微軟研究院聯合培養博士，主攻人工智慧、電腦視覺。曾任華爾街知名對沖基金量化分析師，如今在谷歌負責深度學習，和圖像識別在手機上的應用。代表作有《編程之美》、*Internrt Multimedia Search and Mining* 等。

李宇騫

「即使每個個體，都只是在為了自己的樂趣或利益而努力，美好的收穫仍會到來。」

谷歌軟體工程師，杜克大學電腦系博士。天性愛玩，看到一切帶「遊戲」標籤的事物，都會熱血沸騰。曾於中國的信息學奧林匹克競賽中摘得金牌。熱愛程式設計、興趣廣泛，希望能成為博弈高手，利用所學，盡可能讓更多事情變得像遊戲一樣有趣。

戎亦文

「觸摸最逼真的三維，做現實的造夢師。」

史丹佛大學電子工程系博士，矽谷創業公司產品開發負責人。曾任飛利浦照明高級產品架構師，設計的商業、車載系統和消費電子產品曾多次獲得國際大獎。也曾於蘋果公司手機產品開發部任產品專案經理，是手機研發核心團隊成員。在投身矽谷創業熱潮前，還曾在亞馬遜產品開發部任高級產品專案經理，負責平板電腦、電子閱讀器等產品的研發。目前專注於人工智慧和電腦視覺產品的開發。

王文弢

「真正能改變世界的，是那些妄想改變世界的人。」

中國清華大學精密儀器與機械學學士、麻省理工學院機械工程博士，主攻微機電系統（MEMS）感測器，也學習機器學習和大數據。曾任蘋果下一代輸入技術硬體工程師，現就職於特斯拉汽車公司做系統整合。致力於用前沿科技改變人類未來。擁有多項 MEMS 感測器和 IC 電路的積體電路相關專利。忠實的「果粉」和「賈伯斯粉」，業餘愛好為籃球和德州撲克。

高路

「如果我的計算準確的話，你將會看到令人震驚的結果。」

谷歌 Nest Labs 資深感測器工程師、杜克大學機械工程系博士。身在機械系，偏愛物理課；研究生階段主攻生物醫學工程，入行卻是物聯網。目前致力於為人機互動和機器學習這類高大上的頂端功能，提供最枯燥、最基礎的物理資訊。自詡多才多藝，力熱電光均有涉及。熱愛電影、籃球和睡覺。

任化龍

「訂製一件『黃金聖衣』，每個人都可以變得很強大。」

史丹佛大學電腦科學專業碩士、主攻人工智慧與機器人，輔修電腦系統。曾領導研發 32 自由度類人靈巧手系統，參與研發流水線用的高速並聯操作機器人。同時還是 3H Capital 創投基金創始合夥人。目前在亞馬遜公司 Lab126 從事前沿智能電子產品研發。

顧志強

「最酷的黑科技和魔法是沒有區別的，未來人人都是巫師。」

中國清華大學電腦學士、杜克大學電腦專業博士，主攻機器視覺、傳感網路以及可穿戴設備的研發與評審，前谷歌的 X 實驗室、蘋果人機互動實驗室研發工程師，研究成果被廣泛應用於蘋果公司最新產品及谷歌眼鏡。目前在矽谷創業，致力於下一代互動式智慧型機器人的研發。曾在國際頂尖會議上，發表過十餘篇論文，並擁有多項專利。

寧晶

「設計為王。」

舊金山藝術大學設計碩士、北京服裝學院新媒體設計本科，現任思愛普（SAP）企業級軟體資深使用者體驗設計師，主力參與思愛普與蘋果企業級合作項目，曾任新浪時尚頻道產品設計師。作為設計思維的實踐者，探索技術、藝術與商業的融合。崇尚極客精神，相信「設計」無處不在。本書主插畫師。

劉卉

「黑科技時代即將到來，讓我帶你看矽谷神奇。」

北京大學經濟學院經濟學學士、在校期間曾作為交換生，赴香港科技大學商學院學習。前中糧集團市場部媒介經理、開心網創始團隊成員。熱愛互聯網，心懷文學夢。現居美國矽谷，希望將矽谷黑科技，及黑科技背後故事與更多人分享。本書文字整理者。

楊柳

「如果怯懦是人類最大的弱點，甩掉它，投身黑科技，無所畏懼。」

浙江大學英文學士、史丹佛大學東亞研究碩士。當文科女碰到黑科技，揪了滿地的頭髮，畫了一箱的草稿。燒腦的快樂無止境，科幻迷的夢想近在咫尺。本書文字整理者。

唐穎

「設計是會思考的美學。」

美國匹茲堡州立大學藝術設計學士、亞利桑那州立大學圖像與資訊技術碩士，Ryzlink Corp 互動設計師，主要從事產品設計、互動設計、視覺設計，協助不同客戶提升軟體使用者體驗。本書第3章一文插畫師。

胡延平

「創新網路，連接未來，讓技術驅動的生態變革在今天發生。」

FutureLab 未來實驗室創始人、DCCI 互聯網數據中心及未來智庫創始人。1996 年撰寫《中國營造網路時代》，1997 年，出版以矽谷與 IT 產業發展為主題的科技暢銷書《奔騰時代》，1999 年出著《中國網路經濟藍皮書》，2000 年出版《預約新千年》。2000 年始任《互聯網週刊》總編，陸續出版了《第二次現代化：資訊技術與美國經濟新秩序》、《第四種力量：新四化路途當中的資訊化與資訊產業生態觀察》、《跨越數字鴻溝：面對第二次現代化的危機與挑戰》等專著，後參與翻譯出版《Google 將帶來什麼》等。投身、探索、推動網路 IT 發展 20 年，推動了此次《黑科技》在中國的出版與傳播。

參考資料

第 1 章

〔1〕https://en.wikipedia.org/wiki/T-52_Enryu

〔2〕http://bleex.me.berkeley.edu/research/exoskeleton/bleex/

〔3〕http://2014.sina.com.cn/news/o/bra/2014-06-12/08513339.shtml

〔4〕http://news.sohu.com/20140621/n401135909.shtml

〔5〕https://en.wikipedia.org/wiki/HAL_(robot)

第 2 章

〔1〕https://www.fcc.gov/encyclopedia/rules-regulations-title-47

〔2〕Lipa, B.J., and D.E. Barrick. FMCW Signal Processing. CODAR Ocean Sensors Report. 1990, 1-23

〔3〕P. Molchanov, S. Gupta, K. Kim, and K. Pulli. Short-Range FMCW Monopulse Radar for Hand-Gesture Sensing. IEEE International Radar Conference. May 2015

第 3 章

〔1〕http://hendohover.com/about-us/

〔2〕US Patent 8,777,519 B1. Methods and Apparatus of Building Construction Resisting Earthquake and Flood Damage. 2014

〔3〕https://en.wikipedia.org/wiki/Diamagnetism

〔4〕https://en.wikipedia.org/wiki/Meissner_effect

〔5〕US Patent 20140265690 A1. Magnetic Levitation of A Stationary or Moving Object. 2015

〔6〕Ye Yang, Lu Gao, Gabriel P. Lopez and Benjamin B. Yellen. Tunable Assembly of Colloidal Crystal Alloys Using Magnetic Nanoparticle Fluids. ACS Nano. 2013, 7, 3: 2705-2716

第 4 章

〔1〕Microsoft Indoor Localization Competition-IPSN 2015. http://research.microsoft.com/en-us/events/indoorloccompetition2015/

〔2〕T. Eren, D. K. Goldenberg, W. Whiteley, Y. R. Yang, A. S. Morse, B. D. O. Anderson, and P. N. Belhumeur. Rigidity, Computation, and Randomization in Network Localization. In INFOCOM, 2004.

第 5 章

〔1〕FeelReal: https://www.kickstarter.com/projects/feelreal/feelreal-vr-mask-and-helmet?ref = category_location
〔2〕FOVE: https://www.kickstarter.com/projects/fove/fove-the-worlds-first-eye-tracking-virtual-reality
〔3〕Jump: https://www.google.com/get/cardboard/jump/
〔4〕UltraHaptics: http://ultrahaptics.com/evaluation-program/
〔5〕Aireal: http://www.disneyresearch.com/project/aireal/
〔6〕Ochiai et al. Fairy Lights in Femtoseconds: Aerial and Volumetric Graphics Rendered by A Focused Femtosecond Laser Combined With Computational Holographic Fields. SIGGRAPH 2015

第 6 章

〔1〕Dickson, Scott A. Enabling Battlespace Persistent Surveillance: The Form, Function, and Future of Smart Dust. AIR WAR COLL MAXWELL AFB AL CENTER FOR STRATEGY AND TECHNOLOGY, 2007.
〔2〕Kahn, Joseph M., Randy Howard Katz, and Kristofer SJ Pister. "Emerging challenges: Mobile networking for "smart dust"." Communications and Networks, Journal of 2.3 (2000): 188-196.
〔3〕Legtenberg, Rob, A. W. Groeneveld, and M. Elwenspoek. "Comb-drive actuators for large displacements." Journal of Micromechanics and microengineering 6.3 (1996): 320.
〔4〕Benmessaoud, Mourad, and Mekkakia Maaza Nasreddine. "Optimization of MEMS capacitive accelerometer." Microsystem Technologies 19.5 (2013): 713-720.
〔5〕Ilyas, Mohammad, and Imad Mahgoub. Smart Dust: Sensor network applications, architecture and design. CRC press, 2006.
〔6〕Kahn, Joseph M., Randy Howard Katz, and Kristofer SJ Pister. "Emerging challenges: Mobile networking for "smart dust"." Communications and Networks, Journal of 2.3 (2000): 188-196.

第 7 章

〔1〕Maiman, T. H. Stimulated Optical Radiation in Ruby. Nature. 1960, 187(4736): 493-494

〔2〕Denisyuk, Yuri N. On the Reflection of Optical Rroperties of An Object in A Wave Field of Light Scattered by It. Doklady Akademii Nauk SSSR. 1962, 144(6): 1275-1278

〔3〕Leith, E.N., Upatnieks, J. Reconstructed Wavefronts and Communication Theory. J. Opt. Soc. Am. 1962, 52(10) : 1123-1130

〔4〕H. Kogelnik. Coupled-wave Theory for Thick Hologram Gratings. Bell System Technical Journal. 1969, 48: 2909

〔5〕A. Gershun. The Light Field. Journal of Mathematics and Physics. 18：1（1936）, 51 {151.}

〔6〕Fairy Lights in Femtoseconds: Aerial and Volumetric Graphics Rendered by Focused Femtosecond Laser Combined with Computational Holographic Fields; Yoichi Ochiai Kota Kumagai Takayuki Hoshi Jun Rekimoto Satoshi Hasegawa Yoshio Hayasaki

第 9 章

〔1〕MD Zeiller, Robert Fergus. Visualizing and Understanding Convolutional Networks. European Conference on Computer Vision. 2014

〔2〕Quac Le et al. Building High-level Features Using Large Scale Unsupervised Learning. ICML 2011

〔3〕Jeff Dean et al. Large-scale Distributed Deep Networks. NIPS 2012

〔4〕Yan Lecun et al. Convolutional Networks for Images, Speech, and Time Series. Handbook of Brain Theory and Neural Networks. 1995

第 10 章

〔1〕Kim, D.-H.; Lu, N.; Ma, R.; Kim, Y.-S.; Kim, R.-H.; Wang, S.; Wu, J.; Won, S. M.; Tao, H.; Islam, A.; Yu, K. J.; Kim, T.-i.; Chowdhury, R.; Ying, M.; Xu, L.; Li, M.; Chung, H.-J.; Keum, H.; McCormick, M.; Liu, P.; Zhang, Y.-W.; Omenetto, F. G.; Huang, Y.; Coleman, T.; Rogers, J. A. Epidermal Electronics. Science. 2011, 333, 838-843

〔2〕Xu, S.; Zhang, Y.; Jia, L.; Mathewson, K. E.; Jang, K.-I.; Kim, J.; Fu, H.; Huang, X.; Chava, P.; Wang, R.; Bhole, S.; Wang, L.; Na, Y. J.; Guan, Y.; Flavin, M.; Han, Z.;

Huang, Y.; Rogers, J. A. Soft Microfluidic Assemblies of Sensors, Circuits, and Radios for the Skin. Science. 2014, 344, 70-74.

〔3〕Liu, J.; Fu, T.-M.; Cheng, Z.; Hong, G.; Zhou, T.; Jin, L.; Duvvuri, M.; Jiang, Z.; Kruskal, P.; Xie, C.; Suo, Z.; Fang, Y.; Lieber, C. M. Syringe-injectable Electronics. Nat Nanotechnol. 2015, 10, 629-636

〔4〕Xie, C.; Liu, J.; Fu, T.-M.; Dai, X.; Zhou, W.; Lieber, C. M. Three-dimensional Macroporous Nanoelectronic Networks as Minimally Invasive Brain Probes. Nat Mater. 2015, 14, 1286-1292

〔5〕Mannsfeld, S. C. B.; Tee, B. C. K.; Stoltenberg, R. M.; Chen, C. V. H. H.; Barman, S.; Muir, B. V. O.; Sokolov, A. N.; Reese, C.; Bao, Z. Highly Sensitive Flexible Pressure Sensors with Microstructured Rubber Dielectric Layers. Nat Mater. 2010, 9, 859-864

〔6〕Lipomi, D. J.; Vosgueritchian, M.; Tee, B. C. K.; Hellstrom, S. L.; Lee, J. A.; Fox, C. H.; Bao, Z. Skin-like Pressure and Strain Sensors Based on Transparent Elastic Films of Carbon Nanotubes. Nat Nanotechnol. 2011, 6, 788-792

〔7〕Tee, B. C. K.; Wang, C.; Allen, R.; Bao, Z. An Electrically and Mechanically Self-healing Composite with Pressure- and Flexion-Sensitive Properties for Electronic Skin Applications. Nat Nanotechnol. 2012, 7, 825-832

〔8〕Tee, B. C.-K.; Chortos, A.; Berndt, A.; Nguyen, A. K.; Tom, A.; McGuire, A.; Lin, Z. C.; Tien, K.; Bae, W.-G.; Wang, H.; Mei, P.; Chou, H.-H.; Cui, B.; Deisseroth, K.; Ng, T. N.; Bao, Z. A Skin-inspired Organic Digital Mechanoreceptor. Science. 2015, 350, 313-316

〔9〕Chen, J.; Zhu, G.; Yang, J.; Jing, Q.; Bai, P.; Yang, W.; Qi, X.; Su, Y.; Wang, Z. L. Personalized Keystroke Dynamics for Self-Powered Human–Machine Interfacing. ACS Nano. 2015, 9, 105-116.

第 11 章

〔1〕Weindruch R, Walford RL, Fligiel S, Guthrie D. The Retardation of Aging in Mice by Dietary Restriction: Longevity, Cancer, Immunity and Lifetime Energy Intake. J. Nutr. 1986, 116(4): 641-654

〔2〕Lin SJ, Defossez P a, Guarente L. Requirement of NAD and SIR2 for Life-Span Extension by Calorie Restriction in Saccharomyces Cerevisiae. Science. 2000, 289(5487) : 2126-2128

〔3〕Howitz KT, Bitterman KJ, Cohen HY, Lamming DW, Lavu S, et al. Small Molecule

Activators of Sirtuins Extend Saccharomyces Cerevisiae Lifespan. Nature. 2003, 425(6954) : 191-196
〔4〕Vang O, Ahmad N, Baile CA, Baur JA, Brown K, et al. What is New for An Old Molecule? Systematic Review and Recommendations on The Use of Resveratrol. PLoS One. 2011, 6(6): e19881
〔5〕Colman RJ, Anderson RM, Johnson SC, Kastman EK, Kosmatka KJ, et al. Caloric Restriction Delays Disease Onset and Mortality in Rhesus Monkeys. Science. 2009, 325(5937) : 201-204
〔6〕Mattison JA, Roth GS, Beasley TM, Tilmont EM, Handy AM, et al. Impact of Caloric Restriction on Health and Survival in Rhesus Monkeys from The NIA Study. Nature. 2012, 489(7415): 318-321
〔7〕Eriksson M, Brown WT, Gordon LB, Glynn MW, Singer J, et al. Recurrent De novo Point Mutations in Lamin A Cause Hutchinson-Gilford Progeria Syndrome. Nature. 2003, 423(6937) : 293-298

第12章

〔1〕Ishino Y, Shinagawa H, Makino K, Amemura M, Nakata A. Nucleotide Sequence of The Iap Gene, Responsible for Alkaline Phosphatase Isozyme Conversion in Escherichia coli, and Identification of The Gene Product. J. Bacteriol. 1987, 169(12): 5429-5433
〔2〕Jansen R, Van Embden JDA, Gaastra W, Schouls LM. Identification of Genes That Are Associated with DNA Repeats in Prokaryotes. Mol. Microbiol. 2002, 43(6) : 1565-1575
〔3〕Bolotin A, Quinquis B, Sorokin A, Dusko Ehrlich S. Clustered Regularly Interspaced Short Palindrome Repeats(CRISPRs) Have Spacers of Extrachromosomal Origin. Microbiology. 2005, 151(8): 2551-2561
〔4〕Mojica FJM, Díez-Villase? or C, García-Martínez J, Soria E. Intervening Sequences of Regularly Spaced Prokaryotic Repeats Derive from Foreign Genetic Elements. J. Mol. Evol. 2005, 60(2): 174-182
〔5〕Pourcel C, Salvignol G, Vergnaud G. CRISPR Elements in Yersinia Pestis Acquire New Repeats by Preferential Uptake of Bacteriophage DNA, and Provide Additional Tools for Evolutionary Studies. Microbiology. 2005, 151(3): 653-663

〔6〕Barrangou R, Fremaux C, Deveau H, Richards M, Boyaval P, et al. CRISPR Provides Acquired Resistance Against Viruses in Prokaryotes. Science. 2007, 315(5819) : 1709-1712

〔7〕Cong, L., Ran, F. A., Cox, D., Lin, S., Barretto, R., Habib, N., … Zhang, F. (2013). Multiplex genome engineering using CRISPR/Cas systems. Science (New York, N.Y.), 339(6121), 819-23. doi:10.1126/science.1231143

〔8〕Mali, P., Yang, L., Esvelt, K. M., Aach, J., Guell, M., DiCarlo, J. E., … Church, G. M. (2013). RNA-guided human genome engineering via Cas9. Science (New York, N.Y.), 339(6121), 823-6. doi:10.1126/science.1232033

〔9〕Liang, P., Xu, Y., Zhang, X., Ding, C., Huang, R., Zhang, Z., … Huang, J. (2015). CRISPR/Cas9-mediated gene editing in human tripronuclear zygotes. Protein and Cell, 6(5), 363-372. doi:10.1007/s13238-015-0153-5

第 13 章

〔1〕Lander etc(2001) Nature, “Initial squenching and analysis of the human genome”

〔2〕Gilbert etc(1976) PNAS, “A new method for sequenching DNA”

〔3〕Sanger etc(1977) PNAS, “DNA sequencing with chain-terminating inhibitors”

〔4〕Ilumina Marketing Brochure “Technology Spotlight: Illumine Sequencing”

〔5〕Rothberg etc(2008) Nature Biotechnology “ The development and Impact of 454 sequencing”

〔6〕Rothberg etc(2011) Nature “ An intergrated semiconductor device enabling non—opitcal genome sequeching ”

〔7〕Applied Biosystem Website “ Overview of SoLiD Sequeching Chemistry”

〔8〕Clarke etc(2009) Nature Nanotechnology “ Contiunous base identification for single molecule nanopore DNA sequeching”

〔9〕Tanaka etc(2009) Nature Nanotechnology “ Partial Sequencing of a single DNA molecule with a scanning tunneling microscope”

〔10〕Edwards etc(2005) Mutation Research “ Mass-specttrometry DNA sequenching”

第 14 章

〔1〕Gurdon, J.B., The developmental capacity of nuclei taken from intestinal epithelium cells of feeding tadpoles. Journal of embryology and experimental morphology, 1962.

10: p. 622-40.
〔2〕Rideout, W.M., 3rd, K. Eggan, and R. Jaenisch, Nuclear cloning and epigenetic reprogramming of the genome. Science, 2001. 293(5532): p. 1093-8.
〔3〕Williams, N., Death of Dolly marks cloning milestone. Current biology : CB, 2003. 13(6): p. R209-10.
〔4〕Thomson, J.A., et al., Embryonic stem cell lines derived from human blastocysts. Science, 1998. 282(5391): p. 1145-7.
〔5〕Takahashi, K. and S. Yamanaka, Induction of pluripotent stem cells from mouse embryonic and adult fibroblast cultures by defined factors. Cell, 2006. 126(4): p. 663-76.
〔6〕Takahashi, K., et al., Induction of pluripotent stem cells from adult human fibroblasts by defined factors. Cell, 2007. 131(5): p. 861-72.
〔7〕Yu, J., et al., Induced pluripotent stem cell lines derived from human somatic cells. Science, 2007. 318(5858): p. 1917-20.
〔8〕Shi, Y., et al., Induction of pluripotent stem cells from mouse embryonic fibroblasts by Oct4 and Klf4 with small-molecule compounds. Cell stem cell, 2008. 3(5): p. 568-74.
〔9〕Zhou, H., et al., Generation of induced pluripotent stem cells using recombinant proteins. Cell stem cell, 2009. 4(5): p. 381-4.
〔10〕Lin, T., et al., A chemical platform for improved induction of human iPSCs. Nature methods, 2009. 6(11): p. 805-8.
〔11〕Hou, P., et al., Pluripotent stem cells induced from mouse somatic cells by small-molecule compounds. Science, 2013. 341(6146): p. 651-4.
〔12〕Tachibana, M., et al., Human embryonic stem cells derived by somatic cell nuclear transfer. Cell, 2013. 153(6): p. 1228-38.

第15章

〔1〕Nakano, T., et al., Self-formation of optic cups and storable stratified neural retina from human ESCs. Cell stem cell, 2012. 10(6): p. 771-85.
〔2〕Lancaster, M.A., et al., Cerebral organoids model human brain development and microcephaly. Nature, 2013. 501(7467): p. 373-9.
〔3〕McCracken, K.W., et al., Modelling human development and disease in pluripotent stem-cell-derived gastric organoids. Nature, 2014. 516(7531): p. 400-4.

〔4〕Takasato, M., et al., Directing human embryonic stem cell differentiation towards a renal lineage generates a self-organizing kidney. Nature cell biology, 2014. 16(1): p. 118-26.

〔5〕Takebe, T., et al., Vascularized and functional human liver from an iPSC-derived organ bud transplant. Nature, 2013. 499(7459): p. 481-4.

〔6〕Ma, Z., et al., Self-organizing human cardiac microchambers mediated by geometric confinement. Nature communications, 2015. 6: p. 7413.

〔7〕Ott, H.C., et al., Perfusion-decellularized matrix: using nature--s platform to engineer a bioartificial heart. Nature medicine, 2008. 14(2): p. 213-21.

〔8〕Kobayashi, T., et al., Generation of rat pancreas in mouse by interspecific blastocyst injection of pluripotent stem cells. Cell, 2010. 142(5): p. 787-99.

〔9〕Matsunari, H., et al., Blastocyst complementation generates exogenic pancreas in vivo in apancreatic cloned pigs. Proceedings of the National Academy of Sciences of the United States of America, 2013. 110(12): p. 4557-62.

〔10〕Vierbuchen, T., et al., Direct conversion of fibroblasts to functional neurons by defined factors. Nature, 2010. 463(7284): p. 1035-41.

〔11〕Li, X., et al., Small-Molecule-Driven Direct Reprogramming of Mouse Fibroblasts into Functional Neurons. Cell stem cell, 2015. 17(2): p. 195-203.

第 16 章

〔1〕Zuk, P et al(2001) “Multilineage Cells from Human Adipose Tissue: Implications for Cell-Based Therapies”

〔2〕Rehman, J et al(2004) “Secretion of Angiogenic and Antiapoptotic Factors by Human Adipose Stromal Cells”

〔3〕Houtgraf, J et al(2012) “First Experience in Humans Using Adipose Tissue-Derived Regenerative Cells in the Treatment of Patients With ST-Segment Elevation Myocardial Infarction”

〔4〕Bura, A et al(2014) “Phase I trial: the use of autologous cultured adipose-derived stroma/stem cells to treat patients with non-revascularizable critical limb ischemia”

第 17 章

〔1〕PHENOMENA: ONLY HUMAN；Virginia Hughes; National Geographic; April 21,

2014.

〔 2 〕Witelson, S. F.; Kigar, D. L.; Harvey, T. The exceptional brain of Albert Einstein. The Lancet. 1999，353(9170): 2149-2153.

〔 3 〕The strange afterlife of Einstein--s brain. BBC News. By William Kremer; Apri; 2015.

〔 4 〕Falk, D.; Lepore, F. E.; Noe, A. The cerebral cortex of Albert Einstein: A description and preliminary analysis of unpublished photographs. Brain. 2012.

〔 5 〕Men, W.; Falk, D.; Sun, T.; Chen, W.; Li, J.; Yin, D.; Zang, L.; Fan, M. The corpus callosum of Albert Einstein--s brain: another clue to his high intelligence? Brain. 24 September 2013.

〔 6 〕Sporns O, Tononi G, K-tter R. The human connectome: A structural description of the human brain. PLoS Comput Biol. 2005 Sep;1(4): e42.

〔 7 〕The Connectome of a Decision-Making Neural Network. Science 27 July 2012: Vol. 337 no. 6093 pp. 437-444.

〔 8 〕Livet J, Weissman TA, Kang H, Draft RW, Lu J, Bennis RA, 塞恩斯 JR, 里奇曼 JW. Transgenic strategies for combinatorial expression of fluorescent proteins in the nervous system. Nature. 2007 Nov 1;450(7166): 56-62

〔 9 〕http://www.dailymail.co.uk/sciencetech/article-2154368/Somewhere-brainbow-New-3D-maps-brain-will.html

〔 10 〕Chung K, Wallace J, Kim SY, Kalyanasundaram S, Andalman AS, Davidson TJ, Mirzabekov JJ, Zalocusky KA, Mattis J, Denisin AK, Pak S, Bernstein H, Ramakrishnan C, Grosenick L, Gradinaru V, Deisseroth K. Structural and molecular interrogation of intact biological systems. Nature. 2013 May 16;497(7449): 332-7.

〔 11 〕http://www.nature.com/nature/journal/v497/n7449/full/nature12107.html

〔 12 〕Ramirez S, Liu X, Lin PA, Suh J, Pignatelli M, Redondo RL, Ryan TJ, Tonegawa S. Creating a false memory in the hippocampus. Science. 2013 Jul 26;341(6144): 387-91.

〔 13 〕Markram H, Muller E, Ramaswamy S, Reimann MW, Abdellah M, Sanchez CA, Ailamaki A, Alonso-Nanclares L, Antille N, Arsever S, Kahou GA, Berger TK, Bilgili A, Buncic N, Chalimourda A, Chindemi G, Courcol JD, Delalondre F, Delattre V, Druckmann S, Dumusc R, Dynes J, Eilemann S, Gal E, Gevaert ME, Ghobril JP, Gidon A, Graham JW, Gupta A, Haenel V, Hay E, Heinis T, Hernando JB, Hines M, Kanari L, Keller D, Kenyon J, Khazen G, Kim Y, King JG, Kisvarday Z, Kumbhar

P, Lasserre S, Le Bé JV, Magalh-es BR, Merchán-Pérez A, Meystre J, Morrice BR, Muller J, Mu-oz-Céspedes A, Muralidhar S, Muthurasa K, Nachbaur D, Newton TH, Nolte M, Ovcharenko A, Palacios J, Pastor L, Perin R, Ranjan R, Riachi I, Rodríguez JR, Riquelme JL, R-ssert C, Sfyrakis K, Shi Y, Shillcock JC, Silberberg G, Silva R, Tauheed F, Telefont M, Toledo-Rodriguez M, Tr-nkler T, Van Geit W, Díaz JV, Walker R, Wang Y, Zaninetta SM, DeFelipe J, Hill SL, Segev I, Schürmann Ff. Reconstruction and Simulation of Neocortical Microcircuitry. Cell. 2015, Oct 8, 163(2): p456-492.

第 18 章

〔1〕https://en.wikipedia.org/wiki/Adverse_drug_reaction

〔2〕Jong etc.(2008) International Journal of Nanomedicine. “Drug delivery and nanoparticles: Applications and hazards”.

〔3〕Otsuka etc.(2003) Advanced Drug Delivery Reviews. “PEGylated nanoparticles for biological and pharmaceutical applications”.

〔4〕Janzer etc.(1987) Nature. “Astrocytes induce blood-brain barrier properties in endothelial cells”.

〔5〕Brannon-Peppas.(2004) Advanced Drug Delivery Reviews. “Nanoparticles and targeted system for Cancer therapy.”

〔6〕Wang etc(2013). Therapeutic Delivery. “Nanoparticles squeezing across the blood-endothelial barrier via caveolae”.

〔7〕Ito etc.(2006) Cancer Immunology, Immunotherapy. “Cancer immunotherapy based on intracellular hyperthermia using magnetite nanoparticles: a novel concept of “heat-controlled necrosis” with heat shock protein expression”.

〔8〕Li etc(2008) Molecular Pharmaceutics “Pharmacokinetics and Biodistribution of Nanoparticles”.

〔9〕Win etc(2005) Biomaterials “Effects of particle size and surface coating on cellular uptake of polymeric nanoparticles for oral delivery of anticancer drugs”.

第 19 章

〔1〕Weissleder(2005) Nature Biotechnology, “Cell-specific targeting of nanoparticles by multivalent attachment of small molecules”

〔2〕McDonald etc(2002) Cancer Res, “Significance of blood vessel leakiness in cancer”

〔3〕Fang et(2011) Small, “Functionalized Nanoparticles with Long Term Stability in Biological media”

〔4〕Kidness etc(2013) Genome Medicine, “Circulating tumor cells versus tumor-derived cell-free DNA: rivals or partners in cancer care in the era of single-cell analysis?”

〔5〕Yu etc(2015) PNAS, “Microneedle-array patches loaded with hypoxia-sensitive vesicles provide fast glucose-responsive insulin delivery.”

國家圖書館出版品預行編目（CIP）資料

矽谷工程師不張揚的破壞性創新：黑科技／顧志強等著.
-- 初版. -- 臺北市：大是文化，2018.04
368 面；17×23 公分 . --（Biz；256）
ISBN 978-957-9164-19-1（平裝）

1. 科學技術　2.資訊科技

400　　107002622

Biz 256

矽谷工程師不張揚的破壞性創新

黑科技

作　　者／顧志強 等
責任編輯／馬祥芬
校對編輯／蕭麗娟、廖桓偉
美術編輯／邱筑萱
副總編輯／顏惠君
總 編 輯／吳依瑋
發 行 人／徐仲秋
會　　計／林妙燕
版權主任／林螢瑄
版權經理／郝麗珍
行銷企畫／汪家緯
業務助理／馬絮盈、林芝縈
業務經理／林裕安
總 經 理／陳絜吾

出 版 者／大是文化有限公司
臺北市 100 衡陽路 7 號 8 樓
編輯部電話：（02）23757911
購書相關諮詢請洽：（02）23757911 分機122
24小時讀者服務傳真：（02）23756999
讀者服務E-mail：haom@ms28.hinet.net
郵政劃撥帳號／19983366　　戶名／大是文化有限公司

香港發行／里人文化事業有限公司 "Anyone Cultural Enterprise Ltd"
地址：香港新界荃灣橫龍街 78 號 正好工業大廈 22 樓 A 室
22/F Block A, Jing Ho Industrial Building, 78 Wang Lung Street, Tsuen Wan, N.T., H. K.
電話：（852）24192288
傳真：（852）24191887
E-mail：anyone@Biznetvigator.com

封面設計／張哲榮
內頁排版／吳思融
印　　刷／緯峰印刷股份有限公司

出版日期／2018 年 4 月初版
Printed in Taiwan
定　　價／440元（缺頁或裝訂錯誤的書，請寄回更換）
ISBN　978-957-9164-19-1